电力5G通信技术产业发展报告2020

EPTC电力信息通信专家工作委员会 组编

中国水利水电出版社
www.waterpub.com.cn
·北京·

内 容 提 要

随着“云大物移智链”等新一代信息通信技术的快速发展，能源革命与数字革命相融并进，电力企业正加速向数字化转型。在新型基础设施建设和电力企业数字新基建的推动下，电力信息通信领域的科技创新不断涌现，作为电力信息通信领域的专业研究机构，EPTC信通智库推出《电力5G通信技术产业发展报告2020》，本报告围绕电力行业数字化、网络化、智能化转型升级，从宏观政策环境、技术产业发展现状及存在的问题、业务应用需求及典型业务应用场景、关键技术研发方向、基于专利的企业创新力研究、创新产品与创新应用解决方案、技术产业发展建议等方面展开研究，以技术结合实际案例的形式多视角、全方位展现5G技术和电力行业融合发展带来的创新和变革，为电力行业向能源互联网转型，以及融合创新提供重要参考依据。

本报告能够帮助读者了解电力信息技术产业发展现状和趋势，给电力工作者和其他行业信息技术相关工作的研究人员和技术人员在工作中带来新的启发和认识。

图书在版编目（CIP）数据

电力5G通信技术产业发展报告. 2020 / EPTC电力信息通信专家工作委员会组编. -- 北京 : 中国水利水电出版社, 2021.6

ISBN 978-7-5170-9681-8

Ⅰ. ①电… Ⅱ. ①E… Ⅲ. ①第五代移动通信系统－产业发展－研究报告－中国－2020 Ⅳ. ①TN929.53

中国版本图书馆CIP数据核字(2021)第122992号

书　　名	**电力5G通信技术产业发展报告2020** DIANLI 5G TONGXIN JISHU CHANYE FAZHAN BAOGAO 2020
作　　者	EPTC电力信息通信专家工作委员会　组编
出版发行	中国水利水电出版社 （北京市海淀区玉渊潭南路1号D座　100038） 网址：www.waterpub.com.cn E-mail：sales@waterpub.com.cn 电话：（010）68367658（营销中心）
经　　售	北京科水图书销售中心（零售） 电话：（010）88383994、63202643、68545874 全国各地新华书店和相关出版物销售网点
排　　版	中国水利水电出版社微机排版中心
印　　刷	北京瑞斯通印务发展有限公司
规　　格	184mm×260mm　16开本　14印张　332千字
版　　次	2021年6月第1版　2021年6月第1次印刷
印　　数	0001—2000册
定　　价	**88.00**元

《电力5G通信技术产业发展报告2020》
编　委　会

主　　编　李　盟

副主编　白敬强　梁志琴　林柔丹　王　劲　汪　洋

编　　委　黄伟如　李瑞雪　金成伟　林　宁　赵仕嘉　李金鹏
李家樑　张皓月　袁　引　陈宝仁　杨　挺　王炫中
王　华　孟鸣岐　王　奔　邓　伟　曹　洋　丛　犁
梁　斌　陈荣敏　侯昱丞　张皖军　吴　鹏　张　庚
金广祥　白西让　侯　悦　吴海生　李　佳　刘丹妮
杨　军　谢为友　韩　允　刘　瞰　周　玥　刘　晨
时　鹏　刘　静　高　伟　朱　瑛　何日树　韩瑞芮
王　孜　翟　钰　王晓彤

编写单位　广东省电信规划设计院有限公司
中能国研（北京）电力科学研究院
广东通服智慧电力研究院
中国电力科学研究院有限公司
天津大学电气自动化与信息工程学院
中国南方电网电力调度控制中心
北京中电飞华通信有限公司
福建永福电力设计股份有限公司
中国通信服务股份有限公司

前言

习近平主席在联合国大会上表示："二氧化碳排放力争于2030年前达到峰值，争取在2060年前实现碳中和。"在"双碳承诺"的指引下，能源转型是关键，最重要的路径是使用可再生能源，减少碳排放，提升电气化水平。可以预见，未来更为清洁的电力将作为推动经济发展、增进社会福祉和改善全球气候的主要驱动力，其重要性将会日益凸显，电能终将实现对终端化石能源的深度替代。

十九届五中全会提出"十四五"目标强调，实现能源资源配置更加合理，利用效率大幅提高，推进能源革命，加快数字化转型。可见，数字化是适应能源革命和数字革命相融并进趋势的必然选择。当前，我国新能源装机及发电增长迅速，电动汽车、智能空调、轨道交通等新兴负荷快速增长，未来电网将面临新能源高比例渗透和新兴负荷大幅度增长带来的冲击波动，电网正逐步演变为源、网、荷、储、人等多重因素耦合的，具有开放性、不确定性和复杂性的新型网络，传统的电网规划、建设和运行方式将面临严峻挑战，迫切需要构建以新一代信息通信技术为关键支撑的能源互联网，需要电力、能源和信息产业的深度融合，加快源-网-荷-储多要素相互联动，实现从"源随荷动"到"源荷互动"的转变。

近年来，随着智能传感、5G、大数据、人工智能、区块链、网络安全等新一代信息通信技术与能源电力深度融合发展，打造清洁低碳、安全可靠、泛在互联、高效互动、智能开放的智慧能源系统成为发展的必然趋势，新一代信息通信技术将助力发电、输电、变电、配电、用电和调度等产业链上下游各环节实现数字化、智能化和互联网化，带动电工装备制造业升级、电力能源产业链上下游共同发展，有效促进技术创新、产业创新和商业模式创新。

EPTC信通智库是专注于电力信息通信技术创新与应用的新型智库平台，秉承"创新融合、协同发展、让智慧陪伴成长"的价值理念，面向能源电力行业技术创新与应用的共性问题，聚焦电力企业数字化转型过程中的痛点需求，关注电力信息通信专业人员职业成长，广泛汇聚先进企业创新应用实践和优秀成果，为企业及技术工作者提供平台、信息、咨询和培训四大价值服务，推动能源电力领域企业数字化转型和数字产业化高质量发展。

为了充分发挥 EPTC 信通智库的组织平台作用，围绕新一代信息通信技术在能源电力领域的融合应用及产业化发展需求，精选传感、5G、大数据、人工智能、区块链、网络安全六个新兴技术方向，从宏观政策环境分析、产业发展概况、技术发展现状分析、业务应用需求和典型应用场景、关键技术分类及重点研发方向、基于专利的企业技术创新力评价、新技术产品及应用解决方案、技术产业发展建议等方面，组织编制了电力信息通信技术产业发展报告 2020 系列专题报告，集合专家智慧、融通行业信息、引领产业发展，希望切实发挥智库平台的技术风向标、市场晴雨表和产业助推器的作用。

本报告适合能源、电力行业从业者，以及信息化建设人员，帮助他们深度了解电力行业数字化转型升级的关键技术及典型业务应用场景；适合企业管理者和国家相关政策制定者，为支撑科学决策提供参考；适合关注电力信息通信新技术及发展的人士，有助于他们了解技术发展动态信息；可以给相关研究人员和技术人员带来新的认识和启发；也可供高等院校、研究院所相关专业的学生学习参考。

特别感谢 EPTC 电力信息通信专家工作委员会名誉主任委员李向荣先生等资深专家的顾问指导，感谢报告编写组专家们的撰写、修改，以及出版社老师们的编审、校对等工作，正是由于你们的辛勤付出，本报告才得以出版。由于编者水平所限，难免存在疏漏与不足之处，恳请读者谅解并指正。

编者

2021 年 1 月

目录

图目录

表目录

第 1 章 宏观政策环境分析

1.1 5G 通信技术产业政策分析

2019 年 6 月 6 日，工业和信息化部正式向中国移动、中国联通、中国电信及中国广电发放 5G 商用牌照，标志着我国正式进入了 5G 商用元年。截至 2019 年 12 月，全球已有超过 100 个国家启动了 5G 网络商用。中国通信产业在经历了“1G 空白、2G 跟跑、3G 突破和 4G 并跑”的发展历程后，在核心专利、生产研发、产业规模以及产业推进速度等方面，在 5G 时代实现引跑。中国 5G 通信产业政策性带动明显，在国务院、国家发展和改革委、工业和信息化部以及各省自治区、直辖市多措并举的政策牵引下，5G 通信产业发展呈现良好态势。以三大运营商及中国广电为主体，带动了整个 5G 通信产业链上下游企业发展，中国 5G 网络建设及产业发展走在全球前列，与美国、日本、韩国等国家同处于全球第一梯队。

1.1.1 引领全球产业发展，5G 通信技术产业写入多项国家政策

推进 5G 全面建设和商用，从而培育新动能和促进消费升级已经成为共识，各级政府在加快出台相关政策。《国家十三五规划纲要》《国家信息化发展战略》等文件中明确提出 5G 发展方向及要求，同时以国家重大专项方式支持 5G 技术研发。2017 年政府工作报告中提出：“全面实施战略性新兴产业发展规划，加快材料、人工智能、集成电路、生物制药、第五代移动通信等技术研发和转化，做大做强产业集群。”这是政府工作报告首次提到“第五代移动通信技术（5G）”。科技部在 2017 年初召开的“新一代宽带无线移动通信网”重大专项新闻发布上会宣布，“十三五”期间国家科技重大专项 03 专项“新一代宽带无线移动通信网”将延续，并转为以 5G 为重点，以运营商应用为龙头带动整个产业链各环节的发展，争取 5G 时代中国在移动通信领域成为全球领跑者之一。

1.1.2 地方政策持续加码，5G 通信产业集聚发展形态初现

随着我国 5G 通信产业的不断推进，地方也纷纷出台相关产业规划，既明确了未来 5G 的发展目标，同时也为未来 5G 的发展规划了详细的实施路径，并提出了切实可行的发展建议。其中，北京市、河南省、浙江省、山东省、江西省以及成都市等地先行出台相关产业规划，明确了 5G 通信产业发展方向，为全国其他地方作出了榜样。同时，2019

年共计 29 个省级行政区将 5G 网络建设写入政府工作报告，占比高达到 93.5%，地方 5G 产业竞速全面升级。长三角、珠三角以及京津冀等地齐头并进，5G 通信产业集聚发展形态初现；其他地区也有序开展 5G 工作部署，产业将进入爆发阶段。

1.1.3 5G 商用正式开启，“512 工程”助推 5G＋工业互联网提速发展

2019 年 10 月 31 日，中国正式开启 5G 商用之路，5G 成为助推工业互联网快速发展的关键支撑。11 月 22 日，工信部办公厅印发《“5G＋工业互联网”512 工程推进方案》（工信厅信管〔2019〕78 号），并明确提出到 2022 年，“突破一批面向工业互联网特定需求的 5G 关键技术”“打造 5 个产业公共服务平台”“内网建设改造覆盖 10 个重点行业”“形成至少 20 大典型工业应用场景”“培育形成 5G 与工业互联网融合叠加、互促共进、倍增发展的创新态势”等目标，该《方案》的印发表示工业互联网已成为 5G 发展的优先方向之一，并拥有专属的推进工程。

1.1.4 纳入信息基础设施，5G 推动传统产业加速转型升级

近年来，国家层面多次提出加强新型基础设施建设。2018 年，中央经济工作会议首次提出“新型基础设施建设”概念，2019 年政府工作报告、国务院常务会议、中央政治局会议也多次提到新型基础设施建设。2020 年 4 月 20 日，国家发改委将 5G、物联网、工业互联网、卫星互联网等作为通信网络基础设施的代表，纳入新型基础设施——信息基础设施的范畴。“新基建”举旗，5G 时代即将到来，中国 5G 通信产业迎来新的发展契机。凭借其高速率、低延时、大连接等特点，5G 与人工智能、大数据等技术不断融合，推动数字经济产业快速发展，促进智能制造、智慧医疗、智慧城市等多领域典型应用场景的发展，带动相关行业升级。伴随着 5G＋多领域深度融合，5G 正在开辟移动通信发展新时代，成为构筑万物互联的基础设施，并进一步加速经济社会数字化转型，成为新一轮科技革命和产业变革的驱动力，对经济社会的转型发展起到战略性、基础性和先导性作用。拥抱新技术、制定新规则、加速中国 5G 通信产业发展，不仅是客观环境下的大势所趋，也是实现中国经济高质量发展、中国传统产业转型升级的必经之路。在中国各级政府、相关部门及 5G 通信各产业链环节企业的共同努力下，中国 5G 通信产业发展未来可期。

5G 产业主要政策见表 1－1。

表 1－1　5G 产业主要政策

颁布时间	颁布主体	政策名称	关键词（句）
2020 年	工业和信息化部	《关于推动 5G 加快发展的通知》（工信部通信〔2020〕49 号）	加快 5G 网络建设、5G 独立组网（SA）、5G 技术应用场景、5G 安全保障体系
2019 年	工业和信息化部办公厅	《“5G＋工业互联网”512 工程推进方案》（工信厅信管〔2019〕78 号）	5G 关键技术、产业公共服务平台、内网建设改造、工业应用场景
2018 年	国务院办公厅	《完善促进消费体制机制实施方案（2018—2020 年）》（国办发〔2018〕93 号）	第五代移动通信（5G）技术商用、数字创新企业、公共数据资源开放共享体系

续表

颁布时间	颁布主体	政策名称	关键词（句）
2018年	工业和信息化部、国家发展和改革委	《扩大和升级信息消费三年行动计划（2018—2020年）》（工信部联信软〔2018〕140号）	100Mbps以上接入服务能力、启动5G商用
2017年	国务院	《关于进一步扩大和升级信息消费持续释放内需潜力的指导意见》（国发〔2017〕40号）	第五代移动通信（5G）标准研究、2020年启动商用
	工业和信息化部	《信息通信行业发展规（2016—2020年）》（工信部规〔2016〕424号）	5G标准研究、技术试验、5G频谱规划、5G商用
2016年	国务院	《中华人民共和国国民经济和社会发展第十三个五年规划纲要》	启动5G商用、布局未来网络架构、技术体系和安全保障体系

（数据来源：赛迪顾问，2020年7月）

1.2 电力企业5G相关战略分析

1.2.1 国家电网——能源互联网5G应用

1. 企业战略——建设具有中国特色国际领先的能源互联网企业

2020年3月16日，国家电网有限公司党组专门召开会议，专题研究确定引领公司长远发展的战略目标。会议强调，要以新时代中国特色社会主义思想为指导，坚持战略制胜，强化战略引领，以高度的政治自觉和强烈的使命担当，为建设具有中国特色国际领先的能源互联网企业而奋斗。

“中国特色”是根本，走符合国情的电网转型发展和电力体制改革道路。“国际领先”是追求，致力于企业综合竞争力处于全球同行业最先进水平，经营实力领先。核心技术领先、服务品质领先、企业治理领先、绿色能源领先、品牌价值领先、公司硬实力和软实力充分彰显。“能源互联网企业”是方向，代表电网发展的更高阶段，能源是主体，互联网是手段，公司建设能源互联网企业的过程，就是推动电网向能源互联互通、共享互济发展的过程，也是用互联网技术改造提升传统电网的过程。三者有机一体，构成了指引公司发展的航标。

会议提出，2020—2025年，基本建成具有中国特色、国际领先的能源互联网企业，公司部分领域、关键环节和主要指标达到国际领先，中国特色优势鲜明，电网智能化数字化水平显著提升，能源互联网功能形态作用彰显。2026—2035年，全面建成具有中国特色、国际领先的能源互联网企业。

2020年6月2日，国家电网有限公司印发《国家电网战略目标深化研究报告》，明确了新一版的国家电网战略体系，即建设具有中国特色的国际领先的能源互联网企业，同时明确了八大战略工程和35项战略举措，确立了发展能源互联网的建设思路。其中八大战略工程包括：强根铸魂工程、企业治理工程、电网升级工程、科技强企工程、精益管理工程、卓越服务工程、国际拓展工程和企业生态工程。能源互联网的建设思路是以先进的信息通信技术、先进的控制技术和先进的能源技术，推进能源电力清洁低碳转型、能源综合利用效率优化和多元主体灵活便捷接入，实现清洁低碳、安全可靠、泛在互联、高效互动和智能开放的能源互联网。

2. 能源互联网5G应用成为数字新基建十大任务之一

2020年6月15日，国家电网有限公司举办了“数字新基建”重点建设任务发布会暨云签约仪式，面向社会各界发布“数字新基建”十大重点建设任务：①电网数字化平台；②能源大数据中心；③电力大数据应用；④电力物联网；⑤能源工业云网；⑥智慧能源综合服务；⑦能源互联网5G应用；⑧电力人工智能应用；⑨能源区块链应用；⑩电力北斗应用。其中，能源互联网5G应用主要是聚焦输变电智能运维、电网精准负控和能源互联网创新业务应用，推进与电信运营商、服务商的深入合作，重点参与5G关键技术应用研究、行业定制化产品研发和电力5G标准体系制定。

3. 国家电网5G应用实践情况

随着5G技术的发展，国家电网有限公司正在与各大运营商合作，加快5G与电力行业的融合发展，不断推动5G在电力行业应用场景的拓展。

2019年，上海移动在临港新城5G测试外场完成了首个基于5G网络的智能配电网微型同步相量测量业务应用端到端测试，实验室测试结果表明，配电网PMU到电力模拟主站通信时延在10ms以内。同步相量测量装置（Phasor Measurement Unit，PMU）是基于微秒级高精度同步时钟系统构成的电网相量测量单元，可用于电网的动态监测、系统保护、系统分析和预测等领域，实现电网的状态估计与动态监视、稳定预测与控制、模型验证、继电保护、故障定位等应用，是保障电网安全运行的重要设备。5G网络的高可靠性、低时延性能够满足配电网PMU通信测量点多、通信频次高、时延要求小、数据类型复杂等方面要求，此次测试成果也为PMU业务的上线试运行打下坚实基础。

河南省电力公司与河南移动共同合作，在国内500kV及以上高压/特高压变电站首次使用5G技术，验证了5G网络在高电磁复杂环境下的大带宽业务特性和高可靠性，并通过5G网络成功实现了变电站与省电力公司的远程高清视频交互。现场单用户实测速率达到400Mbit/s以上，可有效满足变电站业务需求。此次试验也证明了通过5G网络可以为站内业务提供远程控制、高清巡视等新型管控手段，推动变电站监控、作业、安防等业务向智能化、可视化、高清化升级。

中国电信、国家电网有限公司和华为早在2017年9月就启动了电力切片联合创新项目，2019年中国电信江苏公司、南京供电公司与华为在南京成功完成了全球首个基于最新3GPP标准5G SA网络的电力切片测试。本次测试测得电力服务器处理、网络指令传输和电力负控终端处理的端到端时延合计约35ms，时延波动较小，切片的隔离性良好，能够满足对负荷单元的精准管理要求，有助于推动5G网络切片在电力行业的规模应用。

未来，随着各大运营商与国家电网有限公司在5G+电力领域的深层合作，5G技术在电力行业的应用空间将得到进一步释放，并为电网新型业务需求、新型服务模式和新型作业方式提供优质通信保障。

1.2.2 南方电网——5G+智能电网

1. 企业战略——定位“五者”、转型“三商”

2019年1月22日—23日，中国南方电网有限责任公司召开第三届职工代表大会第二次会议暨2019年工作会议，会议明确南网新战略：定位“五者”、转型“三商”。

中国南方电网有限责任公司目标是成为具有全球竞争力的世界一流企业，定位为国家队地位、平台型企业、价值链整合者。基于这个基本定位，今后一个时期的战略定位是：做新发展理念实践者、国家战略贯彻者、能源革命推动者、电力市场建设者、国企改革先行者。战略取向是：推动公司向智能电网运营商、能源产业价值链整合商、能源生态系统服务商转型。

到2020年，智能电网发展格局基本形成，公司产业布局基本建立，中国特色现代国有企业制度运转有效，初步具备具有全球竞争力的世界一流企业的显著特征，在若干重要领域跻身世界一流行列。到2025年，智能电网基本建成，能源生态系统初步形成，在能源产业价值链的影响力和整合力显著提升，中国特色现代国有企业治理水平和能力明显增强，基本建成具有全球竞争力的世界一流企业。到2035年，公司关键核心指标位居世界一流水平，全面建成具有全球竞争力的世界一流企业，成为引领发展、业绩卓越、广受尊敬的智能电网运营商、能源产业价值链整合商、能源生态系统服务商。

2. 5G通信技术在智能电网中的应用

2018年中国南方电网有限责任公司印发《南方电网智能电网发展规划研究报告》，作为公司智能电网发展的顶层设计，为公司未来一段时间智能电网规划建设提供指导。该报告指出智能电网发展必须贯穿电力系统发、输、配、用各个环节，通过构筑开放、多元、互动、高效的能源供给和服务平台，实现电力生产、输送、消费各环节的信息流、能量流及业务流的贯通。通过对电网的柔性化和灵活性改造、服务发电侧主动响应系统运行需求、负荷侧主动参与系统调节，综合调配能源的生产和消费，满足可再生能源的规模开发和用户多元化的用电需求，促进电力系统整体高效协调运行。智能电网架构体系涵盖“五个环节＋四个支撑体系”等九大领域。五个环节分别为：清洁友好的发电、安全高效的输变电、灵活可靠的配电、多样互动的用电、智慧能源与能源互联网；四个支撑体系分别为：全面贯通的通信网络、高效互动的调度及控制体系、集成共享的信息平台、全面覆盖的技术保障体系，智能电网架构体系支撑各环节的发展。

该报告要求提升输电智能化水平，推进先进直流输电和柔性交直流输电技术的研发应用，推广输电线路在线监测等技术，加大线路新材料、新技术应用，提高输电智能运维水平，支持电网实时监测、实时分析、实时决策，提高输电网运行安全灵活性、防灾抗灾能力和资产利用效率；全面推进智能变电站建设，按照“主要设备智能化、一次系统模块化、二次系统集成化”的思路，深入推进智能变电站建设。坚持信息采集和传输的数字化和网络化，实现全站信息统一共享；采用DL/T 860《电力自动化通信网络和系统》标准建模，实现主、子站统一建模，稳步推进一次设备智能化、数字化、网络化，因地制宜开展模块化建设，推进站控层设备一体化，深入研究二次系统集成化应用，同步部署智能运维系统。

该报告提出，通信网络是突进电力行业发展的重要基础设施，保证各类电力通信业务的安全性、实时性、准确性和可靠性要求。加强信息通信基础设施建设，构建大容量、安全可靠的光纤骨干通信网，采用多种手段构建泛在的配电通信接入网，保障电网安全稳定、灵活可靠运行，满足现代能源体系建设的信息交互需要。

智能电网业务的快速发展势必会有海量物联数据的接入需求，输变配电大量设备的状态传感采集、“最后一公里”接入的海量数据、关键数据的低时延高可靠要求，迫切需要构建经济灵活、双向实时、安全可靠、全方位覆盖的“泛在化、全覆盖”终端通信接入网。5G技术增强移动带宽（eMBB）、超高可靠低时延通信（uRLLC）、大规模机器类通信（mMTC）三大应用场景可望适配“数字南网”建设的需求。

2019年南方电网印发《物联网技术与应用发展专项规划（2019—2021）》，提出通道能力建设，利用电力光纤通信网和5G无线通信网，加快推进110kV及以上变电站“最后一公里”的无线覆盖，升级扩容通信通道，建立高宽带、低功耗、广覆盖的海量物联数据接入网络和安全高效的传输网络。

规划中明确，做宽主网、做广配网，强化“最后一公里”网络覆盖及支撑带宽，建设具有高实时性和大带宽的物联接入网，有效满足未来如智能用电、综合能源等多样化、个性化的数据采集承载要求。网络层通过兼容不同的通信技术的具体实现，按照规范化的统一通信规约实现对数据的透明传送，提升网络末端覆盖能力和骨干网络传输能力。网络层部署演进模式为：扩大接入网覆盖范围，包括光纤延伸和无线接入，无线接入部分使用5G技术提升物联网的性能，实现对业务接入的全覆盖；提升传输网承载能力，包括进行骨干网OTN承载改造，实现业务传输对大颗粒和实时性的承载需求。

2020年9月15日，中国南方电网有限责任公司印发《南方电网公司融入和服务新型基础设施建设行动计划（2020年版）》提出，2020—2022年将抓好22项重点举措、实施62个重点项目，涉及投资1200亿元，积极融入和服务新型基础设施建设，为做好“六稳”工作、落实“六保”任务作贡献。其中，2020年已安排投资239亿元，加快重点项目落地实施。

以“5G+智能电网”重点任务为例，《南方电网公司融入和服务新型基础设施建设行动计划（2020年版）》将投入4亿元推进面向智能电网的5G新技术规模化应用，满足智能电网业务管理区隔离、业务隔离等网络需求，提供融合5G技术的智能电网整体解决方案。预计2020年可完成5G通信终端及模块样机研制，协调电信运营商完成广州南沙明珠湾区5G网络覆盖；2021年完成5G融合网络架构及关键技术研究，在广州南沙、深圳形成区域示范效果；2022年形成可推广可复制的5G应用管理和商业合作模式。

3. 中国南方电网有限责任公司5G应用实践情况

近年来，中国南方电网有限责任公司与国内电信运营商合作，不断促进双方在5G应用领域的互补，积极开展“5G+数字电网”研究，建立5G应用技术标准体系。

中国南方电网有限责任公司携手中国移动公司打造深圳5G智能电网应用示范工程，对5G承载部分电力业务开展了实际工程验证，对推动5G在智能电网中的推广应用具有重大意义。2019年10月，中国南方电网有限责任公司电力调度中心与深圳供电局联合中国移动、华为公司、广东省电信规划设计院申报的《5G通信技术在智能电网中的应用》项目在第二届“绽放杯”5G应用征集大赛中获得国家一等奖。

第 2 章 电力 5G 产业发展概况

2.1 5G 产业链全景分析

2.1.1 5G 发展推动产业链上下游加速升级

5G 技术的快速发展正在推动包括通信、电子元器件、芯片、终端应用等全产业链的升级。从上游基站射频、光模块、整机等通信设备制造业，到中游网络建设网络、规划设计与维护，再到下游终端及应用场景，整个生态系统涉及基础网络设备商、无线网络提供商、移动虚拟网络提供商（MVNO）、网络规划/维护公司、应用服务提供商、终端用户等，带来数十万亿规模的经济增长。在网络建设已经兴起、场景应用远未成熟的当前，5G 通信设备和终端制造业成为整个产业链的焦点，自下而上包括终端、承载网、接入网、核心网、基站等节点，涉及芯片、光纤光缆、光模组、基站天线、滤波器、功率放大器、双工器等基础器件和交换机、路由器、铁塔、IDC 服务器等主设备。

2.1.2 5G 与垂直行业的产业融合不断发展

从 5G 通信产业价值链及创新角度来看，作为技术门槛高和投资规模大的专业化前沿科技，5G 是全球化大潮下各国交流合作的产物，是国际社会共同的高科技创新成果。我国围绕华为、中兴两家核心主设备企业，在全国范围内，各产业链环节企业相互依赖，供应链高度融合。从价值链细分环节来看，基础器件和终端两个环节较为突出。在其他环节，则形成了产业融合发展的局面。

2.1.3 5G 应用主要包含三大典型应用场景

在 5G 应用领域，三大典型应用场景分别是 eMBB（Enhanced Mobile Broadband，增强移动宽带）、mMTC（Massive Machine Type Communications，大规模机器通信）和 uRLLC（Ultra－reliable & Low Latency Communications，高可靠低时延通信）。由于 5G 在流量密度方面可以达到 10Tbit/s（4G 为 0.1～1Tbit/s），连接密度方面达到 106 万/km^2（4G 为 105 万/km^2），时延方面仅 1ms（4G 为几十毫秒），这些特性使得 5G 在海量机器通信（代表场景包括智能家居、智慧城市、工业互联网、智慧交通、智慧电力等）和高可靠性、低时延通信（代表场景包括车联网、智慧医疗、VR/AR 等）领域能够发挥巨大潜力，而这两大场景也是 5G 时代之前没有提出过的应用场景，是 5G 时代最大的不同之处。5G 产业链全景图如图 2－1 所示，5G 产业链企业图谱如图 2－2 所示。

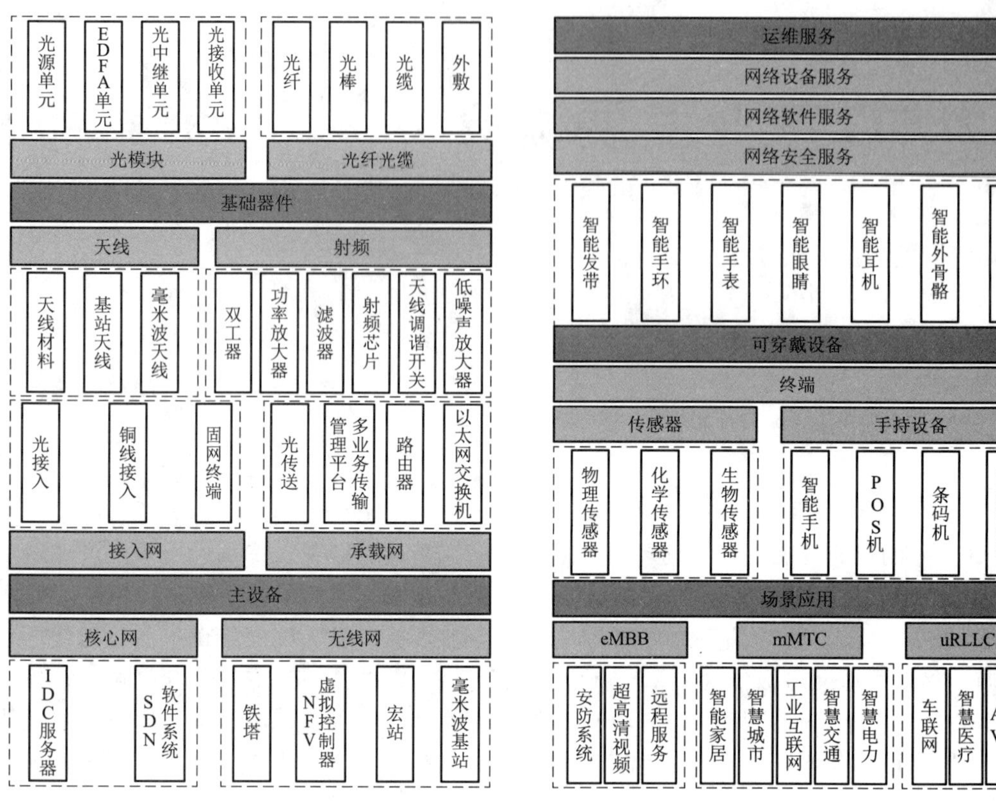

图 2-1　5G 产业链全景图

（数据来源：赛迪顾问，2020 年 7 月）

图 2-2　5G 产业链企业图谱

（数据来源：赛迪顾问，2020 年 7 月）

2.2　5G 产业发展现状

2.2.1　5G 时代悄然来临，全球 5G 通信产业规模迎来爆发

5G 是当前全球新一轮科技革命的重点领域，结合大数据、云计算、人工智能及物联网等新技术引领全新的生活方式，将激发虚拟现实、车联网、超高清视频等产业的快速发展，成为全球各国拉动投资、实现产业升级、发展新经济的新通道与新平台，世界各国都在积极布局，网络部署日趋加速。2019 年，全球 5G 通信产业规模达到 925.0 亿美元，同比增长 96.8%，近三年实现了跨越式发展。2017—2019 年全球 5G 产业规模及增长率如图 2-3 所示。

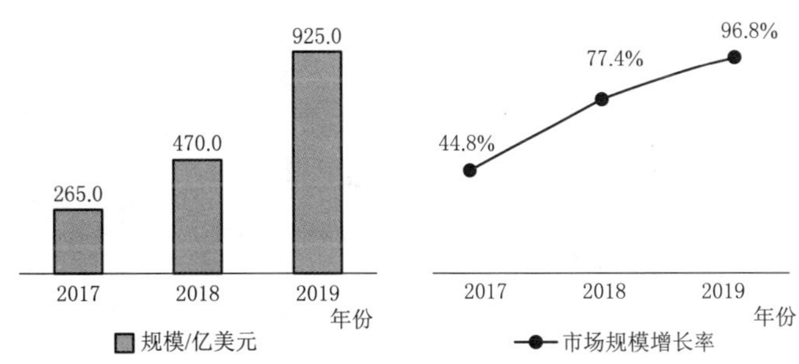

图 2-3　2017—2019 年全球 5G 产业规模及增长率

（数据来源：赛迪顾问，2020 年 7 月）

截至 2019 年 12 月，全球已有超过 100 个国家、地区的 200 余家运营商完成或正在开展 5G 实验，其中 34 个国家/地区的 62 家运营商已经实现了商业应用。全球 5G 通信产业目前仍处于网络建设的主要阶段，对于基础器件、主设备和网络运维的需求不断增加，如图 2-4 所示，上述三个产业链环节占整个产业规模的比例达到 83.6%，占绝对优势。在 5G 网络铺设结束，各场景应用投入后，终端及场景应用层将迎来新一轮爆发。

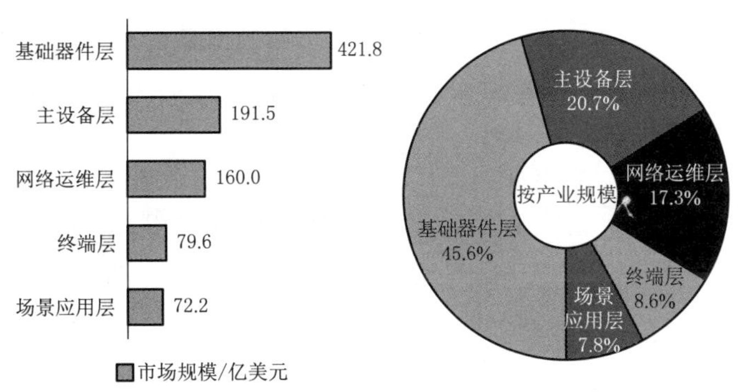

图 2-4　2019 年全球 5G 通信产业结构

（数据来源：赛迪顾问，2020 年 7 月）

2.2.2 各国加快推进 5G 通信产业发展进程，中美韩日领跑全球 5G 发展

根据移动通信技术发展的规律，全球 5G 通信产业也将呈现出“政策＋商业”驱动的“两步走”，目前处于政策驱动阶段。全球 5G 商用正有序推进，中国、美国、韩国、日本呈现领跑态势。随着技术的不断成熟以及标准的确立，商用模式将逐步清晰，5G 网络将迎来大规模商用，未来将呈现商业驱动的局面。2019 年，从区域结构看，北美地区 5G 通信产业规模仍处于全球领先，达到 357.1 亿美元，占比达到 36.8%；亚太地区由中国和韩国引领紧随其后，产业规模达到 198.0 亿美元，占比 21.4%；欧洲排名第三，产业规模达到 145.2 亿美元，占比 15.7%；日本位居第四，产业规模达到 62.9 亿美元，占比达到 6.8%。

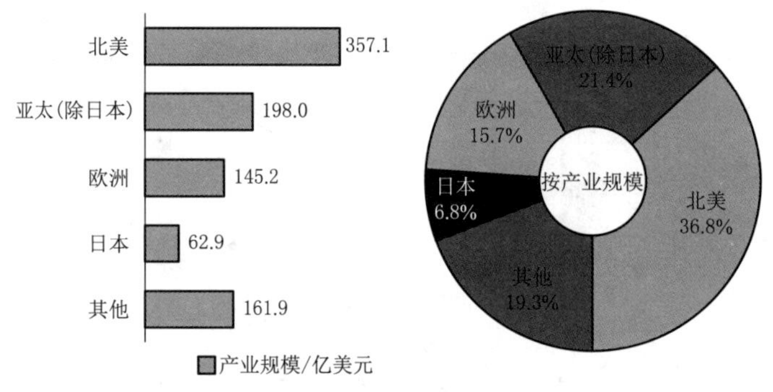

图 2-5　2019 年全球 5G 通信产业区域结构
（数据来源：赛迪顾问，2020 年 7 月）

美国目前在分配给 5G 的低频和高频频段频谱数量方面居世界领先地位，四大运营商 Verizon、T-Mobile、AT&T 及 Sprint 在 Sub-6GHz 及 mmWave 毫米波频段上的 5G 建设工作顺利开展。Verizon 在美国 31 个城市部署了基于毫米波技术的增强型移动带宽服务，2020 年预计推出至少 20 多种 5G 设备。T-Mobile 的 5G 网络现在已经覆盖了美国 2 亿多消费者，2020 年将扩大覆盖范围。AT&T 预计在 2020 年年中提供全国性的 5G 覆盖。Sprint 计划 2020 年将 5G 服务扩展到 9 个城市中。但是，在 5G 专用的中频段频谱分配上美国进展缓慢，美国商务部、运输部、能源部和教育部与联邦通信委员会（FCC）之间关于频谱分配方面还存在较大分歧。

韩国于 2018 年发放 5G 商用牌照，当时已建设了五千余座基站。因此，韩国也成为全球第一个使用 5G 的国家。此后，在 2019 年初的 5G 建设中，韩国也保持着领先地位。截至 2020 年 5 月底，韩国 5G 用户已超过 687 万，占所有移动通信用户的 10%。然而目前韩国 5G 用户体验却不尽如人意，截至 2020 年 5 月 1 日，韩国 5G 基站数量为 11.5 万个，仅为 4G 基站数量的 13%。韩国 5G 以非独立的模式（NSA）与 4G 共享网络，这种方法可以快速提升 5G 网络普及速度，并且还能够降低网络短期内更换设备成本，但是非独立组网需要借助 4G 无线空口，这就导致了其无法满足 5G 对于时延和传输可靠性的要求。目前韩国三大运营商 5G 的速度仅为 4G 的 3～5 倍，未来还需要配置更高频段的配套

基站。

日本政府在2019年4月发放了5G专用的新频谱（3.7GHz、4.5GHz、28GHz），在2020年初制定了2030年实现通信速度是5G的10倍以上的“后5G”（6G）技术的综合战略，计划通过官民合作来推动发展。欧洲在2017年3月开始5G测试，2018年开始预商用测试，计划在2020年底提供完整的5G商用服务。目前欧洲各国纷纷展开5G频谱拍卖，法国宣布获得牌照的运营商于2020年底前在至少两个城市启动5G服务，英国则将在2020年前完成700MHz频谱再分配，荷兰首批5G频谱也将在2020年拍卖，罗马尼亚5G频谱拍卖则延迟至2020年年中。

2.2.3 中国5G通信产业规模达到2250亿元，基础器件层占比最高

2019年，5G组网模式确定，5G商用牌照向运营商发放，试点工作转入商用准备。在新型基础设施建设不断深化的背景下，中国5G网络建设迎来新一轮高潮。2019年，中国5G通信产业规模达到2250.0亿元，同比增长133.2%，产业规模迎来爆发式增长。

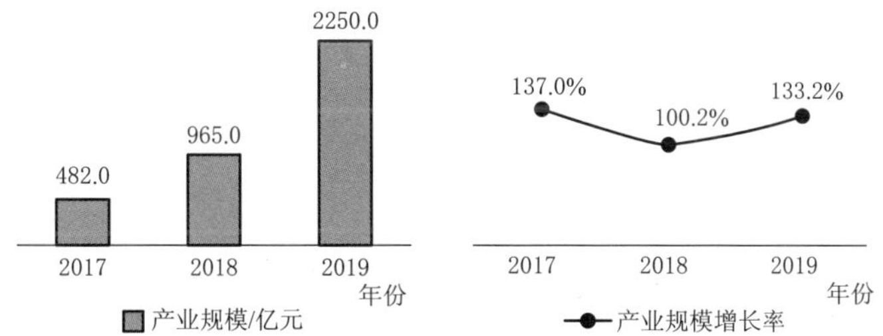

图2-6 2017—2019年中国5G通信产业规模及增长率

（数据来源：赛迪顾问，2020年7月）

2019年，中国5G通信产业结构中基础器件层规模达到1005.8亿元，占比达到44.7%；其次是以运营商为主导的运维服务层，达到了686.3亿元，占比30.5%；以落地为目标的场景应用层，达到了202.3亿元，占比9.0%；终端层和主设备层在建网初期并未首先爆发，随着5G网络建设的逐步深入以及5G商用的不断完善将日益扩大规模。

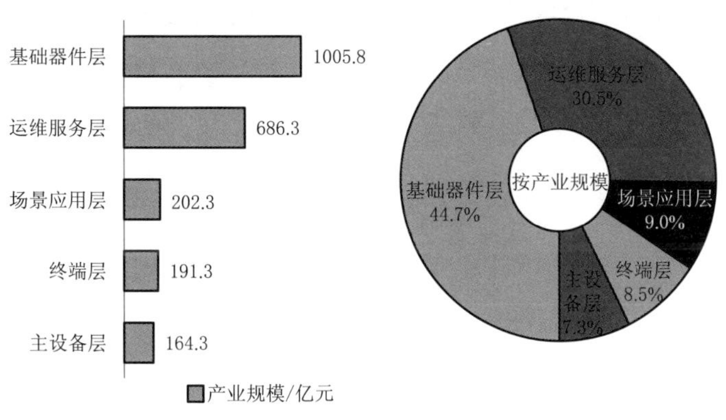

图2-7 2019年中国5G通信产业结构

（数据来源：赛迪顾问，2020年7月）

基站建设方面，如图 2-8 所示，当前中国正处于 5G 网络建设提速期，截至 2019 年底，中国 5G 基站数量达 15.6 万座。2020 年，中国移动明确提出计划建设 30 万座 5G 基站的目标；中国联通与中国电信合建 5G 基站，也提出将在三季度完成 25 万座 5G 基站建设，较原定计划提前一季度完成全年任务。总体来看，2020 年中国 5G 基站建设数量将达到 63 万座。届时，中国 5G 基站总数将在全球范围内占比超过半数以上。

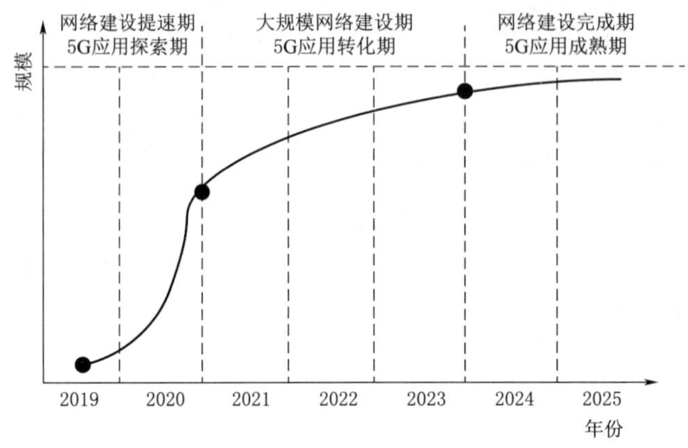

图 2-8　中国 5G 网络发展时序图

（数据来源：赛迪顾问，2020 年 7 月）

2.2.4　长三角、珠三角以及京津冀成为中国 5G 通信产业聚集地

从总体区域分布来看，2019 年，中国 5G 通信产业呈现出聚集发展的态势，主要以珠三角、长三角以及京津冀为代表。其中，珠三角是我国电子信息制造业基地，电子信息制造基础雄厚，聚集了一批 5G 通信上游元器件制造企业；而长三角在电子设备制造、基站射频等产品的研发和制造方面领先全国，同时拥有一批整车制造企业集中发展车联网场景应用；京津冀地区是中国三大运营商总部所在地，并以其地区优势的科研能力、政策敏感性在 5G 通信产业发展过程中处于领跑地位。

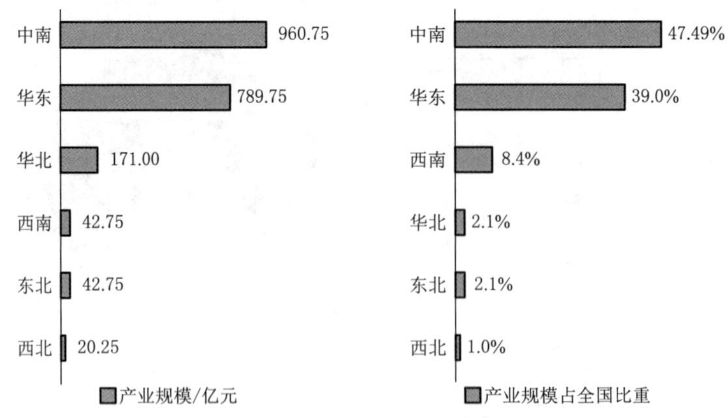

图 2-9　2019 年中国 5G 通信产业区域布局

（数据来源：赛迪顾问，2020 年 7 月）

从区域结构来看，以广东、湖北为代表的中南地区5G通信产业规模领先。2019年，中南地区5G通信产业规模达到960.75亿元，占比达到47.4%，一是由于珠三角地区是中国电子信息制造业的基地，在一定程度上拉动5G相关产品的规模；二是由于武汉作为中国光通信发源地，在光纤光缆、光模块等产品方面出货量较大，为中国5G通信产业保驾护航。随着区域的逐渐向西、向北延伸，由于地域气候的逐渐变化，5G通信产业规模逐渐缩小。

2.3 电力5G市场规模预测

2.3.1 5G垂直行业应用不断拓展促进全球电力5G市场快速增长

智能电网是当今世界电力、能源产业发展变革的体现，是实施新的能源战略和优化能源资源配置的重要平台。在数字技术进步与升级等因素的影响下，2020—2022年全球智能电网市场规模将保持快速增长，并在2022年突破500亿美元。

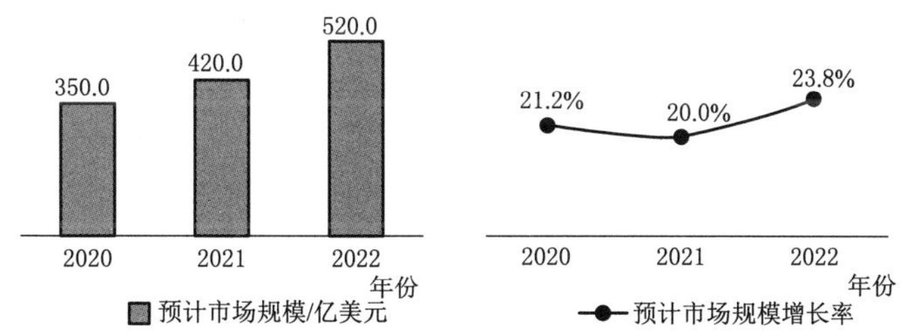

图2-10 2020—2022年全球智能电网市场规模及增长率预测

（数据来源：赛迪顾问，2020年7月）

智能电网建设覆盖电力供给侧和电力需求侧两个层面，就全产业链概念来讲，主要有发电、输电、变电、配电、用电等环节，其典型业务包括在线监测、视频监控、移动作业、配电自动化、智能抄表、指挥调度等。智能电网的发展要求电力传输通信网络具备高可靠、高质量传输、终端接入灵活和双向实时互动等能力，这与5G技术特点相吻合，未来5G技术在电力产业的应用主要体现在智能电网领域。

电力通信网是支撑智能电网发展的重要基础设施，而5G通信技术有利于进一步促进

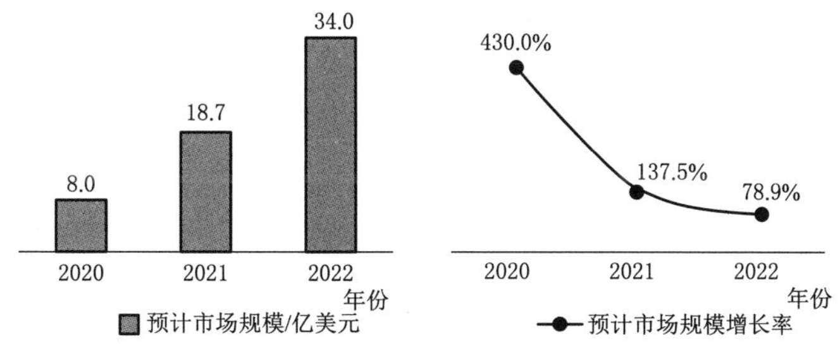

图2-11 2020—2022年全球电力5G市场规模及增长率

（数据来源：赛迪顾问，2020年7月）

能源互动、数据共享，满足电力业务安全性、实时性、准确性和可靠性要求。随着5G在智能电网建设领域的不断渗透，预计2020—2022年全球5G电力通信市场规模将保持高速增长，并于2022年达到34.0亿美元。

2.3.2 中国5G电力市场将在2022年达到百亿级别

智能电网是我国实施新型能源战略和优化能源资源配置的重要平台，是国家抢占未来低碳经济制高点的重要战略措施。在宏观政策环境、数字技术进步与升级等众多利好因素的影响下，2019年中国智能电网整体市场规模达到727.6亿元，同比增长26.5%。未来三年，基于5G大带宽、低时延、高可靠、海量连接的特性，将在智能电网电力系统发电、输电、变电、配电、用电全流程形成解决方案，从而实现提升发电质量、完成在线监测、降低人工运维成本、提高故障检测效率、精准负荷控制等。预计到2022年中国智能电网市场规模将达到1229.8亿元，维持20%左右的高增长率，为中国实现世界一流的能源互联网生态圈做出巨大贡献。

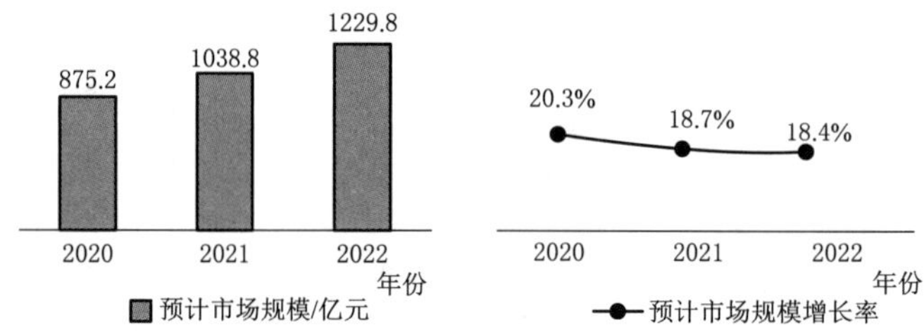

图2-12　2020—2022年中国智能电网市场规模及增长率预测

（数据来源：赛迪顾问，2020年7月）

在5G大规模商用化和智能电网政策的持续加码下，预计2020—2022年，中国5G电力通信市场规模将急速增长，预计在2022年中国电力5G通信市场规模将达到90亿元。

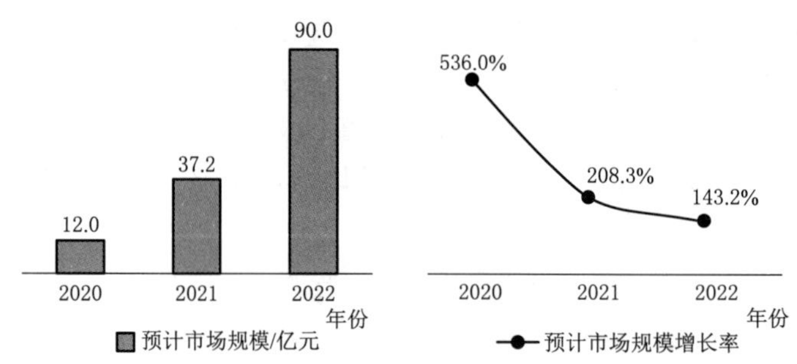

图2-13　2020—2022年中国电力5G市场规模及增长率

（数据来源：赛迪顾问，2020年7月）

在应用方面，5G将助力智慧新能源、智慧输电、智慧变电、智慧配电以及智慧用电的实现，而按照其未来的典型应用场景，又可归类为控制类应用和采集类应用。控制类应用主要利用5G高可靠、低延时的特性，采集类应用主要发挥了5G大带宽、海量连接的性能。预计2022年，中国5G电力市场采集类应用和控制类应用市场规模将分别达到

56亿元、34亿元。

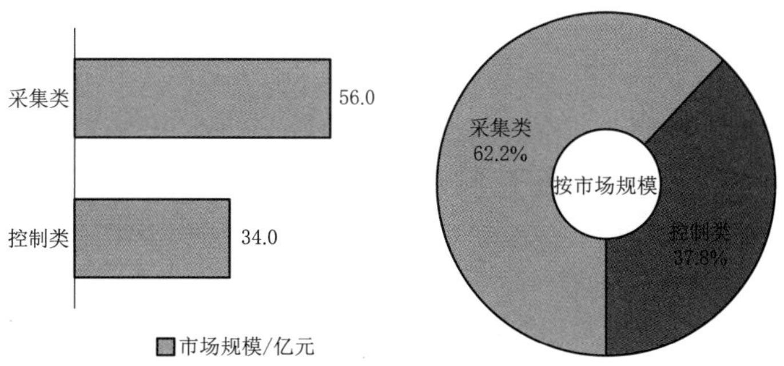

图2-14　2022年中国电力5G市场结构预测

（数据来源：赛迪顾问，2020年7月）

控制类应用场景包含智能分布式配电自动化、用电负荷需求侧响应、分布式能源调控等。其中智能分布式配电自动化的每台终端都可以起到中心逻辑单元的作用，实现故障处理过程的全自动进行，极大地提高了配电网故障处理效率；用电负荷需求侧响应是利用5G技术对用电负荷的精准控制，实现高效和错峰输电；分布式能源调控则利用5G实现配电网的可靠性和灵活性，解决分布式电源并网引起的运行稳定性问题。

采集类主要包括高级计量、智能电网大视频应用等。用电计量将从智能电表扩展至分布式电源、电动汽车充电桩、智能家居电能计量等领域，利用5G海量连接特性并结合大数据分析可以实现用电负荷控制和需求侧管理。与此同时，利用5G高带宽特性可以实现大量高清视频的回传，能够满足变电站巡检机器人、输电线路无人机巡检、配电房视频综合监视、移动式现场施工作业管控、应急现场自组网等所采集的内容视频化和高清化的需求。

2.4　电力5G产业发展趋势

5G技术的重要特征就是具有提供确定性和差异化服务的能力，可以面向多样化业务灵活部署。未来，5G网络切片技术可以根据电力行业不同的应用场景将物理网络切出多个虚拟网络，为电力行业用户打造定制化“行业专网”服务，不断拓展5G在电力领域的应用场景。

2.4.1　5G网络切片技术将广泛应用于电力行业

网络切片是将一个物理网络切割成多个虚拟的端到端的网络，每个虚拟网络，包括网络内的设备、接入、传输和核心网，都是逻辑独立的，任何一个虚拟网络发生故障都不会影响到其他虚拟网络。

网络切片技术应用较为灵活，不局限于切片类型，可以根据特定应用场景定向制定适合的多种逻辑独立的虚拟网络。未来随着传统电力行业向着智能化迈进，要求针对电力业务不同场景的特征和技术指标进行评估和分析并作出相应对策。多样化的电力业务需要灵活、可编排的通信网络，不同电力业务需要网络具有良好的安全隔离，而电力差动保护业务需要极低的通信时延。

使用 5G 网络切片技术能够满足差异化需求体现差异化能力，可以实现全过程网络资源可见、可控、可管，大幅降低应用成本。5G 网络切片将一个物理网络分为多个虚拟的逻辑网络，为电力企业打造定制化的“行业专网”服务，可以满足电力行业不同应用场景对于 5G 网络的需求，为更安全、更可靠和更灵活的差异化服务提供保障。

2019 年 6 月，中国南方电网有限责任公司、中国移动、华为与广东省电信规划设计院联合共同验证了首个 SA 端到端的切片，第一个切片承载电力一、二区业务，保障低时延，传输电力的配网自动化业务；第二个切片承载电力三、四区业务，保障大带宽，传输电力的视频监控业务；第三个切片承载公众业务。核心网、传输、无线在内的网络端到端经过验证，在公众业务超流量情况下，不影响电力业务的安全可靠运行。图 2-15 所示为中国南方电网有限责任公司端到端 SA 切片网络示意图。

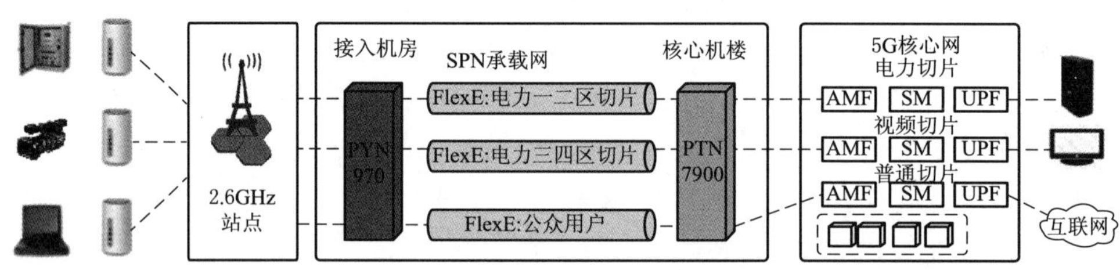

图 2-15　中国南方电网有限责任公司端到端 SA 切片网络示意图

未来 5G 网络切片技术将与电力行业广泛结合形成多个 5G 电力切片，为电力行业用户打造定制化“行业专网”服务，更好地匹配智能电网泛在接入类业务差异化需求，满足电网业务的安全性、可靠性和灵活性，并在端、管、云形成 5G 智能电网整体解决方案。

2.4.2　5G+智能电网将落地更多电力应用场景

5G 作为新型通信技术，融合应用逐渐渗透于各类应用场景。从应用方向出发，主要分为产业数字化、智慧化生活、数字化治理三大方向；从融合应用出发，主要包括 4K/8K 超高清视频、VR/AR、无人机/车/船、机器人四类通用应用；从应用领域出发，主要包括工业互联网、医疗健康、智能电网、智慧金融、智能城市等多类创新型应用。其中，5G 技术在电力行业的应用主要体现在智能电网的建设，总体上包括控制、采集两大类应用场景。其中控制类包含分布式配电自动化、分布式能源调控、精准负荷控制等，而采集类主要包括变电站巡检机器人、输电线无人机巡检、配电房视频综合监控、应急现场自组网等。

目前 5G+智能电网融合研究体系已初现端倪，国家电网有限公司、中国南方电网有限责任公司牵头各方资源积极探索 5G 与电力应用的融合，如图 2-16 所示，5G 电力典型应用场景包括智能分布式配电自动化、巡检机器人、配电网同步相量（PMU）应用等。

然而，5G智能电网应用目前尚处于起步阶段，未来还有很大的发展空间。随着eMBB场景标准的最先完善以及AR/VR终端产业链的不断发展，基于5G的配电房视频检测、智能巡检机器人等业务将率先成熟，无人机巡检业务目前受限于无人机续航能力、野外5G覆盖等因素，未来将进入高速发展期；电动汽车充电桩、用电信息采集等业务后期会随着mMTC场景相关标准的完善而得到进一步发展；分布式电源分布、应急现场自组网等业务目前处于市场启动期，预计2～3年后逐渐成熟；智能分布式配电自动化、精准负荷控制等属于uRLLC场景的电网控制类业务则由于较高的安全性和可靠性要求，目前尚处于探索期。

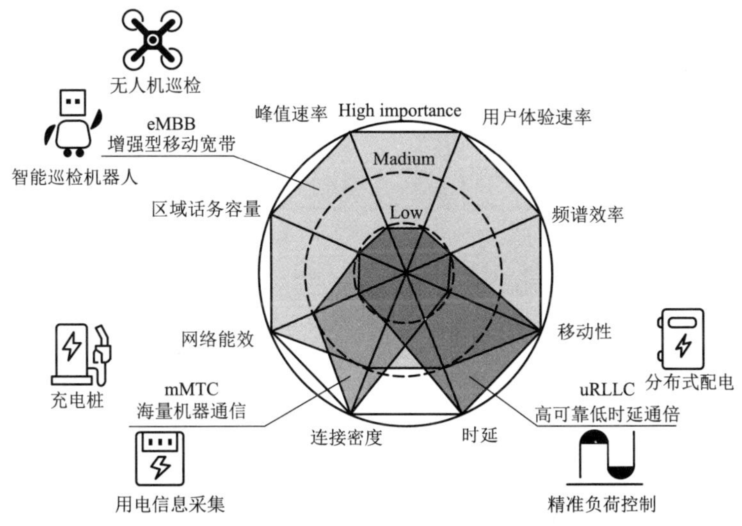

图2-16　5G电力应用场景示意图

2.4.3　5G技术在智能微电网领域将得到进一步发展

在5G电力切片技术加持下，辅以5G网络的超低时延、超低能耗、超低成本、高移动性、高带宽等网络能力，智能微电网领域的刚需将突破技术限制，得到进一步发展，预计2022年中国微电网市场规模将达到310亿元。

微电网是指由分布式电源、储能装置、能量转换装置、负荷、监控和保护装置等组成的小型发配电系统。如图2-17所示，微电网能够实现分布式电源的灵活、高效应用，解决数量庞大、形式多样的分布式电源并网问题，是一个能够实现自我控制、保护和管理的自治系统。既可以与配电网并网运行，也可以与配电网断开独立运行。若干分布式电网的自动运行，将促进传统的电力消费者转换身份为电力生产者，实现电能的自给自足，是实现主动式配电网的一种有效方式，使传统电网向智能电网过渡。

随着5G技术的成熟应用和物联网的快速发展，对微电网的发展将起到极大推动。如图2-18所示，多个微电网之间可以通过集中式电网有机连接、集中调配控制，实现微网内及整个电网的平衡和最优化配置，也可以通过物联网技术互相连接，整合多分散式的能源、分散式的储能以及分散式的用能，互相调剂余缺，提高能源供应可靠性和利用效率。当分布式电网普及后，集中式电网将受到较大冲击，从电能的主要提供者转变为供电可靠性的保障者，通过发展自动化的本地即时控制技术，确保故障情况下的本地重新配置和电力供应稳定，拥有 5G 技术作为传输技术支撑的分布式电网将成为电力行业发展趋势之一。

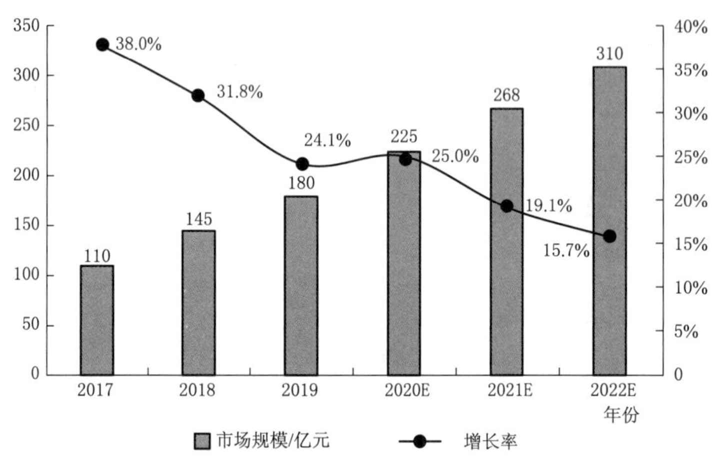

图 2－17　2017—2022 年中国微电网市场规模及增长率预测

（数据来源：赛迪顾问，2020 年 7 月）

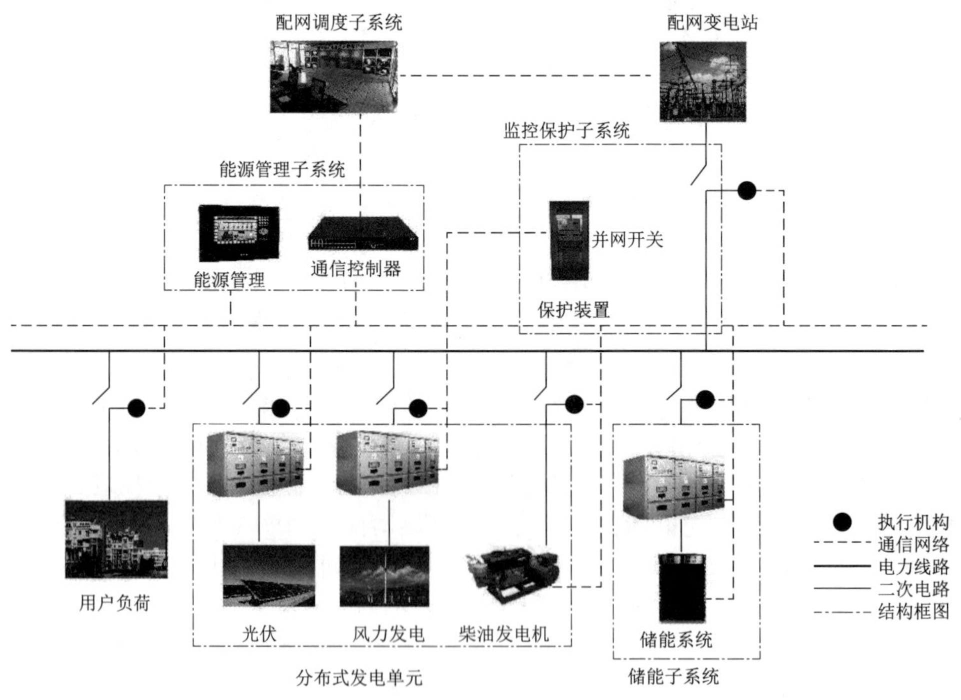

图 2－18　微电网示意图

第3章
5G技术发展现状分析

3.1 5G技术概述

第五代移动通信是指第五代移动电话行动通信标准，也称第五代移动通信技术，英文缩写为5G。相比于以往的蜂窝网络，5G网络将提供更大的带宽、更低的时延、更强的连接能力，实现更丰富的业务、更广泛的连接、更高质量的网络，将驱动整个社会科技的发展和人们生活方式的变革。

3.1.1 5G技术背景

第一代移动通信系统（1th Generation，1G）是模拟式通信系统，模拟式是代表在无线传输采用模拟调制，将介于300Hz到3400Hz的语音转换到高频载波上。模拟通信时代的典型终端就是大家所熟知的“大哥大”，当时一部大哥大的售价为21000元，除了手机价格昂贵以外，手机网络的价格也让普通老百姓难以消费，当时的入网费高达6000元，每分钟通话资费也有0.5元。

从1G到2G（2th Generation，第二代移动通信系统）的分水岭是从模拟调制进入数字调制，第二代移动通信具备高度保密性的同时能够提供多种业务服务，从这一代开始手机也可以上网了。第一款支持WAP（Wireless Application Protocol，无线应用协议）的GSM（Global System for Mobile Communications，全球移动通信系统）手机是诺基亚7110，这标志着手机上网时代的开始。

第三代移动通信标准（3th Generation，3G）由国际电信联盟发布，存在四种标准模式：CDMA2000（Code Division Multiple Access 2000，码分多址2000）、WCDMA（Wideband Code Division Multiple Access，宽带码分多址）、TD - SCDMA（Time Division - Synchronous Code Division Multiple Access，时分-同步码分多址）、WIMAX（Worldwide Interoperability for Microwave Access，全球互通微波访问）。在3G的众多标准中，CDMA（Code Division Multiple Access，码分多址）这个字眼曝光率最高并成为第三代移动通信系统的技术基础。

第四代移动通信标准（4th Generation，4G）包括TDD - LTE（Time Division Duplexing Long Term Evolution，时分双工长期演进）和FDD - LTE（Frequency Division Duplexing Long Term Evolution，频分双工长期演进）两种制式，能够快速传输数据、

音频、视频和图像等。4G 能够以 100Mbit/s 以上的速率下载，此外 4G 可以在 DSL 和有线电视解调器没有覆盖的地方部署。

第五代移动通信标准（5th Generation，5G），即 4G 之后的延伸，按照业内初步估计，未来 5G 将在 3 个方面有重大提升：①提供更多的业务场景，相比于 4G 以人为中心的移动宽带网络，5G 网络将实现真正的“万物互联”，从人与人通信延伸到物与物、人与物智能互联，使移动通信技术渗透至更加广阔的行业和领域；②提供更强的网络承载能力，相对 4G，5G 主要采用了更大的频谱宽度（100MHz），通过引入高阶调制、Massive MIMO（Multiple - Input Multiple - Output，多输入多输出系统）、面向大数据块的编码方式（Low - density Parity - check，LDPC，低密度奇偶校验）等手段，整体频谱效率提升 3 倍；③更安全开放的行业专网服务，由于引入了 NFV（Network Function Virtualization，网络功能虚拟化）、SDN（Software Defined Network，软件定义网络）等技术，5G 相关网络功能可以对外开放各种能力，实现行业对自身通信业务的连接管理、设备管理、业务管理、专用网络切片管理、认证和授权管理等，更好地支撑行业对公网业务的运维管理。

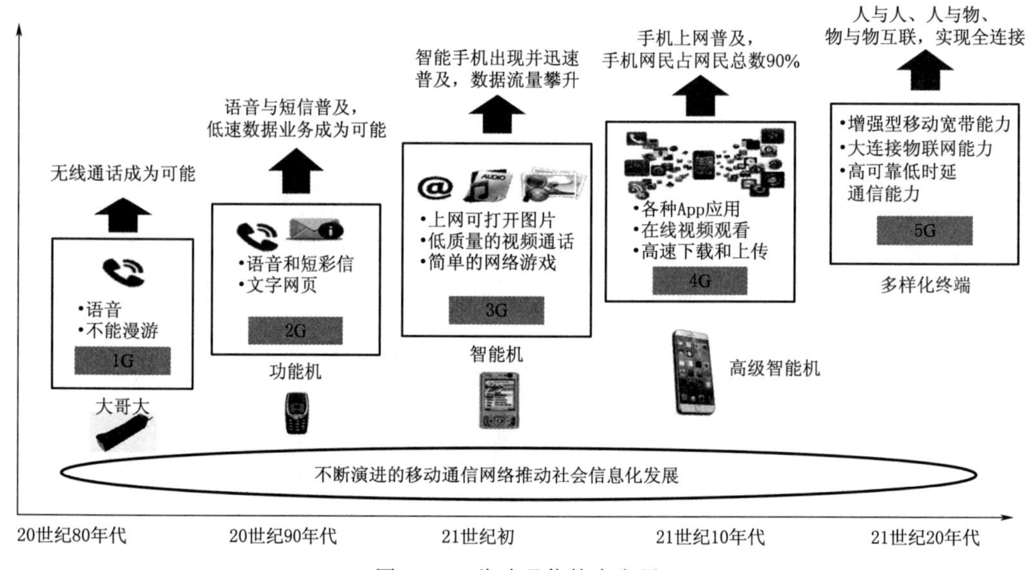

图 3 - 1　移动通信技术发展

3.1.2　5G 标准组织

5G 标准制定需要经过一系列正规的流程，涉及 ITU（International Telecommunication Union，国际电信联盟）、3GPP（Third Generation Partnership Project，第三代合作伙伴计划）、NGMN（Next Generation Mobile Networks，下一代移动通信网）以及主要分布在各个国家的 5G 推进组织。

5G 标准制定首先要通过 ITU 来进行“顶层设计”，ITU 提出了 5G 正式名称“IMT - 2020”（International Mobile Telecom System - 2000，国际移动电话系统- 2000）、5G 的愿景“高达 10Gbit/s 的峰值速率，低至 1ms 的网络时延，多达每平方公里 100 万连接”

等。ITU是规则制定者，制定5G的需求和指标，组织评估5G技术，最后宣布结果。《IMT愿景：5G架构和总体目标》《IMT－2020技术性能指标》等一系列“规矩”就是ITU来发布的。

在ITU给出的统一的标准框架下，3GPP制定更加详细的技术规范和产业标准，规范产业行为，它制定的5G标准最终要通过ITU的审核才能正式发布。在标准的制定过程中，3GPP还会接受一些主要国家标准组织的需求和技术提议，并接受评估。这些组织包括NGMN、IMT－2020(5G)、5G Americas、5GPPP(5G Public－Private Partnership，5G公私合作伙伴关系)、5GMF（The Fifth Generation Mobile Communications Promotion Form，第五代移动通信促进论坛)、5G Forum（The Fifth Generation Form，5G论坛）等。

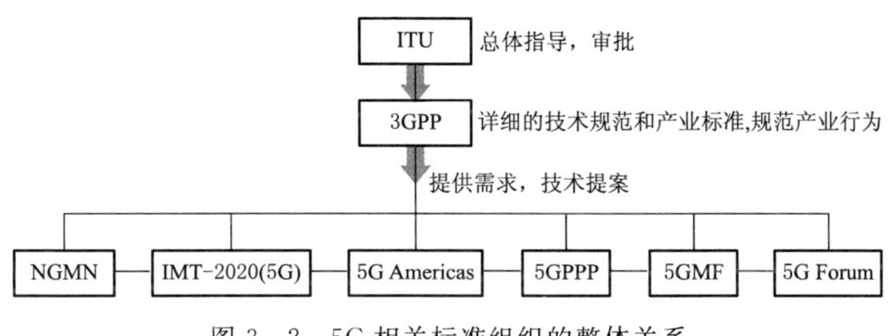

图3－2　5G相关标准组织的整体关系

3.1.2.1　ITU

国际电信联盟（International Telecommunication Union）是联合国的一个重要专门机构，也是联合国机构中历史最长的一个国际组织。简称“国际电联”“电联”或“ITU”。

国际电联是主管信息通信技术事务的联合国机构，负责分配和管理全球无线电频谱与卫星轨道资源，制定全球电信标准，向发展中国家提供电信援助，促进全球电信发展。

国际电联通过其麾下的无线电通信、标准化和发展电信展览活动成为世界范围内联系各国政府和私营部门的纽带，而且它是信息社会世界高峰会议的主办机构。

ITU的组织结构主要分为电信标准化部门（ITU－Telecommunication Standardization Sector，ITU－T)、无线电通信部门（ITU－Radio Communications Sector，ITU－R）和电信发展部门（ITU－Telecommunication Development Sector，ITU－D)。ITU每年召开1次理事会，每4年召开1次全权代表大会、世界电信标准大会和世界电信发展大会，每2年召开1次世界无线电通信大会，如图3－3所示。

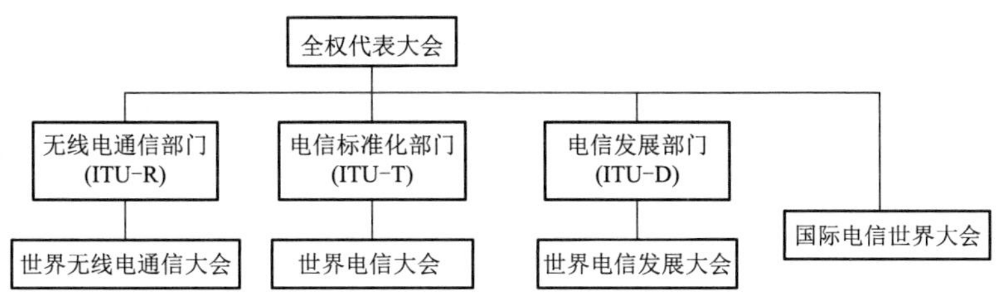

图3－3　ITU组织结构简介

ITU－R，国际电信联盟的无线电组织，制定了 5G 的法定名称“IMT－2020”，即希望 5G 在 2020 年可以实现商用，并制定了 5G 的愿景，即 5G 网络可以实现 3 大应用场景，第一个场景是增强型的移动宽带场景 eMBB（Enhanced Mobile Broadband，增强型移动宽带），要求网络峰值流速到达 10Gbit/s；第二个场景是超高可靠超低时延场景 uRLLC（Ultra Reliable and Low Latency Communication，超可靠低时延通信），要求网络端到端 1ms 时延；第三个场景就是海量连接的物联网业务场景 mMTC（Massive Machine Type Communication，海量物联网通信），要求每平方公里 100 万个连接。

3.1.2.2 3GPP

1998 年 12 月，多个电信标准组织伙伴签署了《第三代伙伴计划协议》，于是 3GPP 组织就此成立了。随后，1999 年 6 月，中国通信标准化协会（China Communications Standards Association，CCSA）也加入了 3GPP。3GPP 最初的工作是为第三代移动通信系统制定全球适用技术规范和技术报告，随后继续负责 4G、5G 标准的制定工作。

3GPP 技术规范组（Technical Specifications Groups，TSG）下分为 RAN（Radio Access Network，无线接入网络）、SA（Service & Systems Aspects，业务与系统）以及 CT（Core Network & Terminals，核心网与终端）三大领域，每个领域下面分为多个小组，共有 16 个小组。其中，无线接入网络（RAN）负责无线接入网络相关的内容，业务与系统（SA）主要负责业务和系统概念等相关的内容，核心网与终端（CT）负责核心网和终端等相关的内容，如图 3－4 所示。

图 3－4　3GPP 技术规范组三大领域及小组

3GPP 的标准演进工作是以 GSM 为基础进行的，成功地实现了从 2G 到 3G、4G 到

4.5G 的演进，对应协议版本也从 Release 99 演进到 Release 13、Release 14。目前正在加紧进行 5G 标准的制定。

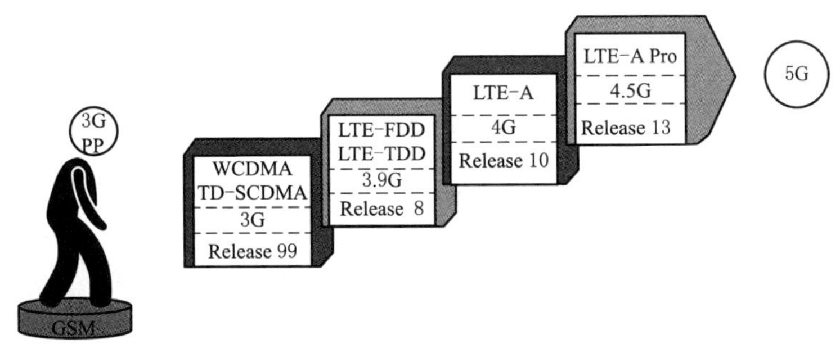

图 3-5　3GPP 的标准演进

注释：

LTE-A，Long Term Evolution-Advanced，长期演进技术升级版

LTE-A Pro，LTE-Advanced Pro，包括 LTE Release 13 及后续版本的内容

3GPP 作为一个全球标准化组织，考虑到之前 3G 和 4G 标准不统一带来的各种业务和产业发展的问题，所以 3GPP 在 5G 标准制定之初，就对 5G 提出了全球统一标准的要求，充分考虑到未来业务全球漫游和规模经济带来的益处。3GPP 在 2017 年 2 月份巴塞罗那展会上正式宣布启动 5G 的标准进程。目前侧重 eMBB 业务场景的 R15 版本已经于 2018 年 6 月冻结；侧重于 uRLLC 和 mMTC 业务场景的 R16 版本计划于 2020 年 3 月份完成冻结。

3.1.2.3　其他标准组织

NGMN，下一代移动通信网络联盟，由全球八大移动通信运营商 2006 年发起成立，对于 5G 场景、需求、架构和关键技术都有专门的小组研究讨论，研究成果以白皮书的形式定期发布，并且供 3GPP 等标准化组织参考。它对 5G 的愿景是希望 5G 是一个端到端的、全移动的、全连接的生态系统，而且要做到信息随心至、万物触手及。

IMT-2020（5G），即我国的 5G 标准推进组织。我国于 2013 年 2 月组织成立了 IMT-2020（5G）推进组，如图 3-6 所示，旨在聚合中国产学研用力量来推动中国 5G 技术研究和开展国际交流与合作。IMT-2020（5G）推进组在 2017 年 5 月就发布了《5G 愿景与需求白皮书》，2018 年 5 月发布了《5G 无线技术架构白皮书》和《5G 网络技术架构白皮书》（IMT-2020（5G）推进组），两本白皮书分别从无线空口技术和网络架构两方面给出了国内公司关于 5G 的一些技术观点，其中无线空口技术包括大规模天线、超密集组网、高频通信以及新型多址等。并且，IMT-2020（5G）负责我们国内 5G 三个阶段的测试，2016 年第一阶段主要针对 5G 的单个技术进行测试，2017 年第二阶段主要针对 5G 的系统测试，2018 年 2 月份启动的第三阶段测试主要是测试 5G 的预商用设备的系统部署情况。

5G Americas，由 4G Americas 演进而来，美国的 5G 标准推进组织。

5GPPP，欧盟于 2014 年 1 月正式推出了 5GPPP（5G Public-Private Partnership）项目，由政府出资管理项目吸引民间企业和组织参加，计划在 2014—2020 年期间投资 7

亿欧元，拉动 5～10 倍企业投资，其机制类似我国的重大科技专项。5G PPP 计划发展 800 个成员，包括 ICT（Information and Communication Technology，信息和通信技术）的各个领域：无线/光通信、物联网、IT（虚拟化、SDN、云计算、大数据）、软件、安全、终端和智能卡等。

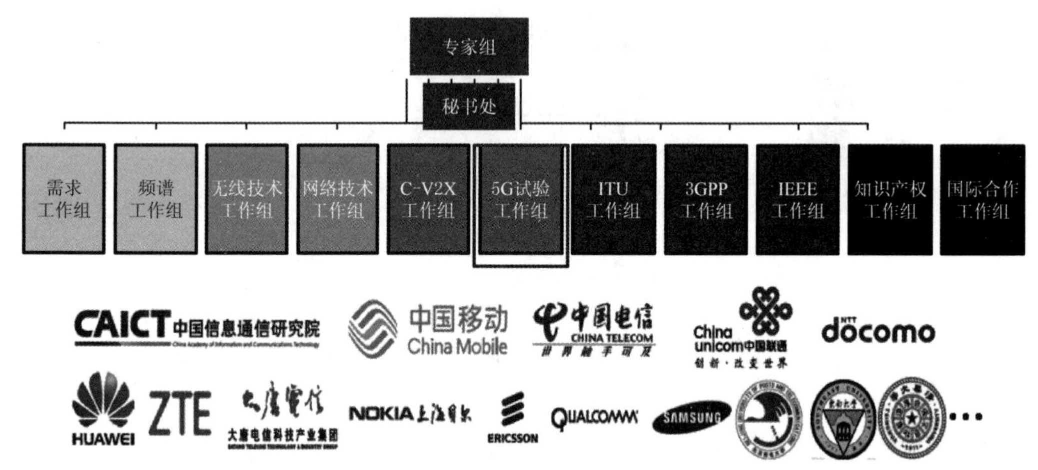

图 3-6　IMT-2020（5G）推进组

5GMF，即第五代移动通信促进论坛，日本的 5G 标准化组织。5GMF 的目标是进行关于第五代移动通信系统的研究和开发，所有这些都旨在促进电信使用的良好发展。

5G Forum，5G 技术论坛，韩国的 5G 标准化组织。韩国从 2013 年开始研发 5G 技术，成立了 5G Forum，积极推动 6GHz 以上频段成为未来 IMT 频段，韩国计划以 2020 年实现该技术的商用为目标，全面研发 5G 移动通信核心技术。

IEEE（Institute of Electrical and Electronics Engineers，电气和电子工程师协会）是一个国际性的电子技术与信息科学工程师的协会，是目前全球最大的非营利性专业技术学会。IEEE 致力于电气、电子、计算机工程和与科学有关的领域的开发和研究，在太空、计算机、电信、生物医学、电力及消费性电子产品等领域已制定了 900 多个行业标准。2018 年底，IEEE 宣布 IEEE 802.1CM-2018《用于（5G）前传的时间敏感网络》标准正式发布，该标准是第一个用于通过分组网络，尤其是通过 IEEE 802.3 以太网将蜂窝网络的无线设备连接到其远程控制器的可用 IEEE 标准。

3.1.3　5G 标准发展

5G 的主力版本主要是 R15 版本和 R16 版本。R15 标准以大带宽为主，已经于 2018 年 9 月冻结。R16 标准侧重低时延，已经在 2020 年 7 月冻结。R17 版本侧重大连接，将在 2021 年 12 月冻结。5G 标准进展如图 3-7 所示。

R15 阶段主要侧重 eMBB 场景标准制定，支持增强移动宽带和低时延高可靠物联网，完成网络接口协议。作为第一个版本的 5G 标准，R15 主要确定 5G 商业化的相关标准技术，满足部分 5G 需求。R15 阶段又分为两个子阶段，第一个子阶段 5G NR（5G New

Radio，5G新空口技术）非独立组网标准已于2017年12月完成，2018年3月份冻结；第二个子阶段5G NR独立组网标准已经于2018年6月完成，在3GPP第80次TSG RAN全会，即9月正式冻结。

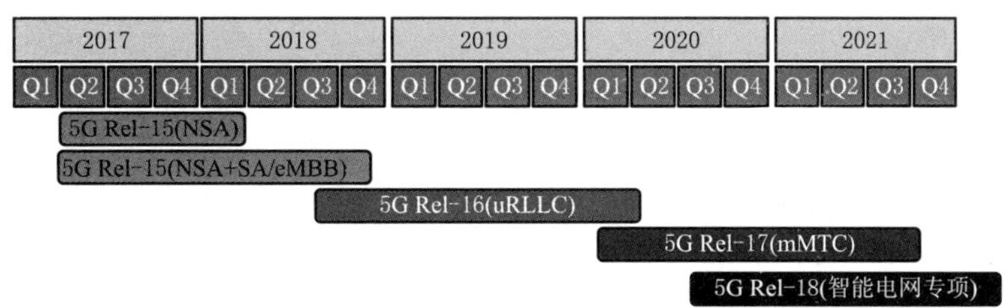

图3-7 5G标准进展

2017年确定的5G NR非独立组网标准（Non-stand Alone，NSA），它是第一版本5G标准R15的一个阶段性成果。所谓"非独立组网"，即以现有的LTE接入以及核心网覆盖作为锚点，新增加5G无线组网接入标准。在这里，5G仅仅是作为补充，大范围的网络依然是4G，只是在一些热点地区，比如奥运会赛场、CBD（Central Business District，中央商务区）等局部区域通过5G增加热点来提升网络速度、用户感知和体验。5G非独立组网标准作为5G标准的过渡方案，主要以提升热点区域带宽为主要目标，没有独立信令面，依托4G基站和核心网工作，相对标准制定进展快些，5G性能和能力却会大打折扣。它解决的只是小范围的局部性的热点覆盖问题，但它满足了激进运营商利用现有LTE网络资源，实现5G NR快速部署的需求。

2018年6月确定的5G第一阶段标准3GPP R15，完成了有关5G独立组网（Stand Alone，SA）的标准技术。独立组网标准的制定，意味着5G整个网络的部署标准已趋向完善，这将引领产业界实现5G通信商业化，并作为核心基础设施为未来第四次产业革命服务。R15是5G第一版商业化标准，能实现所有5G的新特征，有利于发挥5G的全部能力。R15标准将侧重于支持5G三大场景中的增强型移动宽带（eMBB）场景，且R15标准是能够真正面向商用的5G标准，并将与5G最终版R16标准有一定协同性。

R16标准的完成是满足ITU（国际电信联盟）全部要求的完整的5G标准化工作，3GPP计划于2020年初向ITU提交满足ITU需求的方案。2020年7月3日，3GPP宣布5G R16标准冻结，以满足eMBB、URLLC等各种场景的需求。

R16标准重点规定了URLLC增强的标注，要求用户空口时延少于1ms，传送32字节包的可靠性为1～10^（－5）。另外，还规定了车联网增强标准、网络切片功能增加标准，并扩展了sub6GHz和毫米波的通信频段，以及进行了功能增强。最后，R16增强毫米波和中频段的载波聚合，引入了手机节能方面的功能和标准设计，引入5G免许可频谱设计，以及增强5G网络的移动性，使得5G在小区之间切换的时候，能够做到没有间断的零秒切换。

2020年7月9日，国际电信联盟（ITU）召开的ITU-R WP5D会议结束，会议上决议NB-IoT和NR一起正式成为5G标准，与eMTC共同支持5G mMTC场景的实现。

5G Rel-17标准化工作已于2020年第二季度正式启动，暂定于2021年9月完成标准冻结。目前看来，受新冠肺炎疫情影响，Rel－17 延期的可能性很大。5G Rel－17 一方面聚焦于将 Rel－16 已有工作基础上的网络和业务能力进一步增强，包括多天线技术、低延时高可靠、工业互联网、终端节能、定位和车联网技术等；另一方面也提出了一些新的业务和能力需求，包括覆盖增强、多播广播、面向应急通信和商业应用的终端直接通信、多 SIM 终端优化等。

2020 年 8 月 3 日，3GPP SA＃88e 全会在线上成功举行。在本次会议上，由中国电信牵头并联合中国南方电网有限责任公司、国家电网有限公司、华为、中国移动、中国联通等 5G 确定性网络产业联盟成员单位，以及海内外运营商、设备商等 28 家成员单位提交的 5G 智能电网研究项目在 3GPP R18 中成功立项，第一次定义 5G＋智能电网端到端标准体系架构，为 5G＋智能电网的快速发展奠定标准框架和平台。

3.1.4 5G 频谱资源规划

1. 频谱资源简介

电磁波按照波长由长到短包括无线电波、红外线、可见光、紫外线、X 射线、γ 射线等。无线电波又包括甚低频、低频、中频、高频、甚高频、特高频、超高频、极高频频段等。

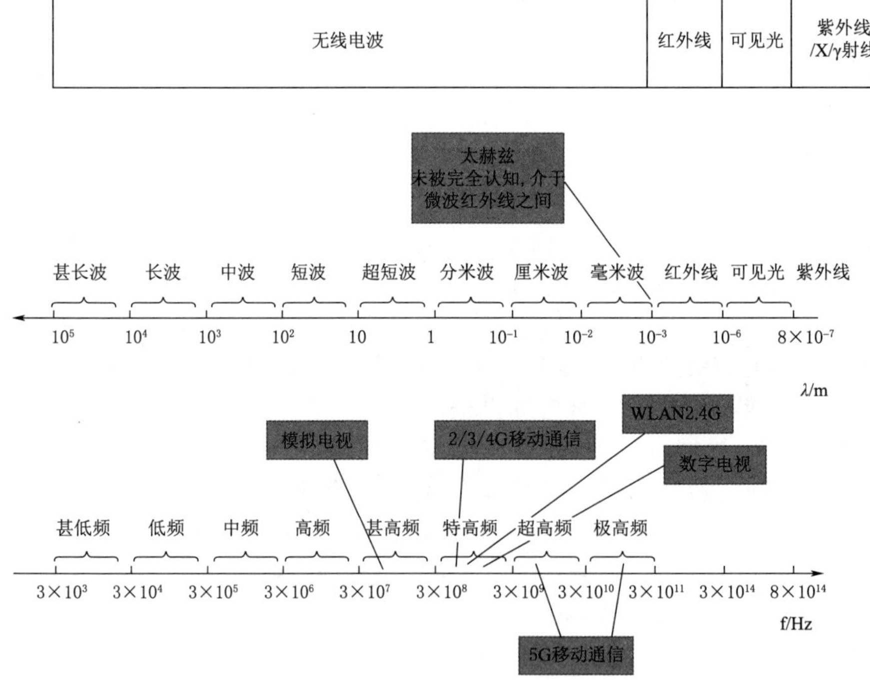

图 3－8 电磁波波长与频段

频率是最重要的无线系统资源，目前 2/3/4G 移动通信主要集中在特高频 URF，5G 主要频段集中在超高频 SHF 和极高频 EHF，部分运营商（例如中国移动）会重用特高频部分频段。各频段电磁波用途见表 3－1。

表 3-1 各频段电磁波用途

频段	波 长	频率范围	用 途
甚低频 VLF	10～100km（甚长波）	3～30kHz	远距离导航、海底通信
低频 LF	1～10km（长波）	30～300kHz	远距离导航、海底通信、无线信标
中频 MF	100m～1km（中波）	300kHz～3MHz	海上无线通信、调幅广播
高频 HF	10～100m（短波）	3～30MHz	业余无线电、国际广播、军事通信、远距离飞机、轮船间通信、电话、传真
甚高频 VHF	1～10m（超短波）	30～300MHz	VHF电视、调频双向无线通信、飞行器调幅通信、飞行器辅助导航
特高频 UHF	0.1～1m（分米波）	300MHz～3GHz	2/3/4G蜂窝通信、5G移动通信、UHF电视、蜂窝电视、协助导航、雷达、GPS、微波通信
超高频 SHF	0.01～0.1m（厘米波）	3～30GHz	5G移动通信、卫星通信、雷达、微波通信
极高频 EHF	0.001～0.01m（毫米波）	30～300GHz	5G移动通信、卫星通信、雷达等
红外线	0.78～400μm	$3\times10^{11}\sim4\times10^{14}$Hz	光纤通信、探测、医疗
可见光	400～780nm	$4\times10^{14}\sim8\times10^{14}$Hz	
紫外线	100～400nm	$8\times10^{14}\sim3\times10^{15}$Hz	光化学、灭雷

2. 5G频谱整体规划

3GPP已指定5G NR支持的频段列表，包括两大频率范围，见表3-2。

表 3-2 5G NR 频 率

频率范围名称	对应频率范围	最大信道带宽	说 明
FR1	450MHz～6.0GHz	100MHz	Sub-6GHz频段
FR2	24.25～52.6GHz	400MHz	毫米波频段

3GPP为5G NR定义了灵活的子载波间隔，不同的子载波间隔对应不同的频率范围，见表3-3。

表 3-3 5G NR 子载波间隔

子载波间距	频率范围	信道带宽	子载波间距	频率范围	信道带宽
15kHz	FR1	50MHz	60kHz	FR1，FR2	200MHz
30kHz	FR1	100MHz	120kHz	FR2	400MHz

5G NR频段分为：FDD、TDD、SUL和SDL。SUL和SDL为补充频段，分别代表上行和下行。目前3GPP已指定的5G NR频段具体见表3-4和表3-5。

表 3-4 5G NR FR1（Sub-6GHz）频段表

频段号	上行/MHz	下行/MHz	带宽/MHz	双工模式	双工间隔/MHz	备 注
n1	1920～1980	2110～2170	2×60	FDD	190	

续表

频段号	上行/MHz	下行/MHz	带宽/MHz	双工模式	双工间隔/MHz	备注
n2	1850～1910	1930～1990	2×60	FDD	80	
n3	1710～1785	1805～1880	2×75	FDD	95	
n5	824～849	869～894	2×25	FDD	45	
n7	2500～2570	2620～2690	2×70	FDD	120	
n8	880～915	925～960	2×35	FDD	45	
n20	832～862	791～821	2×30	FDD	41	下行低于上行
n28	703～748	758～803	2×45	FDD	55	
n38	2570～2620	2570～2620	50	TDD	-	
n41	2496～2690	2496～2690	194	TDD	-	
n50	1432～1517	1432～1517	85	TDD	-	
n51	1427～1432	1427～1432	5	TDD	-	
n66	1710～1780	2110～2200	70+90	FDD	400	上下行带宽不同
n70	1695～1710	1995～2020	15+25	FDD	300	上下行带宽不同
n71	663～698	617～652	2×35	FDD	46	下行低于上行
n74	1427～1470	1475～1518	2×43	FDD	48	
n75	N/A	1432～1517	85	SDL	-	下行补充频段
n76	N/A	1427～1432	5	SDL	-	下行补充频段
n77	3300～4200	3300～4200	900	TDD	-	
n78	3300～3800	3300～3800	500	TDD	-	
n79	4400～5000	4400～5000	600	TDD	-	
n80	1710～1785	N/A	75	SUL	-	上行补充频段
n81	880～915	N/A	35	SUL	-	上行补充频段
n82	832～862	N/A	30	SUL	-	上行补充频段
n83	703～748	N/A	45	SUL	-	上行补充频段
n84	1920～1980	N/A	60	SUL	-	上行补充频段

表3-5　　5G NR FR2（毫米波）频段表

频段号	上行/MHz	下行/MHz	带宽/MHz	双工模式	双工间隔/MHz
n257	26500～29500	26500～29500	3000	TDD	-
n258	24250～27500	24250～27500	3250	TDD	-
n260	37000～40000	37000～40000	3000	TDD	-

目前，全球最有可能优先部署的5G频段为n77、n78、n79、n257、n258和n260，即3300～4200MHz、4400～5000MHz和26000MHz/28000MHz/39MHz。

3. 三大运营商频率资源

目前，中国三大通信运营商均形成了2/3/4G网络并存的局面，中国移动拥有2×

49MHz FDD 频率资源、145MHz TDD 频率资源；中国联通拥有 2×56MHz FDD 频率资源、40MHz TDD 频率资源；中国电信拥有 2×50MHz FDD 频率资源、40MHz TDD 频率资源。三大运营商合计拥有 2×155MHz FDD 频率资源、225MHz TDD 频率资源。

4. 中国 5G 频率规划

2017 年 11 月，工信部发布了 5G 系统在 3000～5000MHz 频段的频率使用规划，规划 3300～3600MHz 和 4800～5000MHz 频段作为 5G 系统的工作频段，其中 3300～3400MHz 频段原则上限室内使用。

2018 年 12 月，工信部明确中国三大通信运营商 5G 试验频率的分配方案。2019 年 6 月 6 日，工信部已正式向中国移动、中国电信、中国联通、中国广电发放 5G 运营牌照。中国 5G NR 频率资源分配见表 3-6。

表 3-6　中国 5G NR 频率资源分配

运营商	网络	3GPP 频段号	上/下行/MHz	带宽 MHz	双工方式
中国移动	5G NR	n41	2515～2675①	160	TDD
	5G NR	n79	4800～4900	100	TDD
	合计			260	
中国电信	5G NR	n77 或 n78	3400～3500	100	TDD
中国联通	5G NR	n77 或 n78	3500～3600	100	TDD
中国广电	5G NR	n28	703～733/758～788	60	FDD
	5G NR	n79	4900～5000	100	FDD
	合计			160	
总计				620	

①内含 4G 频段 2555～2655MHz 的 100MHz 重耕，其中需中国联通退出 2555～2575MHz 的 20MHz 带宽、中国电信退出 2635～2655MHz 的 20MHz 带宽，其余 60MHz 带宽已为中国移动持有。

其中，中国联通、中国电信、中国广电共同使用：3.3GHz 频段（3300～3400MHz）。中国电信和中国联通的 5G 频段是连续的，两家已宣布将基于 3400～3600MHz 连续的 200MHz 带宽共建共享 5G 无线接入网。中国移动和中国广电也已宣布共享 2.6GHz 频段 5G 网络，并按 1∶1 比例共同投资建设 700MHz 5G 无线网络，共同所有并有权使用 700MHz 5G 无线网络资产。

5G 频段比较见表 3-7。

表 3-7　5G 频段比较

频段	2.6GHz（n41）	3.5GHz（n77 或 n78）	4.9GHz（n79）
覆盖能力	好	较好	差
产业链成熟度	较好	领先	较差
现有室分系统	支持，可升级	不支持，不可升级	不支持，不可升级
高铁、隧道等场景	现有泄漏电缆支持该频段	现有泄漏电缆不支持，不可升级	现有泄漏电缆不支持，不可升级
国际漫游支持率	较高	高	较高

按此方案，中国移动将获得相对较多的频率资源，其已于 2.6GHz 频段部署了大量 4G 基站，且现有室分系统和泄漏电缆支持 2.6GHz 频段，因此一旦产业链成熟，可以预期中国移动 5G 网络的建设会相当顺利、快速；但是，2.6GHz 和 4.9GHz 频段产业链成熟度相对落后，中国移动需要投入更多的时间和力量促进产业链的成熟。中国电信和中国联通则获得了国际主流频段，产业链成熟度领先；但是，3.5GHz 频段覆盖能力相对较差，且现有室分系统和泄漏电缆不支持该频段，因此其 5G 网络建设将面临更大的挑战。

5. 国外运营商 5G 频段规划

日本运营商重点考虑 27.5～29.5GHz，兼顾 4.9GHz，计划在东京奥运会提供 5G 高频段服务。韩国运营商前期重点考虑 28GHz，并在 2018 年冬奥会上使用高频段提供方了 5G 接入服务，中后期将考虑 3.5GHz（3.4～3.7GHz）。欧盟计划使用 700MHz/3.4～3.8GHz 为 5G 先发频率，通过 700MHz 实现 5G 广覆盖，利用 3.4～3.8GHz 抢占先机，并计划使用 24.25～27.5GHz 为主要高频段。目前美国运营商 T - Mobile 已宣布用 600MHz 建 5G。美国将抢跑 5G 毫米波部署，已规划使用 28GHz（27.5～28.35GHz）、37GHz（37～38.6GHz）、39GHz（38.6～40GHz）、64～71GHz，并开始研究中频段（3.7～4.2GHz）。

3.1.5 运营商试点及部署情况

3.1.5.1 中国移动

1. 网络覆盖策略和网络建设规模

中国移动的总体 5G 网络发展可分为如下三个阶段：

第一阶段：2019 年启动 5G 部署，整合网络发展必备资源，验证网络商用性能；NSA/SA 同时部署，进行友好用户放号，向业界释放 SA 的明确信号。

第二阶段：2020 年步入 5G 网络规模建设阶段，eMBB 用户开始规模发展，同时全面部署 SA。NSA 到 SA 的过渡期采用 SA/NSA 并存组网，解决前期 NSA 单模终端无法接入 SA 小区的问题。

第三阶段：行业用户发展阶段，5G 行业用户实践，丰富 5G 商用模式。

2019 年，在全国建设超过 5 万个基站，在超过 50 个城市实现 5G 商用服务，2020 年，将进一步扩大网络覆盖范围，在全国所有地级以上城市提供 5G 商用服务。2020 年，广东移动将投入超过 170 亿元，进一步推动信息基础设施建设，构筑“双千兆”网络优势。到年底前，广东移动计划建成 5G 基站超 4.2 万个，千兆覆盖小区 5 万个，千兆示范小区超 1 万个。

2. 5G 行业应用

重点行业：中国移动已成立 5G 垂直行业工作组，开展 5G 龙头示范牵引专项行动，面向工业、能源、交通、医疗、教育、金融、农业、媒体、智慧城市等 14 个行业，打造 100 个 5G 应用示范，加速产业互联网升级转型。

行业专网的考虑以下几个方面：

（1）2.6GHz 与 4.9GHz 双频协同，构建垂直行业竞争优势。中国移动拥有 2.6GHz 和 4.9GHz 双频段共 260M 带宽的 5G 频谱，根据客户需求，综合使用 2.6GHz 和

4.9GHz 是其拓展垂直行业的有力抓手和最大优势。2.6GHz 具有覆盖能力强、兼容传统无源室分、可 4/5G 共模等诸多优势，可为垂直行业提供 5G 基础覆盖。4.9GHz 可采用不同于 2.6GHz 的帧结构配置，具有上行大带宽、低时延、较易实现干扰隔离等诸多优势，在与公网充分协同后可按需定制建设，满足垂直行业个性化高标准的要求。2.6GHz 和 4.9GHz 双频组网，还可改善切换速率抖动问题，进一步保障高清直播等精品业务的业务体验。

（2）立足公网，通过公专融合构建运营商行业定制服务能力。根据行业客户差异化隔离需求，探索不同等级的 5G 专网，考虑根据频率和设备是否与公网用户共享，可分为三种模式：一是优享模式，行业客户和公网用户完全共享频率和设备，通过 QoS/切片等手段保障行业客户的差异化性能需求，具有显著的成本优势，适用于园区、教育、视频娱乐、智慧城市等广泛场景。二是专享模式，通过边缘计算技术，实现数据流量卸载、本地业务处理，满足数据不出场、超低时延等业务需求，为客户提供专属网络服务，可服务于政务、工厂、园区、医院、港口等有容量要求、覆盖要求、时延要求、安全隔离度要求的局域场景。三是尊享模式，为行业客户提供专用无线设备和频率资源，核心网设备按需专用和下沉部署，行业数据与公网数据完全隔离，形成较高程度封闭的行业专网，主要适用于可靠性、隔离性要求极高的场景，如高等级工厂、高等级煤矿等。

（3）利用更多频段资源和技术手段满足垂直行业需求。一方面积极争取更多的新频谱。5G 毫米波频段带宽可达 800MHz，通信速率高达 10Gbit/s，可支撑拓展目前 Sub-6G 频段难以满足的视频转储等超高容量、超密覆盖场景。700MHz 频段具有极佳的覆盖性能，可满足对覆盖、时延和可靠性有更高要求的业务场景。另一方面积极挖潜存量频谱。探索通过补充上行（SUL）/载波聚合等技术手段，充分利用 900MHz、1800MHz 等存量频谱资源，与 2.6GHz/4.9GHz 频谱协同，满足行业对不同上下行带宽、不同覆盖能力以及更低时延更高可靠性的需求。

3. 全国范围内与电网测试过的一些案例简介

在智慧能源领域，主要完成国家发改委 5G 智能电网项目（深圳、雄安）和福建电网外场测试。

（1）国家发改委 5G 智能电网项目。

项目选择深圳、雄安新区分别与中国南方电网有限责任公司、国家电网有限公司合作。规划选定了五个对 5G 网络有强烈应用诉求的场景，验证了 5G 承载智能电网业务的技术可行性。从多方面提升电力尤其是配电网的智能化水平，切实解决了配电网等各地低时延控制、高精度授时、大带宽承载、高频次采集、最后一公里光纤建设难度大等问题。同时通过电力核心服务能力平台、运营商切片管理服务平台搭建，实现了端到端切片全流程开通，为后续 5G 在电力行业乃至其他行业的商用奠定了坚实的基础。

在业务场景上，深圳验证 4 个业务场景，分别为智能分布式配电网自动化（含配电网差动保护、配电网自动化三遥）、配电网计量、应急通信、输变电设备在线监控；雄安验证 5 个业务场景，分别为精准负荷控制、智能分布式配电网自动化（配电网自动化三遥）、配电网计量、电力应急通信、输变电设备在线监控。

网络：端到端采用华为设备搭建，采用中国移动 2.6GHz 频段，进行 NSA、SA 两种制式测试，两地分别搭建无线网、传输网、核心网，实现业务有效接入与承载。

业务平台：按照面向切片运营的“NSMF 平台＋CSMF 平台＋电力核心能力平台”三层架构，搭建 CSMF、电力核心能力服务平台，实现电力行业切片端到端资源开通。通过 NSMF 实现网络端到端切片资源的开通，通过 CSMF 实现运营商网络切片资源的对外能力开放及运营，通过电力核心能力平台实现电网企业与运营商的切片订购，并对所购买切片进行监控及管理。

应用及终端方面：可以分为电力业务终端及通信终端两大类。根据所选的电力业务场景，电力业务终端主要涉及配电网差动保护终端（DTU）、高级计量终端（智能电表、集中器）、电力巡检机器人、高清摄像头等；同时，为匹配现有电力业务终端的接口及形态，通信终端采用了 TUE、CPE、通信模块等多种形态，为不同电力业务提供灵活的接入方式。

（2）福建电网外场测试。

在 5G 承载控制类业务验证方面，开展了自动化三遥、配电站房综合监控、铁塔视频监控等业务的验证。搭建 5G 独享频谱带宽的 SA 无线组网运营与 40M 独享频谱带宽的测试环境，完成自动化业务、柱上开关、无人机业务的测试；完成 10kV 海翼开闭所“智能辅助监控系统”的 5G 传输验证；在 220kV 列西变电站的输电铁塔，通过 5G 无线数据终端将采集的信号传送到视频服务平台，实现对现场的视频监控。

在 5G 承载移动应用业务验证方面，首次开展了无人机巡检与变电站机器人智能巡检等业务的验证。在 110kV 古田变站外的移动公司杆塔安装 5G 通信基站，实现无人机巡线视频实时回传及现场故障分析。完成 220kV 塘厦变 5G＋变电站的机器人智能巡检验证场景部署。完成 110kV 古田变站房监控场景的部署方案及验证，通过 5G 网络能够实现无延时、超高清的远程实时监控。

其他方面，在工业互联网领域，中国移动与玉柴、杭州汽轮机等工业企业合作，开展机器视觉质检、远程控制等智能工厂应用，有效提升工厂自动化水平和生产效率；在智慧交通领域，与上汽合作共同推动全球首款量产的 5G 乘用车商用，与东风合作推出国内第一辆商用 5G 园区自动驾驶车；在智慧医疗领域，与中国人民解放军总医院合作，完成全国首例基于 5G 的远程脑外科人体手术。

3.1.5.2 中国电信

1．网络覆盖策略和网络建设规模

2019 年，广东电信联合广东联通建设 5G 基站 23213 个（其中电信建设 12356 个），超额完成全年计划。深圳、广州分别约 1 万个 5G 基站，实现核心城区的连续覆盖，东莞、佛山超过 500 个，聚焦高流量、重点行业应用区域覆盖，剩下城市重点支撑 5G 产业，按需部署。

2020 年，广东电信将与广东联通深度合作，联合开展 5G 各项工作，计划 2020 年联合建设 2.5 万个 5G 基站，实现 5G SA 的全面规模商用，通过云网融合，将把大湾区 5G 应用的经验辐射到全省，推动广东的 5G 产业全面发展。

2．5G 行业应用

中国电信 5G 初期重点行业如图 3－9 所示，聚焦的包括 5G＋智能电网、5G＋4K/

8K，5G＋智慧警务、5G＋VR/AR 等。

图 3-9 中国电信 5G 部署重点行业

目前频率暂不会单独切分用于专网覆盖，可采用切片方式满足行业用户需求。

3. 核心网与联通共建共享的大致策略和方案

根据中国电信和中国联通的 5G 网络共建共享框架合作协议，双方 5G 共建共享采用接入网共享方式，核心网各自建设，5G 频率资源共享。因此核心网是各自的，不共享。

4. 全国范围内与电网测试过的案例

（1）中国电信 5G 在电力行业的科研动态。

2017 年 10 月，北京展发布业界首个 5G 电力切片 DEMO。2018 年 1 月，发布业界首份“5G 网络切片使能智能电网”产业报告。2018 年 6 月 MWC 上海，全球首个实验室 5G 电力切片测试。2019 年 4 月，南京全球首个基于 SA 标准、真实外场、真实终端、真实应用系统的 5G 电力切片外场验证：①“毫秒级精控”E2E 时延小于 37ms，满足 50ms 时延要求；②电力切片直接无影响，满足差异化 QOS/SLA 保障要求；③第二阶段验证智能分布 FA、无人机智能巡检等更多场景。2019 年 6 月 26 日，全球首个《5G 网络切片使能智能电网商业可行性分析》产业报告发布。2019 年 10 月 18 日至 20 日，2019 跨国公司青岛峰会在位于奥帆中心的青岛国际会议中心召开，青岛供电公司联合青岛电信和华为创新性“基于 5G 切片的变电站配电感知系统”上线，为峰会提供 5G＋保电服务。

（2）中国电信电力试点标杆案例。具体如图 3-10、图 3-11 所示。

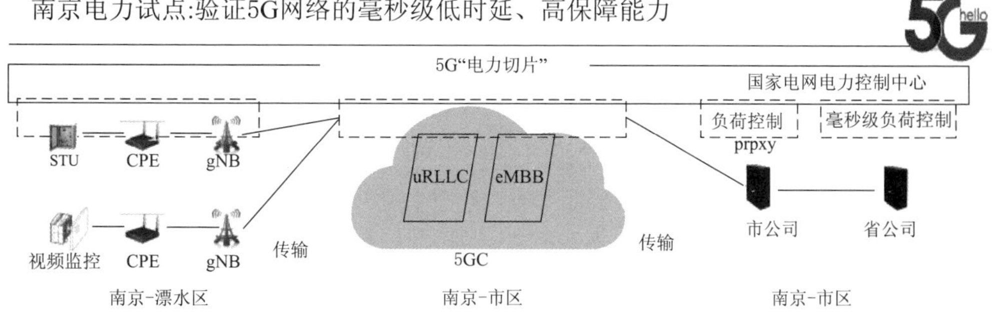

图 3-10（一） 中国电信南京电力试点

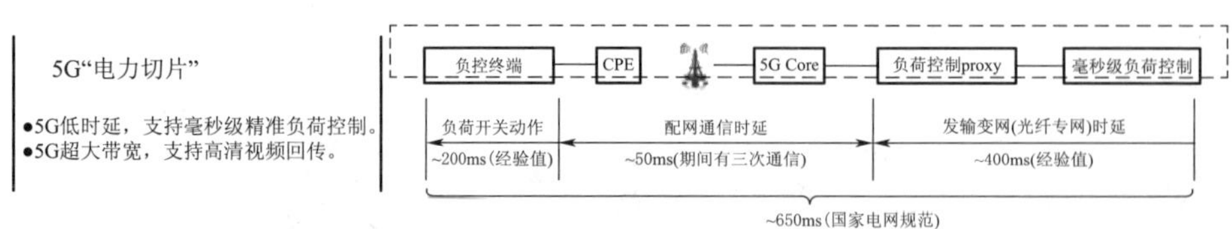

第一阶段：优选毫秒级精准负荷控制场景(体现5G uRLLC超低时延特点)+
配电站所智能监控场景(体现5G eMBB超大带宽特点)；
第二阶段：根据外场实验局建设进度，可以再逐步增加配电自动化三遥、智能分布式FA、
分布式电源、用电信息采集等更多场景的测试验证。

图 3-10（二） 中国电信南京电力试点

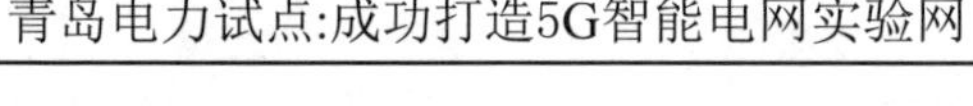

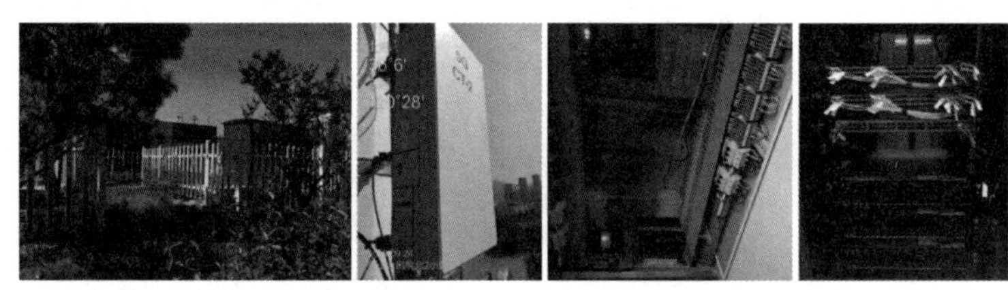

➤ 目前已在崂山金家岭、西海岸古镇口、市南奥帆中心等地完成多处5G网络覆盖，部署5G站点30余个，建设成规模较大的5G智能电网实验网；

➤ 在国网青岛供电公司大楼内署了5G室分方案及一套MEC解决方案，并于近期完成切片管理系统的部署

图 3-11 中国电信青岛电力试点

3.2 5G 系统架构

3.2.1 系统架构

5G 的系统架构可以通过两种架构模型来体现，一种是服务化架构视图，另一种是参考点视图。

2017 年 5 月，在 3GPP SA2 的第 121 次会上，确定了服务化架构（Service-based Architecture，SBA）作为 5G 的基础架构。服务化架构是云化架构的进一步演进，对应用层逻辑网元和架构进一步优化，把各网元的能力通过“服务”进行定义，并通过 API（Application Programming Interface，应用程序编程接口）形式供其他网元进行调用，进一步适配底层基于 NFV 和 SDN 等技术的原生云基础设施平台。

在 5G 服务化网络架构中，控制面功能被分解成多个独立的 NF（Network Function，网络功能），例如 AMF（Access and Mobility Management Function，接入及移动性管理功能）、SMF（Session Management Function，会话管理功能）。这些 NF 可以根据业务需求进行合并，例如合并 UDM（Unified Data Management，统一数据管理）和 AUSF（Authentication Server Function，认证服务器功能）。NF 间在业务功能上解耦，对外呈现单一的服务化接口。NF 的注册、发现、授权、更新、监控等由 NRF（NF Repository

Function，网络储存功能）负责，NF相互独立，在新增或升级某一个NF的过程中其余的NF不受影响，只需要NRF针对单个NF进行相应的更新即可。相比现有的紧耦合网络控制功能，服务化的控制面架构通过NF的灵活编排大大简化了新业务的拓展及上线流程，通过服务的注册、发现和调用构建NF间的基本通信框架，为5G核心网新功能部署提供了即插即用式的便捷方式。非漫游场景5G架构服务化架构视图如图3-12所示。

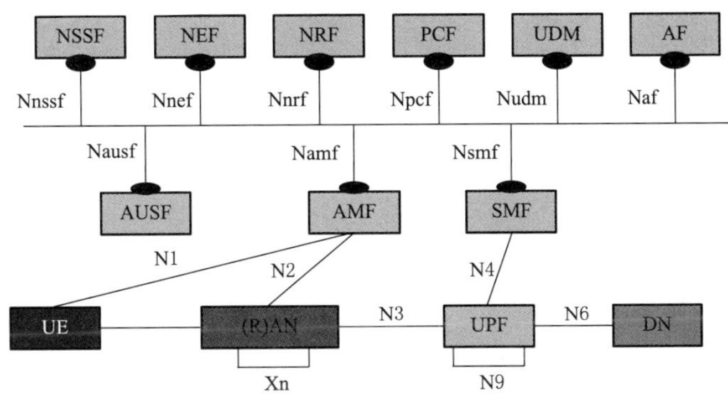

图3-12　非漫游场景5G架构服务化架构视图

注释：

NSSF，Network Slice Selection Function，网络切片选择功能

NEF，Network Exposure Function，能力开放功能

NRF，NF Repository Function，网络储存功能

PCF，Policy Control Function，策略控制功能

UDM，Unified Data Management，统一数据管理

AF，Application function，应用功能

AUSF，Authentication Server Function，认证服务器功能

AMF，Access and Mobility Management Function，接入及移动性管理功能

SMF，Session Management Function，会话管理功能

UE，User Equipment，用户设备

(R) AN，(Radio) Access Network，(无线) 接入网

UPF，User Plane Function，用户面功能

DN，Data Network，数据网络

注释：

NRF，NF Repository Function，网络储存功能

服务化结构提供了基于服务化的调用接口，3GPP在R15选定的SBA接口协议栈为TCP+HTTP2.0+Restful+JSON+OpenAPI3.0即基于TCP/HTTP2.0进行通信，使用JSON作为应用层通信协议的封装，基于TCP/HTTP2.0/JSON的调用方式，使用轻量化IT技术框架，以适应5G网络

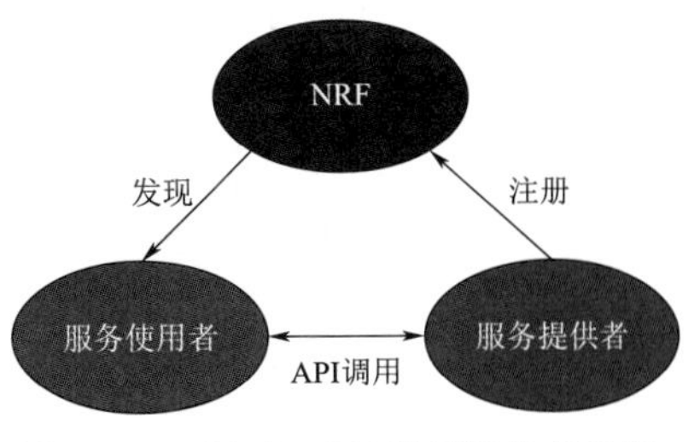

图3-13　通过NRF进行服务的注册、发现和调用示意图

灵活组网、快速开发、动态部署的需求。SBA 的协议将持续优化，如 HTTP2.0 承载于 IETF QUIC/UDP、采用二进制编码方法（如 Concise Binary Object Representation，CBOR，二进制对象展现）等是后续演进的可能的技术方向。

注释：

TCP，Transmission Control Protocol，传输控制协议

HTTP，HyperText Transfer Protocol，超文本传输协议

Restful，Representational State Transfer，表述性状态转移

JSON，JavaScript Object Notation，JS 对象简谱

OpenAPI，Open Application Programming Interface，开放应用编程接口

IETF，The Internet Engineering Task Force，国际互联网工程任务组

非漫游场景 5G 架构参考点视图方式主要用于表现网络功能之间的互动关系，如图 3-14 所示，在说明业务流程时更为直观。

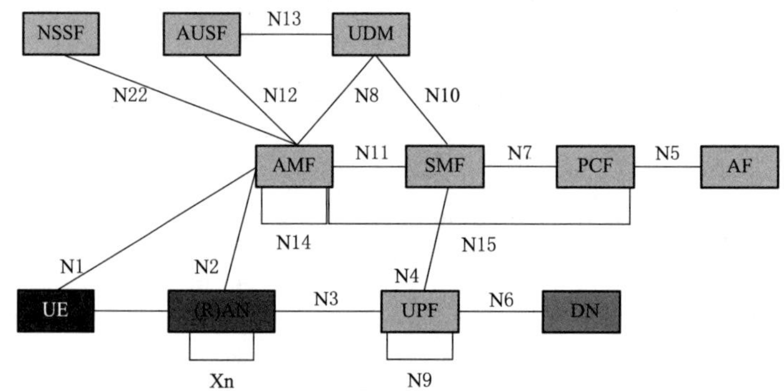

图 3-14　非漫游场景 5G 架构参考点视图

注释：

NSSF，Network Slice Selection Function，网络切片选择功能

NEF，Network Exposure Function，能力开放功能

NRF，NF Repository Function，网络储存功能

PCF，Policy Control Function，策略控制功能

UDM，Unified Data Management，统一数据管理

AF，Application function，应用功能

AUSF，Authentication Server Function，认证服务器功能

AMF，Access and Mobility Management Function，接入及移动性管理功能

SMF，Session Management Function，会话管理功能

UE，User Equipment，用户设备

(R) AN，(Radio) Access Network，(无线) 接入网

UPF，User Plane Function，用户面功能

DN，Data Network，数据网络

3.2.2 主要接口介绍

3.2.2.1 NG接口

NG接口是无线接入网与核心网的接口，包括NGC（NG-Control，NG控制）接口和NGU（NG-User，NG用户）接口，分别为5G无线接入网和5G核心网间的控制接口和数据接口。NGC接口，即N2接口，为5G无线接入网与5G核心网控制面的接口。NGC接口协议栈如图3-15所示，传输网络层建立在IP传输之上。为了可靠地传输信令消息，在IP之上添加SCTP（Stream Control Transmission Protocol，流控制传输协议）。应用层信令协议称为NGAP（NG Application Protocol，NG应用协议）。SCTP层提供有保证的应用层消息传递。在传输中，IP层点对点传输用于传递信令PDU。

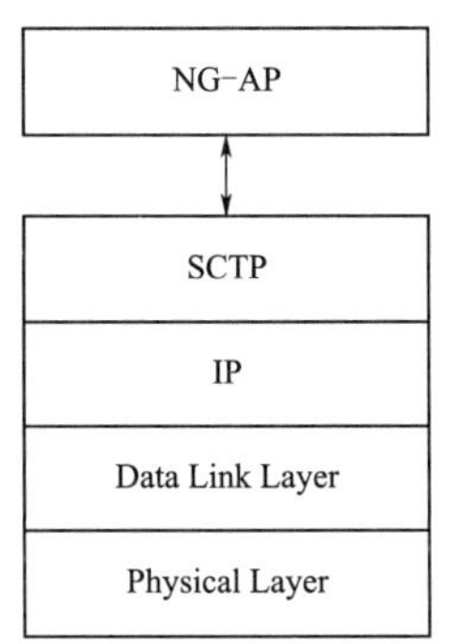

图3-15 NGC接口协议栈

注释：

Physical Layer 物理层；Data Link Layer 数据链路层；IP Internet Protocol，互联网协议层；SCTP 流控制传输协议；NG-AP NG应用协议层

NGC接口提供以下功能：

（1）NG接口管理。确保定义NG接口操作的开始（复位）。

（2）UE上下文管理。UE上下文管理功能允许AMF和NG-RAN节点中建立、修改或释放UE上下文。

（3）UE移动性管理。ECM-CONNECTED中的UE移动性功能包括用于支持NG-RAN内的移动性的系统内切换功能和用于支持来自/到EPS系统的移动性系统间切换功能。它通过NG接口准备、执行和完成切换。

（4）NAS（Non-access stratum，非接入层）消息的传输。NAS信令传输功能提供用于通过NG接口传输或重新路由特定UE的NAS消息（例如用于NAS移动性管理）的装置。

（5）寻呼。寻呼功能支持向寻呼区域中涉及的NG-RAN节点发送寻呼请求。

（6）PDU（Protocol Data Unit，协议数据单元）会话管理。一旦UE上下文在NG-RAN节点中可用，PDU会话功能负责建立、修改和释放所涉及的PDU会话NG-RAN资源，以用于用户数据传输。

（7）配置传递。配置传递功能是允许经由核心网络在两个RAN节点之间请求和传送RAN配置信息（例如SON消息）的通用机制。

（8）告警信息传输。NG接口，即N3接口，为5G无线接入网与5G核心网转发面接口。NGU接口的协议栈如图3-16所示，传输网络层建立在IP传输上，GTP-U（GPRS Tunnelling Protocol-User，GPRS隧道协议用户面）用于UDP（User Datagram Protocol，用户数据报协议）/IP之上，以承载NG-RAN节点和

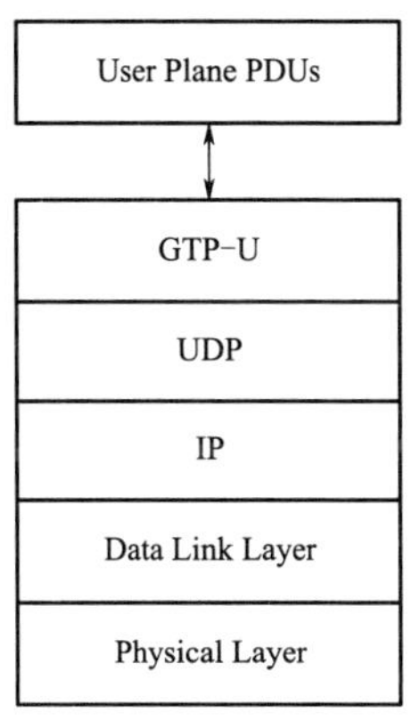

图3-16 NG用户面接口协议栈

UPF 之间的用户平面 PDU。

注释：

Physical Layer 物理层；Data Link Layer 数据链路层；IP Internet Protocol，互联网协议层；UDP 用户数据报协议；GTP-U GTP 用户面协议；User Plane PDUs，用户面协议数据单元。

NGU 用户面接口在 NG-RAN 节点和 UPF 节点之间提供无保证（UDP）的用户平面 PDU 传送。

3.2.2.2 Xn 接口

Xn 接口为 5G 基站之间的交互接口，包括控制面接口 Xn-C 和用户面接口 Xn-U。

Xn 控制面接口为 Xn-C，位于两个 NG-RAN 节点之间。Xn 接口的控制面协议栈如图 3-17 所示，传输网络层建立在 IP 层上的 SCTP，应用层信令协议称为 XnAP（Xn 应用协议），SCTP 层提供有保证的应用消息传递。在传输 IP 层中，点对点传输用于传递信令 PDU。

注释：

Physical Layer 物理层；Data Link Layer 数据链路层；IP Internet Protocol，互联网协议层；SCTP 流控制传输协议；Xn-AP Xn 应用协议。

Xn-C 接口支持 Xn 接口管理、UE 移动性管理（包括上下文传递和 RAN 寻呼）以及双连接等功能。

Xn 用户面（Xn-U）接口位于两个 NG-RAN 节点之间。Xn 接口上的用户面协议栈如图 3-18 所示。传输网络层建立在 IP 传输层上，GTP-U 用于 UDP/IP 之上以承载用户面 PDU。

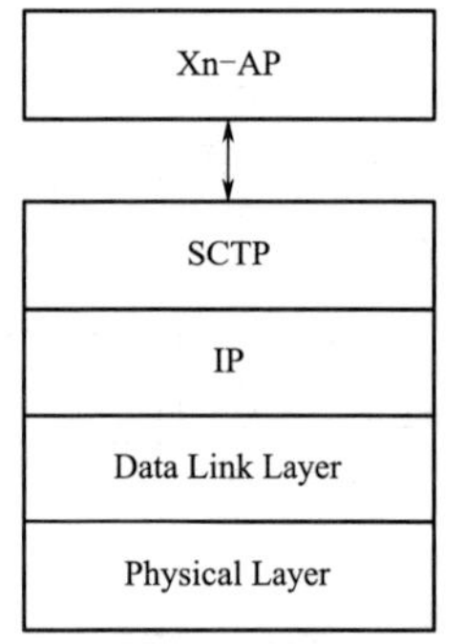

图 3-17　Xn 接口控制面协议栈

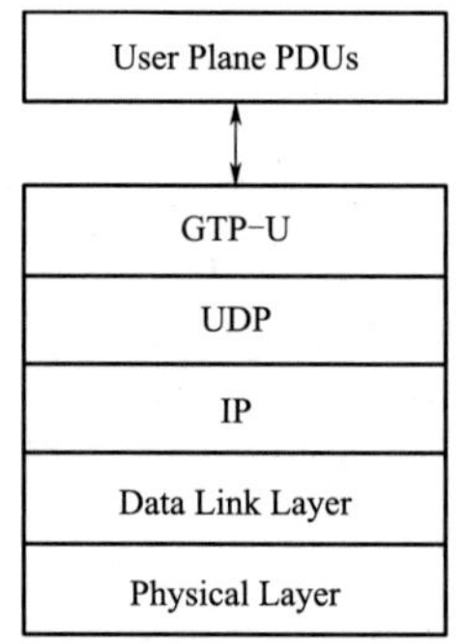

图 3-18　Xn 接口用户面协议栈

注释：

Physical Layer，物理层；Data Link Layer，数据链路层；IP Internet Protocol，互联网协议层；UDP，用户数据报协议；GTP-U，GTP 用户面协议；User Plane PDUs，用户面协议数据单元。

Xn-U 提供无保证的用户面 PDU 传送，并支持数据转发、流量控制等功能。

3.2.3 主要网络功能实体

3.2.3.1 无线基站 NR 功能

无线基站 NR 功能主要是进行无线资源管理，包括无线承载控制、无线接入控制、移动性连接控制，在上行链路和下行链路中向 UE（User Equipment，用户设备）进行动态资源分配（调度）。除此之外，NR 还支持 IP 报头压缩、加密和数据完整性保护、提供用户面数据向 UPF 的路由、连接设置和释放、调度和传输寻呼信息、调度和传输系统广播信息、用于移动性和调度的测量和测量报告配置、上行链路中的传输级别数据包标记、会话管理、支持网络切片、QoS（Quality - of - Service，业务质量）流量管理和映射到数据无线承载、NAS 消息的分发等功能。

3.2.3.2 接入和移动管理功能（AMF）

接入和移动管理功能（AMF）包括注册管理、连接管理、可达性管理、流动性管理、合法拦截、接入身份验证、接入授权等。除此之外，AMF 还支持终止 RAN CP 接口和 NAS 接口、NAS 加密和完整性保护、为 UE 和 SMF 之间的 SM（Short Message，短消息）消息提供传输、用于路由 SM 消息的透明代理、在 UE 和 SMSF 之间提供 SMS（Short Message Service，短消息服务）消息的传输、监管服务的定位服务管理、UE 移动事件通知等功能。

3.2.3.3 会话管理功能（SMF）

会话管理功能（SMF）主要包括会话管理［例如会话建立、修改和释放、UPF 和 AN（Access Network，接入网）节点之间的通道维护］、UE IP 地址分配和管理、选择和控制 UP 功能、配置 UPF 的流量控制、将流量路由到正确的目的地、DHCPv4（Dynamic Host Configuration Protocol for IPv4，服务 IPv4 的动态主机配置协议）和 DHCPv6（Dynamic Host Configuration Protocol for IPv6，服务 IPv6 的动态主机配置协议）、计费数据收集和计费接口等。除此之外，SMF 还支持通过提供与请求中发送的 IP 地址相对应的 MAC（Media Access Control，介质访问控制）地址来响应 ARP（Address Resolution Protocol，地址解析协议）或 IPv6（Internet Protocol Version 6，互联网协议第 6 版）邻居请求、终止接口到策略控制功能、合法拦截、收费数据收集和支持计费接口、控制和协调 UPF 的收费数据收集、终止 SM 消息的 SM 部分、下行数据通知、漫游功能、支持与外部 DN（Data Network，数据网络）的交互等功能。

3.2.3.4 用户平面功能（UPF）

用户平面功能（User Plane Function，UPF）主要支持分组路由和转发、数据包检查、用户平面部分策略规则实施、合法拦截、流量使用报告、用户平面的 QoS 处理等功能，UPF 还是外部 PDU 与数据网络互连的会话点。

除此之外，UPF 还支持上行链路流量验证、上行链路和下行链路中的传输级分组标记、下行数据包缓冲和下行数据通知触发、将一个或多个“结束标记”发送和转发到源 NG - RAN（Next Generation RAN，下一代无线接入网）节点、通过提供与请求中发送的 IP 地址相对应的 MAC 地址来响应 ARP 或 IPv6 邻居请求等功能。另外，UPF 还是外部 PDU 与数据网络互连的会话点，以及 RAT 内/ RAT 间移动性的锚点。

3.2.3.5 策略控制功能（PCF）

策略控制功能（Policy Control Function，PCF）包括以下功能：支持统一的策略框架来管理网络行为；为控制平面功能提供策略规则以强制执行它们；访问与统一数据存储库（Unified Data Repository，UDR）中的策略决策相关的用户信息；PCF 访问位于与 PCF 相同的 PLMN（Public Land Mobile Network，公共陆地移动网络）中的 UDR。

3.2.3.6 网络开放功能（NEF）

网络开放功能（Network Exposure Function，NEF）支持以下功能：

1. NEF 支持能力和事件的开放

3GPP NF 通过 NEF 向其他 NF 公开功能和事件。NF 的功能和事件可以安全地展示，例如第三方接入、应用功能、边缘计算。NEF 使用标准化接口（Nudr）将信息作为结构化数据存储/检索到统一数据存储库（UDR）。注意，NEF 可以接入位于与 NEF 相同的 PLMN 中的 UDR。

2. 从外部应用程序到 3GPP 网络的安全信息提供

它为应用功能提供了一种手段，可以安全地向 3GPP 网络提供信息，例如预期的 UE 行为。在这种情况下，NEF 可以验证和授权并协助限制应用功能。

3. 内部—外部信息的翻译

NEF 在与 AF（Application function，应用功能）交换的信息和与内部网络功能交换的信息之间进行转换。例如，它在 AF - Service - Identifier 和内部 5G Core 信息（如 DNN、S - NSSAI）之间进行转换。特别地，NEF 根据网络策略处理对外部 AF 的网络和用户敏感信息的屏蔽。

4. 网络开放功能从其他网络功能接收信息（基于其他网络功能的公开功能）

NEF 使用标准化接口将接收到的信息作为结构化数据存储到统一数据存储库（UDR）（由 3GPP 定义的接口）。所存储的信息可以由 NEF 访问并重新展示到其他网络功能和应用功能，并且用于其他目的，例如分析。

5. NEF 还可以支持 PFD 功能

NEF 中的 PFD（Packet Flow Description，分组流描述）功能可以在 UDR 中存储和检索 PFD，并且应 SMF 的请求（拉模式）或根据请求提供给 SMF 的 PFD。来自 NEF（推模式）的 PFD 管理，如 TS 23.503 中所述。特定 NEF 实例可以支持上述功能中的一个或多个，因此单个 NEF 可以支持为能力展示指定的 API 的子集。需要注意的是 NEF 可以接入位于与 NEF 相同的 PLMN 中的 UDR。

6. 支持 CAPIF

当 NEF 用于外部开放时，可以支持 CAPIF（Common API Framework，通用 API 框架）。支持 CAPIF 时，用于外部开放的 NEF 支持 CAPIF API 提供流程域功能。CAPIF 和相关的 API 提供流程域功能在 TS 23.222 中进行规定。

3.2.3.7 网络存储功能（NRF）

网络存储功能（NRF）支持以下功能：

（1）支持服务发现功能。从NF实例接收NF发现请求，并将发现的NF请求（被发现）的信息提供给NF实例。

（2）维护可用NF实例及其支持服务的NF配置文件。在NRF中维护的NF实例的NF概况包括以下信息：NF实例ID、NF类型、PLMN ID、网络切片相关标识符［例如S-NSSAI（Single Network Slice Selection Assistance Information，单个网络切片选择辅助信息）、NSI ID］、NF的FQDN（Fully Qualified Domain Name，全限定域名）或IP地址、NF容量信息、NF特定服务授权信息、支持的服务的名称、每个支持的服务实例的端点地址、识别存储的数据/信息等。

（3）在网络分片的背景下，基于网络实现，可以在不同级别部署多个NRF。具体包括PLMN级别（NRF配置有整个PLMN的信息）、共享切片级别（NRF配置有属于一组网络切片的信息）、切片特定级别（NRF配置有属于S-NSSAI的信息）等。

（4）在漫游环境中，可以在不同的网络中部署多个NRF。

3.2.3.8 统一数据管理（UDM）

UDM统一数据管理（UDM）主要功能包括用户管理、用户识别处理、基于用户数据的接入授权、生成3GPP AKA身份验证凭据、UE的服务NF注册管理、合法拦截功能等。除此之外，UDM还提供隐私保护的用户标识符（SUCI，Subscriber Concealed I-dentifier，用户隐藏标识符）的隐藏、MT-SMS交付支持、短信管理等功能。

3.2.3.9 身份验证服务器功能（AUSF）

AUSF身份验证服务器功能（AUSF）支持的功能包括：支持3GPP接入和不受信任的非3GPP接入的认证。

3.2.3.10 统一数据存储库（UDR）

UDR统一数据存储库（UDR）支持的功能包括：通过UDM存储和检索用户数据、由PCF存储和检索策略数据、存储和检索用于开放的结构化数据。统一数据存储库位于与使用Nudr存储和从中检索数据的NF服务使用者相同的PLMN中。Nudr是PLMN内部接口，部署时可以选择将UDR与UDSF一起部署。

3.2.3.11 网络切片选择功能（NSSF）

网络切片选择功能（NSSF，Network Slice Selection Function）支持以下功能：

（1）选择为UE提供服务的网络切片实例集。

（2）确定允许的NSSAI（Network Slice Selection Assistance Information，网络切片选择辅助信息），并在必要时确定到用户的S-NSSAI的映射。

（3）确定已配置的NSSAI，并在需要时确定到用户的S-NSSAI的映射。

（4）确定AMF集用于服务UE，或者基于配置，通过查询NRF来确定候选AMF列表。

3.2.3.12 应用功能（AF）

应用功能（AF）与3GPP核心网络交互以提供服务，支持以下内容：

（1）应用流程对流量路由的影响。

（2）访问网络开放功能。

（3）与控制策略框架互动。

（4）基于运营商部署，可以允许运营商信任的应用功能直接与相关网络功能交互。

3.2.3.13 5G与4G网元的对应关系

5G系统架构主要由网络功能实体NF组成，并且与4G网络网元存在着一定的对应关系，见表3-8。

表3-8 5G与4G网络网元的对应关系

网元	功能描述	对应4G网络中网元
用户设备（UE）	用户手机或物联网终端	UE
5G基站（NR）	无线接入网，负责无线资源的管理	eNodeB
接入管理功能（AMF）	注册管理、连接管理、可达性管理、移动管理、访问身份验证授权、短消息等，是终端和无线的核心网控制面接入点	MME中NAS接入控制功能
会话管理功能（SMF）	隧道维护、IP地址分配和管理、UPF选择、策略实施和QoS中的控制部分、计费数据采集、漫游功能等	MME和SGW、PGW会话管理功能
用户面功能（UPF）	分组路由转发、策略实施、流量报告、QoS处理	SGW、PGW用户平面功能
统一数据管理（UDM）	3GPP AKA认证、用户识别、访问授权、注册、移动、订阅、短信管理等	HSS
认证服务器功能（AUSF）	实现3GPP和非3GPP的接入认证	MME中的接入认证功能
策略控制功能（PCF）	统一的策略框架，提供控制平面功能的策略规则	PCRF
网络存储功能（NRF）	服务发现、维护可用的NF实例的信息以及支持的服务	5G新引入，类似增强DNS功能
网络切片选择功能（NSSF）	选择为UE服务的一组网络切片实例	5G新引入
网络开放功能（NEF）	开放各网络功能的能力、内外部信息的转换	SCEF
数据网络（DN）	5G核心网出口，如互联网或企业网	DN
应用功能（AF）	如P-CSCF（VoLTE IMS）等	AF

3.2.4 组网方案

为了实现5G的业务应用，首先需要建设和部署5G网络，5G网络的部署主要包括两个部分：无线接入网和核心网。无线接入网主要由基站组成，为用户提供无线接入功能，核心网则主要为用户提供互联网接入服务和相应的管理功能等。

考虑到新建网络投资巨大，所以3GPP提供了两种方式实现网络的部署，一种是SA（Stand Alone，独立组网），另一种是NSA（Non-stand Alone，非独立组网）。SA独立组网指新建一张5G网络，包括新基站、核心网等。NSA非独立组网指使用现有的4G基础设施改造升级，实现5G网络的功能。SA独立组网架构中，5G无线网与核心网之间的NAS信令（如注册，鉴权等）通过5G基站传递，5G可以独立工作。NSA非独立组网中，5G依附于4G基站工作的网络架构，5G无线网与核心网之间的NAS信令（如注册，鉴权等）通过4G基站传递，5G无法独立工作。目前5G的组网架构包括Option 2、Option 3/3a/3x、Option 4/4a、Option 5、Option 7/7a/7x等10种选项。组网方案与

Option 方案的对应关系如图 3－19 所示。

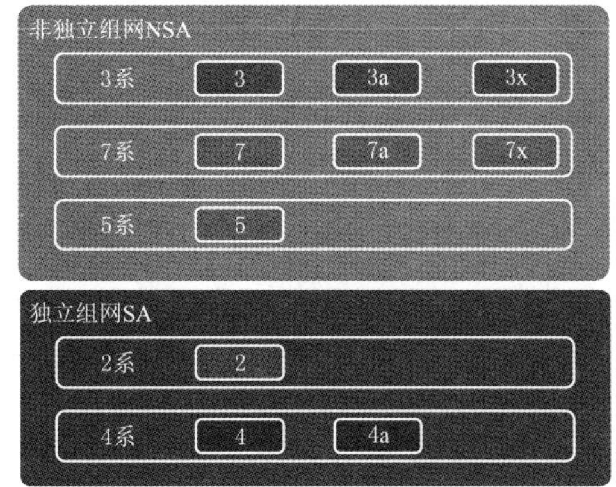

图 3－19　组网方案与 Option 方案的对应关系

上述的 10 种组网方案如图 3－20 所示，其中 Option 3/3a/3x、Option 7/7a/7x、Option5 为非独立组网方案，Option 2、Option 4/4a 为独立组网方案。

Option 2 属于 5G 的 SA 独立组网，需新建 5G 基站和 5G 核心网（Next Generation Core，NGC，下一代核心网），服务质量更好，但网络建设成本也很高。

Option 3 主要使用的是 4G 的核心网络，分为主站和从站，与核心网进行控制面命令传输的基站为主站。由于传统的 4G 基站处理数据的能力有限，需要对基站进行硬件升级改造，变成增强型 4G 基站，该基站为主站，新部署的 5G 基站作为从站进行使用。同时，由于部分 4G 基站运营时间较久，运营商不愿意花资金进行基站改造，所以就想了另外两种办法：Option 3a 和 Option 3x。Option 3a 就是 5G 的用户面数据直接传输到 4G 核心网（Evolved Packet Core，EPC，分组核心演进）。而 Option 3x 是将用户面数据分为两个部分，将 4G 基站不能传输的部分数据使用 5G 基站进行传输，而剩下的数据仍然使用 4G 基站进行传输，两者的控制面命令仍然由 4G 基站进行传输。

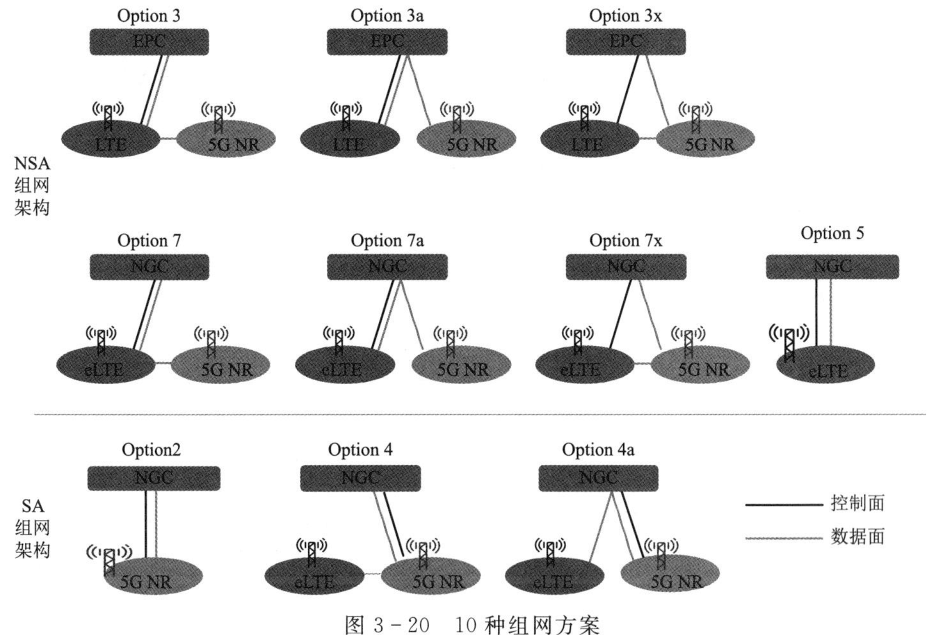

图 3－20　10 种组网方案

注释：

LTE，Long Term Evolution，长期演进，这里指 4G LTE 基站

eLTE，Enhanced Long Term Evolution，增强型的长期演进，这里指经过升级后的

增强型的 LTE 基站

5G NR，5G New Radio，5G 新空口，这里指 5G 基站

EPC，Evolved Packet Core，分组核心演进，这里指 4G 核心网

NGC，Next Generation Core，下一代核心网，这里指 5G 核心网

Option 4 与 Option 3 的不同之处就在于，Option 4 的 4G 基站和 5G 基站共用的是 5G 核心网，5G 基站作为主站，4G 基站作为从站。由于 5G 基站具有 4G 基站的功能，所以 Option 4 中 4G 基站的用户面和控制面分别通过 5G 基站传输到 5G 核心网中，而 Option 3 中，4G 基站的用户面直接连接到 5G 核心网，控制面仍然从 5G 基站传输到 5G 核心网。

Option 5 可以理解为先部署 5G 的核心网，并在 5G 核心网中实现 4G 核心网的功能，先使用增强型 4G 基站，随后再逐步部署 5G 基站。

Option 7 系列和 Option 3 系列类似，区别是将 Option 3 系列中的 4G 核心网变成了 5G 核心网，将 LTE（Long Term Evolution，长期演进）升级成 eLTE（Enhanced Long Term Evolution，增强型的长期演进）基站，信令锚定和数据传输方式类似。

上述组网方案在核心网类型、无线控制锚点、数据分流点均有所区别，具体见表 3－9。

表 3－9　不同组网方案对比

组网方式	标准化架构	核心网类型	无线控制锚点	数据分流点
NSA 组网	Option 3	EPC	LTE	LTE
	Option 3a	EPC	LTE	EPC
	Option 3x	EPC	LTE	NR
	Option 7	NGC	eLTE	eLTE
	Option 7a	NGC	eLTE	NGC
	Option 7x	NGC	eLTE	NR
	Option 5	NGC	eLTE	——
SA 组网	Option 2	NGC	NR	——
	Option 4	NGC	NR	NR
	Option 4a	NGC	NR	NGC

NSA 组网和 SA 组网两者在业务能力、组网灵活度、语音能力、基本性能、实施难度、产品成熟度等方面都存在着明显的差别，具体见表 3－10。通过对比分析，SA 优势在于一步到位，无二次改造成本，易拓展垂直行业，5G 与 4G 无线网可异厂商；NSA 优势在于对核心网及传输网新建/改造难度低，对 5G 连续覆盖要求压力小，在 5G 未连续覆盖时性能略优，但对 4G 无线网改造多。

表 3－10　NSA 与 SA 组网方案对比

对比维度	NSA 组网	SA 组网
业务能力	仅支持大带宽业务	较优：支持大带宽和低时延业务，便于拓展垂直行业

续表

对比维度		NSA组网	SA组网
4G/5G组网灵活度		较差：选项3x同厂商，选项3a可能异厂商	较优：可异厂商
语音能力	方案	4G VoLTE	Vo5G或者回落至4G VoLTE
	性能	同4G	Vo5G性能取决于5G覆盖水平，VoLTE性能同4G
基本性能	终端吞吐量	①下行峰值速率优（4G/5G双连接，NSA比SA优7%）； ②上行边缘速率优	①上行峰值速率优（终端5G双发，SA比NSA优87%） ②上行边缘速率低
	覆盖性能	同4G	初期5G连续覆盖挑战大
	业务连续性	较优：同4G，不涉及4G/5G系统间切换	略差：初期未连续覆盖时，4G/5G系统间切换多
对4G现网改造	无线网	改造较大（未来升级SA不能复用，存在二次改造）：4G软件升级支持Xn接口，硬件基本无需更换、但需与5G基站连接	改造较小：4G升级支持与5G互操作，配置5G邻区
	核心网	改造较小：方案一升级支持5G接入，需扩容；方案二新建虚拟化设备，可升级支持5G新核心网	改造较小：升级支持与5G互操作
5G实施难度	无线网	难度较小：新建5G基站，与4G基站连接；连续覆盖压力小，邻区参数配置少	难度较大：新建5G基站，配置4G邻区；连续覆盖压力大
	核心网	不涉及	难度较大：新建5G核心网，需与4G进行网络、业务、计费、网管等融合
传输网		改造较小：可现网PTN升级扩容，4G流量可能迂回	难度较大：需新建5G传输平面
国际运营商选择		美日韩多数运营商选择	少数运营商选择
产品成熟度		2018年中支持测试	2018年底支持测试，5G核心网成熟挑战大，需重点推动

注释：

VoLTE，Voice over Long－Term Evolution，长期演进语音承载

Vo5G，Voice over 5G，5G语音承载

PTN，Packet Transport Network，分组传送网

综合考虑成本、标准进展和上下游生态链发展情况，目前国内三大运营商的5G初期建网策略均为按照5G NSA组网架构快速搭建5G网络，支撑大带宽（eMBB）应用场景。具体实现方案包括通过现网升级支持NSA，或引入云化EPC支持NSA，或者两种方案混合组网等方案。

三大运营商目前已明确目标组网为SA独立组网架构，SA独立组网将带来对uRLLC场景和mMTC场景，以及对网络切片等功能的完全支持，是真正意义上完善的5G组网架构。

3.2.5 云化网络架构

相比于之前的 2/3/4G 网络，5G 从无线接入网、传输网、核心网各个层面对网络进行了重构，分别在核心网引入网络功能虚拟化（NFV）技术、在无线接入网引入云化无线接入网，在传输网引入软件定义网络（SDN），灵活适配 5G 网络的各种业务场景和需求，实现“一个物理网络，承载千百行业”的目标。5G 的云化网络架构如图 3-21 所示。

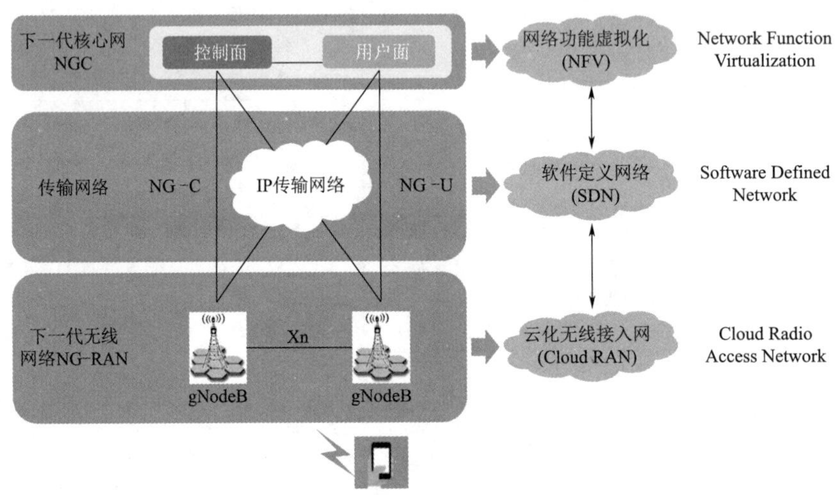

图 3-21　5G 的云化网络架构

注释：

gNodeB，5G 基站

5G 的核心网简称为 NGC（Next Generation Core），主要包括信令控制平面、用户转发平面，以及一些配套的核心网功能网元。5G 基站简称为 gNodeB，gNodeB 通过 Xn 接口互联。位于无线网络和核心网络这段的传输网络简称为 IP Backhaul，主要负责传输无线网络和核心网络交互的数据。gNodeB 分别通过 NG-C 和 NG-U 接口对接核心网的控制面和用户面。5G 的无线网络简称 NG-RAN（Next Generation Radio Acess Network），只有基站一种设备。5G 终端通信新的空中接口 NR（New Radio）接入 5G 网络，从而进行各种业务。

3.2.5.1 核心网 NFV

传统的核心网呈现烟囱式结构，各厂商采用专用硬件，成本高、资源无法共享，同时软硬件合一，扩容复杂，新业务部署周期长。而 5G 网络要求实现多场景业务的灵活部署，不同垂直行业用户对于端到端网络资源的差异化逻辑切分，都是目前烟囱式结构无法解决的。面对 5G 网络的业务需求，以及运营商降低设备采购成本、提升资源利用率、新业务敏捷上线等要求，核心网云化是必由之路。NFV（Network Function Virtualization，网络功能虚拟化），通过虚拟化技术把网络设备的软件和硬件解耦，设备功能以软件形式部署在统一通用的基础设施上（计算、存储、网络设备），实现网元功能，提升运维效率，增强系统灵活性。

3.2.5.2 无线网 Cloud RAN

随着5G技术的发展，以及NFV技术的使能，无线网络进入全面云化时代。无线网络需要完成高频模拟信号的处理，同时无线信号又是随时间快速变化的，所以5G时代的无线基站又将分成两部分，无线网CU云化架构如图3-22所示。CU集中单元（Centralized baseband Unites）和DU分布式单元（Distributed radio units），CU部分处理对时延不敏感的基带数字信号，同时在CU部分实现云化，并且实现控制面信令CP和用户面数据UP的分离。DU部分处理对时延敏感的射频信号。CU和DU通过F1接口实现传输互通。

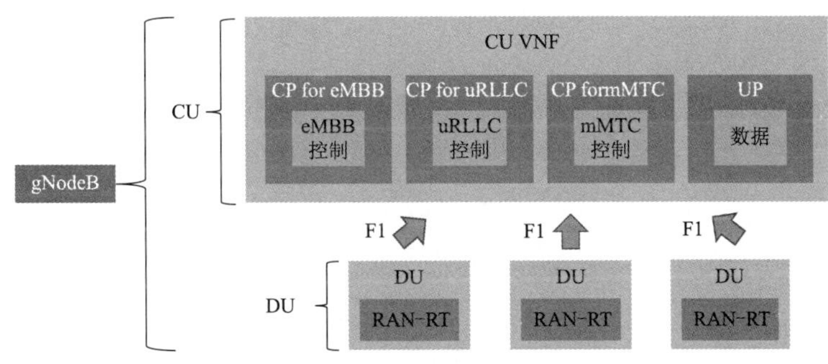

图3-22 无线网CU云化架构

注释：

VNF，Virtualized Network Function，虚拟化网络功能

CP，Control Plane，控制平面

UP，User Plane，用户平面

目前通信设备厂家可采用通用X86架构服务器，可提供5G基站的非实时基带数据处理，并且基于虚拟化技术可以灵活支持多种业务及网络切片。DU部分适配各种覆盖和安装场景，提供宏基站、微站，以及室内分布等产品完成实时信号处理，实现按需部署、智能切片，适配多样性业务，适应大带宽、短时延、超多连接等业务，同时实现了资源池化，提升资源利用效率，网络弹性扩容。

3.2.5.3 传输网络 SDN

随着IT技术的发展，传统的大型机软硬件一体化，逐渐演变到今天的硬件/操作系统/应用的分层架构。在IP传输网络上，SDN也在做着同一件事，把网络分层虚拟化，更重要的是让它越来越简单。SDN核心思想“控制和转发分离”“软件应用灵活可编程”，正如PC、手机领域的变革，也必将在IP传输网络领域掀起更大风暴，分布式网络向SDN集中控制型网络的演变如图3-23所示。5G核心网络和无线网络云化，主要是基于业务驱动，而IP传输网络的云化，主要是基于技术驱动。SDN的本质是给网络构建一个集中的大脑，通过全局视图和整体控制实现全局流量整体最优，是网络架构的变革。SDN网络架构如图3-24所示。

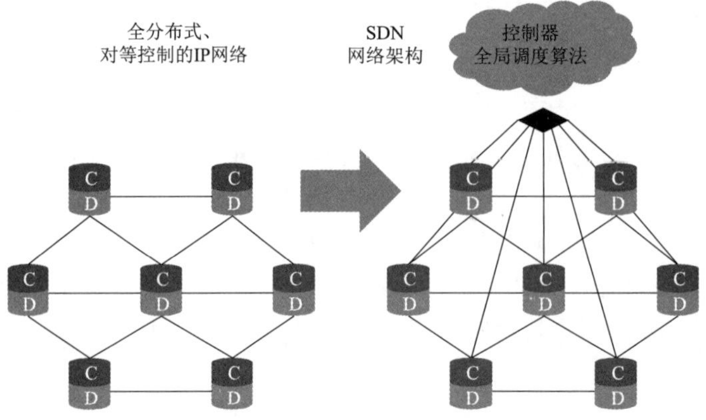

图 3-23　分布式网络向 SDN 集中控制型网络的演变

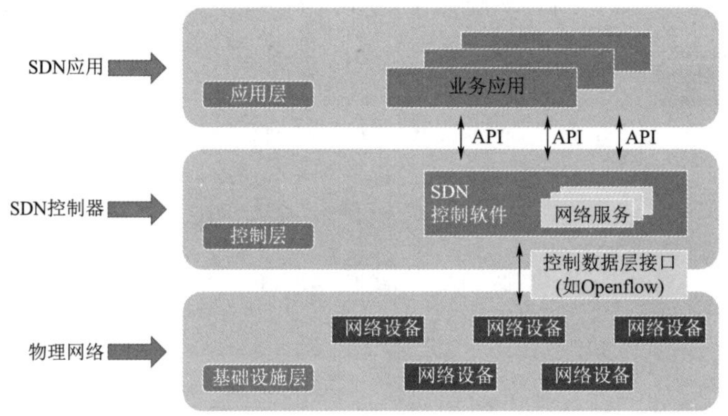

图 3-24　SDN 网络架构

SDN 的核心技术是将网络设备控制平面和数据平面分开，从而实现网络流量的灵活控制，为网络及应用的创新提供良好的平台。

SDN 网络基于集中控制可以简化运维，实现自动化调度，提高网络利用率。通过开放 API 接口，提供网络开放能力，大幅降低业务部署上线时间，为 5G 网络的各种业务场景，提供差异化的 QoS 的 IP 传输网络切片能力。

3.3　5G 关键技术

3.3.1　核心网

3.3.1.1　网络切片

网络切片（Network Slicing）是指运营商在一个硬件基础设施之上切分出多个端到端的逻辑网络，每个网络都包含逻辑上隔离的接入网、传输网和核心网，每个逻辑网络可以对应不同的服务需求，比如时延、带宽、安全性和可靠性等，以灵活地应对不同的网络应用场景，适配各种类型服务的不同特征需求。

网络切片不是一个单独的技术，它是基于云计算、虚拟化、软件定义网络、服务化架构等几大技术群而实现的。通过上层统一的编排让网络具备管理、协同的能力，从而实现基于一个通用的物理网络基础架构平台，能够同时支持多个逻辑网络的功能。图3-25展示了5G网络切片的管理架构。

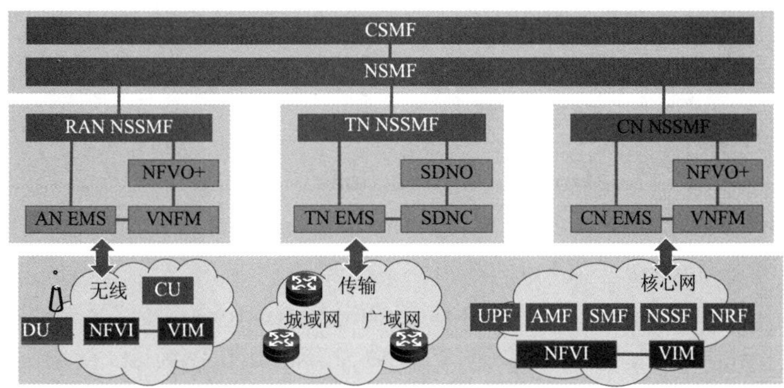

图3-25　5G网络切片管理架构

注释：

CSMF，Communication Service Management Function，通信服务管理功能

NSMF，Network Slice Management Function，网络切片管理功能

NSSMF，Network Slice Subnet Management Function，网络切片子网管理功能

RAN NSSMF，无线接入网切片子网管理功能

TN NSSMF，传送网切片子网管理功能

CN NSSMF，核心网网切片子网管理功能

NFVO，Virtualized Network Function Orchestrator，虚拟化网络功能编排器

VNFM，Virtualized Network Function Manager，虚拟化网络功能管理器

NFVI，Network Functions Virtualization Infrastructure，网络功能虚拟化基础设施

VIM，Virtualized Infrastructure Manager，虚拟化基础设施管理器

EMS，Element Management System，网元管理系统

AN EMS，接入网网元管理功能

TN EMS，传送网网元管理功能

CN EMS，核心网网元管理功能

SDNO，SDN Orchestrator，SDN编排器

SDNC，SDN Controller，SDN控制器

网络切片管理架构自上而下包含三层，分别为通信服务管理功能（Communication Service Management Function，CSMF）、网络切片管理功能（Network Slice Management Function，NSMF）、网络切片子网管理功能（Network Slice Subnet Management Function，NSSMF）。自动化的切片编排部署流程可以表示为图3-26。

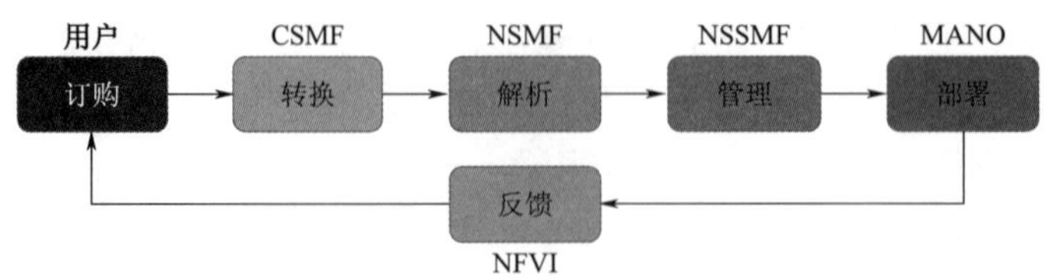

图 3-26　网络切片自动化编排部署示意图

注释：

CSMF，Communication Service Management Function，通信服务管理功能

NSMF，Network Slice Management Function，网络切片管理功能

NSSMF，Network Slice Subnet Management Function，网络切片子网管理功能

MANO，Management & Orchestration，管理编排器

NFVI，Network Functions Virtualization Infrastructure，网络功能虚拟化基础设施

就核心网子切片来说，切片典型组网是 NSSF 和 NRF 作为 5G 核心网公共服务，以 PLMN 为单位部署；AMF、PCF、UDM 等 NF 可以共享为多个切片提供服务；SMF、UPF 等可以基于切片对时延、带宽、安全等不同需求，为每个切片单独部署不同的 NF。图 3-27 为 3GPP 的 5G 核心网子切片部署示意图。

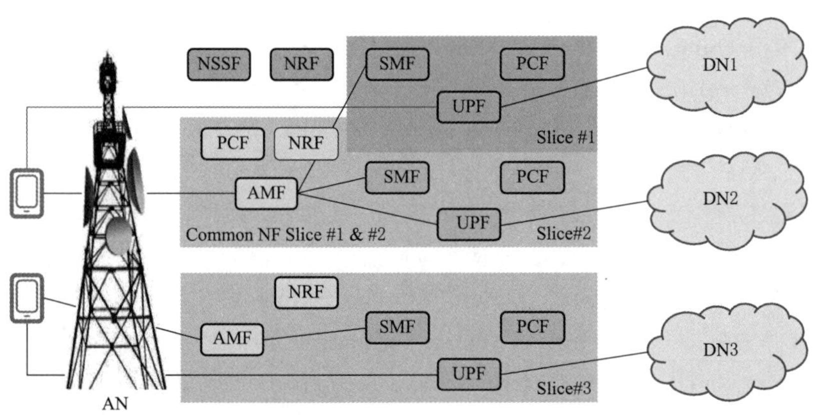

图 3-27　3GPP 5G 核心网子切片部署示意图

注释：

NSSF，Network Slice Selection Function，网络切片选择功能

NRF，NF Repository Function，网络储存功能

PCF，Policy Control Function，策略控制功能

AMF，Access and Mobility Management Function，接入及移动性管理功能

SMF，Session Management Function，会话管理功能

AN，Access Network，接入网

UPF，User Plane Function，用户面功能

DN，Data Network，数据网络

5G 网络切片可以充分利用基于 SDN 和 NFV 的云化基础设施，实现网络资源对业务

需求的差异化灵活匹配。5G的三大应用场景eMBB、mMTC、uRLLC在运营商网络内的支持就是通过网络切片实现的，以分别匹配其大容量、海量连接和高可靠低时延的业务特点。

网络切片并不仅限于三大应用场景，实际上，5G网络切片是信息通信行业与其他行业相连结的利器，也因此成为5G的主要特征之一。网络切片具有可定制、可测量、可交付、可计费的特性，运营商可以把切片作为商品面向行业客户运营，同时还可以进一步将切片相关能力开放，打造网络切片即服务（NSaaS）的经营模式，更好地满足行业用户的定制化需求。而对于行业用户来说，可以通过与运营商的业务合作，在运营商网络内部署自己的切片网络，无须建设专网即可更方便、快捷地使用5G网络，快速实现数字化转型。

3.3.1.2　移动/多接入边缘计算

移动多接入边缘计算（Mobile/Multi - access Edge Computing，MEC）作为云计算的演进，将应用程序托管从集中式数据中心下沉到网络边缘，更接近消费者和应用程序生成的数据。MEC是实现5G低延迟和带宽效率等的关键技术之一，同时MEC为应用程序和服务打开了网络边缘，包括来自第三方的应用程序和服务，使得通信网络可以转变成为其他行业和特定客户群的多功能服务平台。

5G标准中有一组新功能可使得MEC部署成为可能，包括：①支持本地路由和流量导向，将特定的流量指向LADN中的应用程序。②支持AF直接通过PCF或间接通过NEF影响业务对UPF的选择（或重选）和流量导向的能力，具体取决于运营商的策略。③支持针对不同UE和应用移动性场景的会话和服务连续性（SSC）模式。④支持在部署应用的特定区域中连接到LADN（Local Area Data Network，本地数据网络），对LADN的访问仅在特定的LADN服务区域（Serving Area）中可用，该服务区域被定义为UE的服务PLMN中的一组跟踪区。图3 - 28表示了MEC在5G网络中的部署。

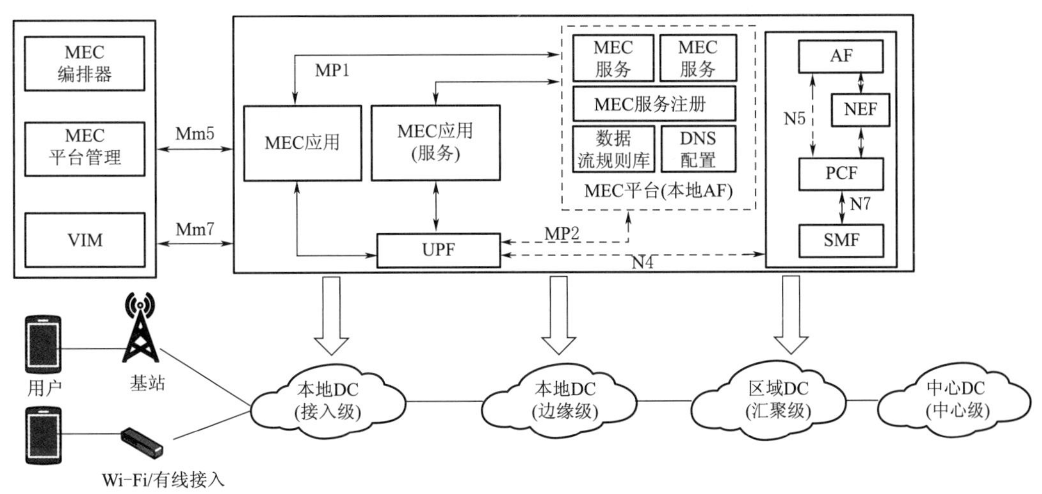

图3 - 28　MEC在5G网络中的部署

注释：

MEC，Mobile/Multi - access Edge ComputingC 移动多接入边缘计算

SMF，Session Management Function，会话管理功能

UPF，User Plane Function，用户面功能

PCF，Policy Control Function，策略控制功能

VIM，Virtualized Infrastructure Manager，虚拟化基础设施管理器

DC，Data Center，数据中心

MEC 平台作为 AF，可以与 NEF 交互，或者在某些场景下直接与目标 NF 交互。NEF 一般和其他核心网 NF 集中部署，但也可以在边缘部署 NEF 的实例以支持来自 MEC 主机的低延迟、高吞吐量服务访问。在 MEC 主机的物理部署方面，根据操作性、性能或安全的相关需求，有多种选择，图 3-29 概述了 MEC 物理部署位置的一些可行选项。

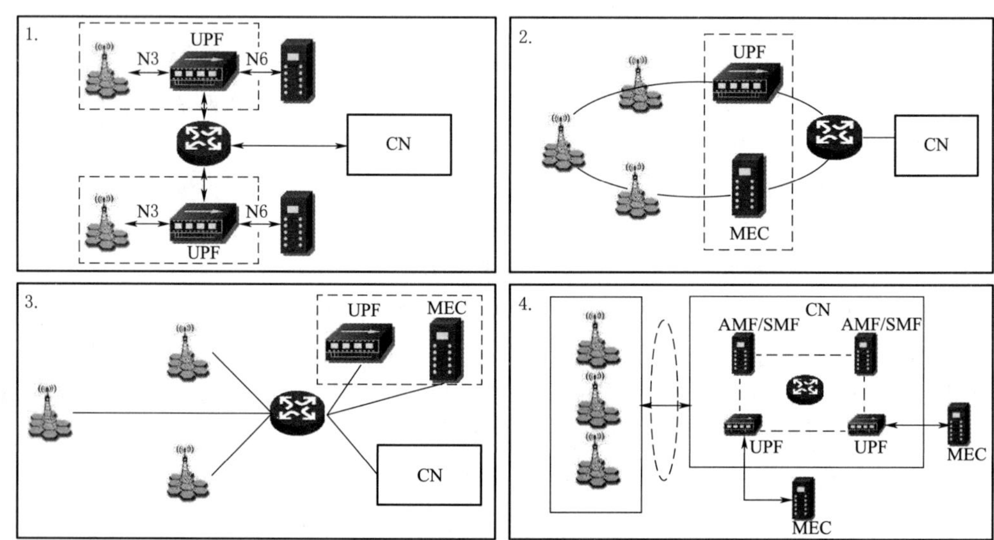

图 3-29 MEC 物理部署位置的一些可行选项

注释：

AMF，Access and Mobility Management Function，接入及移动性管理功能

SMF，Session Management Function，会话管理功能

UPF，User Plane Function，用户面功能

MEC，Mobile/Multi-access Edge ComputingC 移动多接入边缘计算

CN，Transport Node，传输节点

MEC 和本地的 UPF 与基站并置

MEC 与传输节点并置（本地 UPF 也可能并置）

MEC 和本地 UPF 与网络汇聚点并置

MEC 与核心网 NF 并置（即在同一数据中心）

上述选项表明 MEC 可以灵活地部署在从基站附近到中央数据网络的不同位置。但是不管如何部署，都需要由 UPF 来控制流量指向 MEC 应用或是指向网络。MEC 的主要应用可分为四类：网络能力开放、本地内容缓存、本地内容转发和基于无线感知的业务优化处理。适用的场景主要是数据量大、时延敏感、实时性要求高的场景，例如车联万物（V2X）、AR（Augmented Reality，增强现实技术）、移动内容分发网络（mCDN）、企

业、IoT（Internet of Things，物联网）等。MEC的应用将伸展至交通运输系统、智能驾驶、实时触觉控制、增强现实等领域，MEC平台的广泛部署将为运营商、设备商、OTT和第三方公司带来新的运营模式。

3.3.2 无线网

3.3.2.1 大规模天线技术

随着移动互联网和大数据时代的到来，人们对获得信息的速度和质量提出了越来越高的要求。编码技术、多天线技术以其高频谱利用效率和能量利用效率的优势获得广泛关注。已成为现代通信系统的主要手段。4G已引入了多天线技术（MIMO），5G则引入了大规模天线技术（Massive MIMO），旨在增强上行和下行覆盖，提升系统容量，是5G的又一个主要特征。

大规模天线技术主要通过多端口空时编码技术，形成多个波束赋形增益，引入空间维度，实现空间复用，降低了邻区的干扰。没有采用波束赋形时，只能采用天线主瓣覆盖相对固定的区域，而大规模天线可以在水平和垂直方向上选择合适波束追踪用户，有效扩大无线基站的覆盖范围，有望解决无线基站塔下黑、高层信号弱和高层信号污染等问题；大规模天线可以实现多个不同的波束同时为不同的用户服务，提升系统容量；大规模天线产生的波束赋形波瓣更窄、能量更集中，有效减少对邻区干扰。

与4G不同，5G下行控制信道采用了波束赋形，并且可以采用多个波束进行循环扫描发射。针对不同的覆盖场景，设置相应的广播信道波束组合，满足水平和垂直方向上的覆盖要求。5G天线可配置的参数集数量相对4G有较大提升，对网络规划设计和优化维护都提出了挑战，可引入大数据分析和人工智能技术，通过自适应配置实现参数的优化配置。

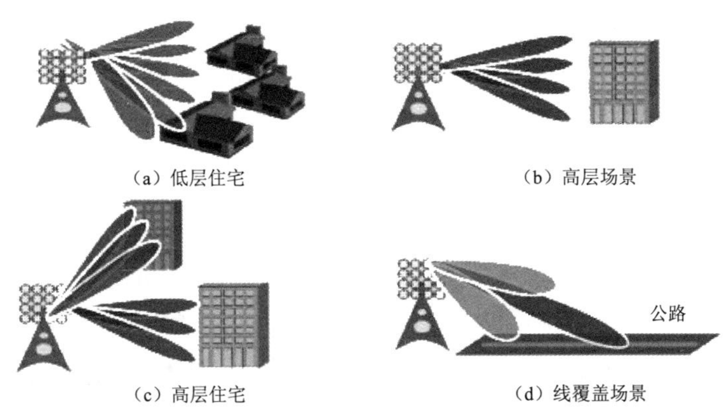

图3-30 大规模天线Massive MIMO覆盖示意图

一般而言，大规模天线Massive MIMO的增益主要由阵列增益、分集增益或者波束赋形（BF）增益组成，如192振子的64T64R的阵列增益为10dBi，上行分集增益或者下行BF增益为14～15dBi。当前主流的Massive MIMO有64T64R、32T32R、16T16R等多种通道数天线可选，其区别在于垂直面上分别支持 4 层、2 层和 1 层波束，具备不同的三维 Massive MIMO 性能，相比以往的双极化天线在垂直维度上有更好的覆盖增益。落地实施中应根据不同的场景需求，考虑覆盖、容量、CAPEX、OPEX 及施工条件等五大因素进行天线选型。

不同通道数的大规模天线性能对比见表 3-11。

表 3-11　不同通道数的大规模天线性能对比

性能	16 通道	32 通道	64 通道
倾角调整能力	0°～11°@12dB 上副瓣抑制	0°～11°@12dB 上副瓣抑制	0°～11°@12dB 上副瓣抑制
水平波束扫描能力	约+/-55°@3dB	约+/-55°@3dB	约+/-55°@3dB
垂直波束扫描能力	无	约+/-6°	约+/-12°
天线增益	22～23dBi	23～24dBi	24～25dBi

3.3.2.2　上下行解耦技术

根据香农公式 $C=B\times\log_2(1+S/N)$ 可以得知，增加带宽 B 是提升容量和传输速率最直接的方法。考虑到目前频率占用情况，5G 今后将不得不使用高频进行通信。但是高频通信相对低频通信存在两大挑战，第一个挑战是高频信号相比低频传播损耗更大，绕射能力更弱。同样距离条件下，高频信号的传播路损远高于低频信号，也就是高频信号的小区覆盖半径将大幅缩减。第二个挑战是上下行覆盖不均衡，频段越高，上下行覆盖差异越明显，导致上行覆盖受限。如图 3-31 所示，由于基站的发射功率远大于手机发射功率，导致基站的上行业务信道 PUSCH 覆盖远小于下行信道，从而造成手机在小区边缘位置发信号给基站，基站根本接收不到。

针对以上两个挑战，3GPP 给出了上下行解耦的解决方案。NR 中基站下行使用高频段进行通信，上行可以根据 UE 覆盖情况选择与 LTE 共享低频资源进行通信。在小区中心位置的时候，上行选择高频进行通信；在小区边缘位置的时候，上行选择低频进行通信，从而实现上行覆盖提升，这就是上下行解耦技术。

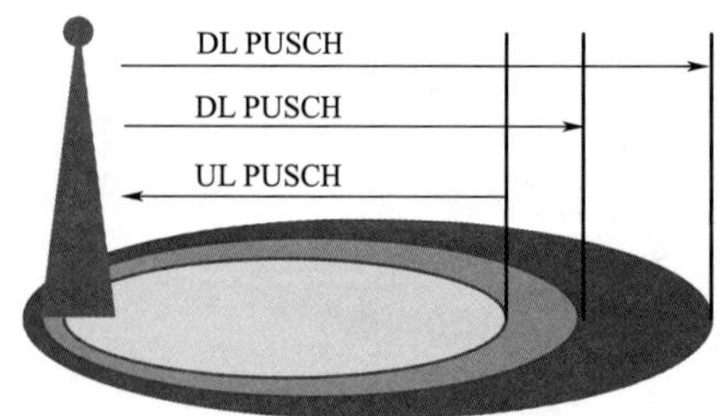

图 3-31　上下行覆盖不均衡问题

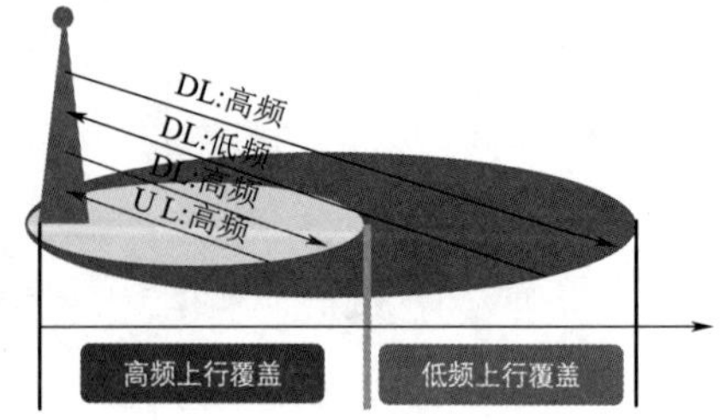

图 3-32　上下行解耦方案

注释：

DL，DownLoad，下行

UL，UpLoad，上行

PUSCH，Physical Uplink Shared Channel，物理上行共享信道

3.3.2.3 新编码技术

编码就是通过添加冗余信息来保护有用信息，提升信息传递的可靠性。根据最新冻结的 R15 协议版本，5G 的 eMBB 场景中，控制信道采用的是 Polar 编码，业务信道采用的是 LDPC 编码，这两种编码方式，相对比 4G 使用的 Turbo 编码技术，存在很多优势。LDPC 相比于 Turbo，在解码性、解码时延、功耗等都有较大优势，Turbo 编码与 LDPC 编码对比见表 3-12。

表 3-12　Turbo 编码与 LDPC 编码对比

对比项目	4G：Turbo	5G：LDPC	对比项目	4G：Turbo	5G：LDPC
可解码性	30%	90%	芯片大小	1	1/3
解码时延	1	1/3	解码功能	1	1/3

Polar 编码相对比 Turbo 编码，在同样信噪比情况下，Polar 编码拥有更低的误码率，除此之外，LDPC 编码和 Polar 编码都拥有很高的编码效率。LDPC 编码和 Polar 编码可以做到添加更少的冗余保护信息，保证信息的可靠发送和接收，提升信息传送效率，进而提升用户的峰值速率。

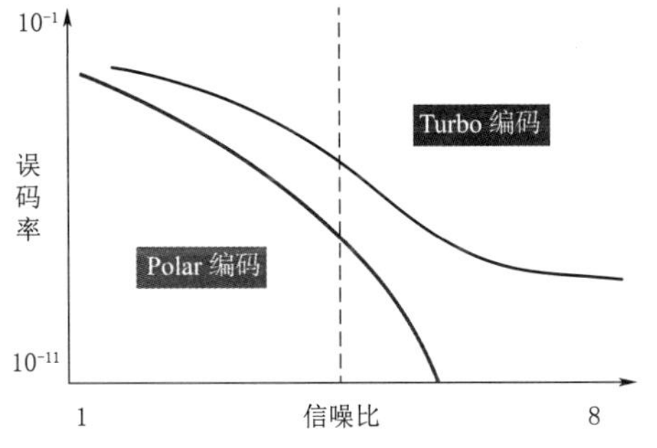

图 3-33　Polar 编码与 Turbo 编码误码率比较

注释：

Polar Coding，Polar 编码

Turbo Coding，Turbo 编码

3.3.2.4 无线网功能与设备形态重构

为实现无线侧网络切片和减少对承载网的带宽需求，5G 无线网进行了功能重构。基带处理单元 BBU 被重构为集中单元（CU）和分布单元（DU）两个功能实体，CU 处理无线网 PDCP 层以上的协议栈功能，DU 处理 PDCP 层以下的无线协议功能。时延不敏感的功能归到 CU，可采用云化设备集中部署；时延敏感的功能归到 DU，可以部署在靠近物理站点侧；CU 和 DU 间的传输带宽需求与业务流相当。BBU（Building Base band Unit，基带处理单元）与 RRU（Radio Remote Unit，射频单元）之间的接口也做了重新定义，新的 eCPRI（Enhanced Common Public Radio Interface，增强型通用公共无线电接口）接口可以有效降低前传的带宽需求。

3G/4G 时代的无线网设备形态已经有过一次重大重构，即当前广泛采用的“BBU+RRU+无源天线”结构。由于 5G 系统采用 Massive MIMO 技术，其天线端口多、接线困难，且高频段信号的馈线损耗也明显加大，因此，5G 系统衍生出全新的由射频单元与天线整合的 AAU（Active Antenna Unit，有源天线单元）形态。5G 无线网设备的主流形态由此重构为两种：CU/DU 合设的“BBU+AAU”结构和 CU/DU 分离的“CU+DU+AAU”结构。5G 初期，CU/DU 合设结构将是首选，随着产品逐渐成熟和业务的发展，CU/DU 分离结构也会得到应用。图 3-34 是目前的主要基站设备产品形态。

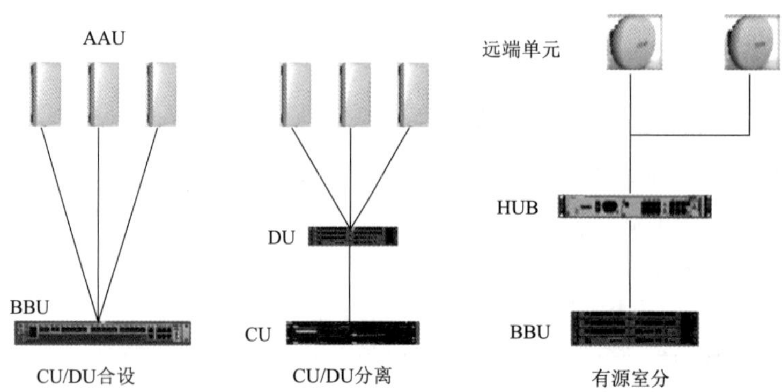

图 3-34 5G 基站设备产品形态示意图

注释：

AAU，Active Antenna Unit，有源天线单元

BBU，Building Base band Unit，基带处理单元

CU，Centralized baseband Unites，集中单元

DU，Distributed radio units，分布式单元

HUB，集线器

AAU 是有源设备，目前无法与现网系统共用天馈系统，且重量大、有散热需求，因此对安装空间、杆塔承重和美化罩散热等都提出了新的挑战。更大的问题出现在室内覆盖场景，AAU 无法给传统的无源室内分布系统提供信号源，极大地限制了 5G 室内覆盖手段的多样性，如泄漏电缆的使用等。因此，“BBU/（CU＋DU）＋RRU＋无源天线”结构的设备形态也不应该被 5G 放弃。

3.3.2.5 其他关键技术

1. 帧结构

5G NR 定义了灵活的帧结构，满足大带宽、低时延、高可靠等不同需求。灵活配置主要体现在子载波间隔、系统带宽、帧时隙配比、时隙长短等方面。

5G NR 支持多种子载波间隔，包括 15kHz、30kHz、60kHz、120kHz。对于不同的业务可以配置不同的子载波间隔，例如要求超短时延的业务，可以通过配置大子载波间隔，结合超短时隙，降低空口时延。对于低功耗大连接的物联网，可以配置小子载波间隔，集中能量传输，提高覆盖能力。

2. 参考信号

5G NR 采用了用户级的参考信号 DMRS（Demodulation Reference Signal，解调参考信号）、CSI-RS（Channel State Information-Resource Set，信道状态信息资源集合）和 SRS（Sounding Reference Signal，信道探测参考信号），没有采用小区级参考信号 CRS（Cell Reference Signal，小区参考信号）。为了节能，5G 用户级参考信号只有在用户连接或调度时才发射相关的参考信号，同时也起到降低邻区干扰的作用，提升了系统容量。

3. 双工方式

5G NR 除沿用了传统的 FDD 和 TDD 方式之外，还增加了补充上行（Supplementary

Uplink，SUL，辅助上行）、补充下行（Supplementary Downlink，SDL，辅助下行）以及全双工等双工方式。其中SUL是指解耦传统的上/下行信道使用同一频段的要求，将低频频段提供给5G上行信道使用，以期在5G高频信号的覆盖边缘提升上行信道的覆盖能力。

4. 协议层优化

为实现端到端的网络切片，5G NR用户面协议在PDCP（Packet Data Convergence Protocol，分组数据汇聚协议）层上增加了业务数据适配层（Service Data Adapt Protocol，SDAP，业务数据适配协议）；控制面协议在RRC（Radio Resource Control，无线资源控制）层增加了RRC非激活态RRC INACTIVE，在此状态下释放了空口资源但仍然保留上下文信息，当有业务传输需求时能快速建立RRC连接，降低时延，同时也起到终端节能效果。

3.3.3　承载网

由于5G业务存在低时延、高可靠、灵活连接L3下沉的需求，传送网需向新一代技术演进，面向5G传送承载主流技术以波分复用、分组交换技术为核心。现业界三大主流5G承载方案：IP RAN（Internet Protocol Radio Access Network，无线接入网IP化），SPN（Slicing Packet Network，切片分组网），M-OTN（Mobile-optimized OTN，移动优化的OTN）三种方案。

3.3.3.1　IP RAN关键技术

IP RAN技术是一种以IP/MPLS（Multi-Protocol Label Switching，多协议标签交换）协议为基础，主要面向移动业务承载，兼顾二、三层通道类业务端到端承载技术，实现了承载方式由物理隔离到逻辑隔离的转变，如图3-35所示，在保障安全性的同时提升了网络承载效率。

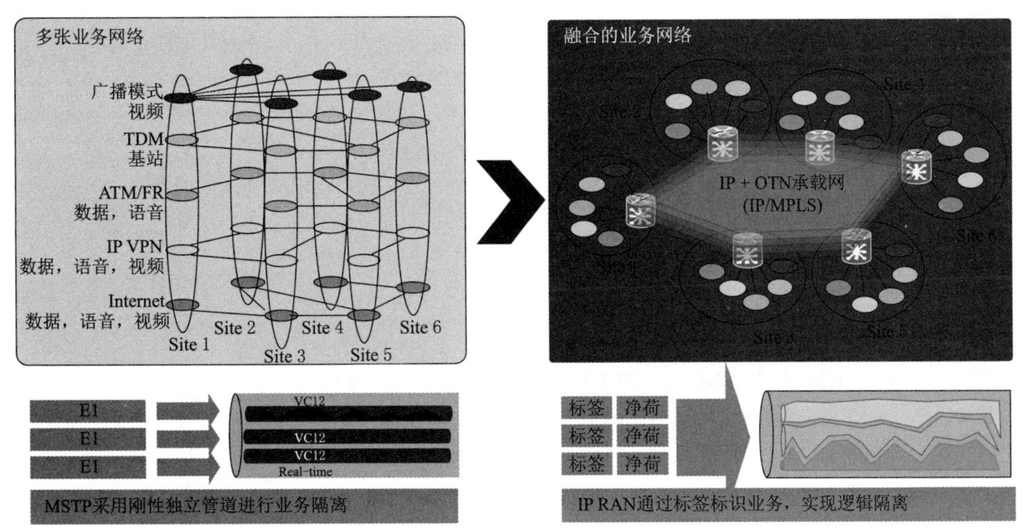

图3-35　IP RAN实现业务逻辑隔离

注释：

TDM，Time Division Multiplexing，时分复用网络

ATM，Asynchronous Transfer Mode，异步传输网络

FR，Frame Relay，帧中继网络

IP VPN，IP 虚拟专用网

Internet，互联网

面向 5G 的新承载需求，IP RAN 技术也逐步完善，主要关键技术包括：引入 SR - TE（Segment Routing - Traffic Engineering，分段路由流量工程）/SR - BE（Segment Routing - Best Effort，分段路由最优标签转发路径）对原 MPLS 路由机制进行优化，提升 L3VPN 网络扩展性，并便于实现 SDN 管控；引入 FlexE（Flexible Ethernet，灵活以太网）技术实现网络切片，提升多链路负荷分担性能，扩展 100GE/200GE/400GE 链路带宽；采用 IEEE 802.1TSN 技术，降低分组转发的时延；采用 SDN 技术实现网络智能运维和管控，支持高精度时间同步。

3.3.3.2 SPN 关键技术

SPN 基于 PTN 架构做了进一步的拓展和演进，采用基于 ITU - T 层网络模型，以以太网为基础技术，支持对 IP、以太、CBR（Constant Bit Rate，恒定比特率）业务的综合承载。SPN 技术架构分层包括切片分组层（Slicing Packet Layer，SPL）、切片通道层（Slicing Channel Layer，SCL）、切片传送层（Slicing Transport Layer，STL），以及超高时钟同步管理/SDN 的统一控制功能模块。SPN 网络分层模型如图 3 - 36 所示。

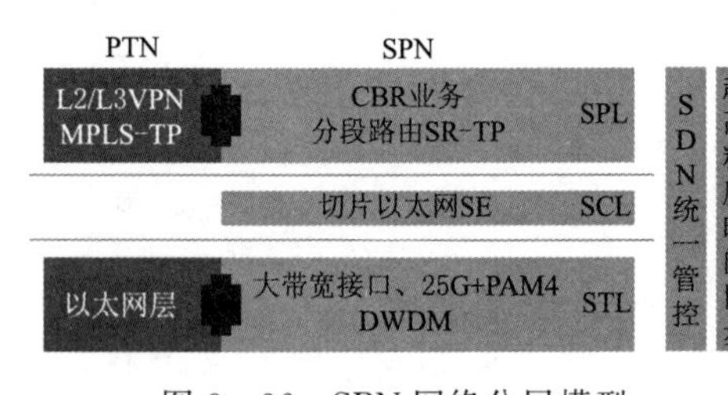

图 3 - 36　SPN 网络分层模型

注释：

PTN，Packet Transport Network，分组传送网

SPN，Slicing Packet Network，切片分组网

SPL，Slicing Packet Layer，切片分组层

SCL，Slicing Channel Layer，切片通道层

STL，licing Transport Layer，切片传送层

L2/L3 VPN，二层/三层 VPN

MPLS - TP，MPLS - Transport Profile，MPLS 传输配置

CBR，Constant Bit Rate，恒定比特率

SR - TP，Segment Routing Transport Profile，分段路由传送应用

PAM4，4 Pulse Amplitude Modulation，4 脉冲幅度调制

DWDN，Dense Wavelength Division Multiplexing，密集型光波复用

切片分组层（SPL），为不同业务提供不同的 L2/L3 层隧道。实现对 IP、以太、CBR 业务的寻址转发和承载管道封装，提供 L2VPN、L3VPN、CBR 透传等多种业务类型。SPL 基于 IP/MPLS/802.1Q/物理端口等多种寻址机制进行业务映射，提供对业务的识

别、分流、QoS保障处理。对分组业务，SPL层提供基于分段路由（Segment Routing）增强的SR－TP隧道，同时提供面向连接和无连接的多类型承载管道。Segment Routing源路由技术可在隧道源节点通过一系列表征拓扑路径的Segment段信息（MPLS标签）来指示隧道转发路径。相比于传统隧道技术，Segment Routing隧道不需要在中间节点上维护隧道路径状态信息，提升隧道路径调整的灵活性和网络可编程能力。SRTP隧道技术是在Segment Routing源路由隧道基础上增强运维能力，扩展支持双向隧道、端到端业务级OAM（Operation Administration and Maintenance，操作维护管理）检测等功能。

切片通道层（SCL），为不同业务提供以太网层通道，并可基于时隙区分不同通道。为网络业务和分片提供端到端通道，通过切片以太网（SE：Slicing Ethernet）技术，对以太网物理接口、FLexE绑定组实现时隙化处理，提供端到端基于以太网的虚拟网络连接能力，为多业务承载提供基于L1的低时延、硬隔离切片通道。基于SE通道的OAM和保护功能，可实现端到端的切片通道层的性能检测和故障恢复能力。

切片传送层（STL），根据隧道的分层，实现具体的物理传送。切片传送层基于IEEE 802.3以太网物理层技术和OIF FlexE技术，实现高效的大带宽传送能力。以太网物理层包括50GE、100GE、200GE、400GE等新型高速率以太网接口，利用广泛的以太网产业链，支撑低成本大带宽建网，支持单跳80km的主流组网应用。对于带宽扩展性和传输距离存在更高要求的应用，SPN采用以太网＋DWDM的技术，实现10T级别容量和数百公里的大容量长距组网应用。SPN的关键技术包括切片以太网、低时延提升、精准时间同步三个方面，具体如下：

1. 切片以太网，灵活的软硬隔离能力，满足业务间隔离需求

基于以太网协议，SPN协议栈如图3－37所示，SPN在以太网L2（MAC）/L1（PHY）之间的中间层增加基于OIF（光联网论坛）的FlexE接口，使得业务可实现基于时分的网络切割，并在FlexE与网络层之间引入SCL层，实现对切片网络资源的灵活管理控制。SPN同时兼容以太网光模块和MPLS/IP协议栈，可支持基于VLAN的逻辑隔离、基于FlexE的物理隔离。FlexE分片是基于时隙调度将一个物理以太网端口划分为多个以太网弹性硬管道，使得网络既具备类似于TDM（时分复用）独占时隙、隔离性好的特性，又具备以太网统计复用、网络效率高的双重特点。其中在某一个FlexE切片中，还可对不同的业务进行基于VLAN的逻辑隔离。

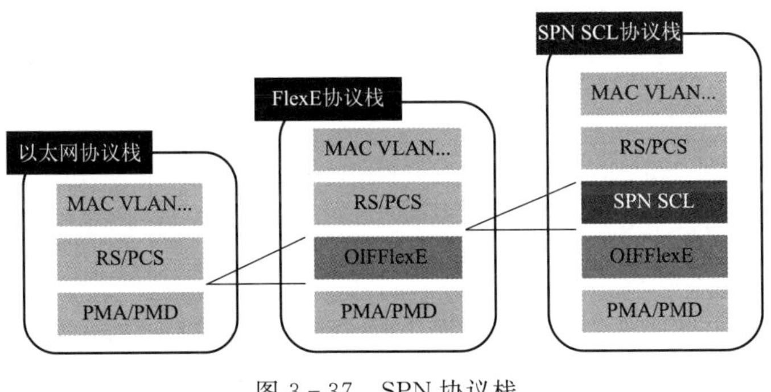

图3－37　SPN协议栈

注释：

MAC VLAN，MAC 虚拟局域网

RS，Reconciliation Sublayer，协调子层

PCS，Physical Coding Sublayer，物理编码子层

PMA，Physical Medium Attachment sublayer，物理介质连接子层

PMD，Physical Medium Dependent sublayer，物理介质相关子层

OIF FlexE，光联网论坛灵活以太网

SPN SCL，切片分组网切片通道层

2. 低时延能力增强，保障业务承载

SPN 基于以太网 PCS（Physical Coding Sublayer，物理编码子层）层 66B 交叉技术，显著降低时延，单跳设备转发时延 5～10μs，较传统分组交换设备提升 5～10 倍，进一步保障了低时延承载的业务需求。

3. 高精度同步，保障终端授时同步需求

SPN 高精准时钟同步技术如图 3－38 所示，具备带内同步传输能力，时钟同步精度可达±5～10μs，可满足最为苛刻的同步精度的需求。

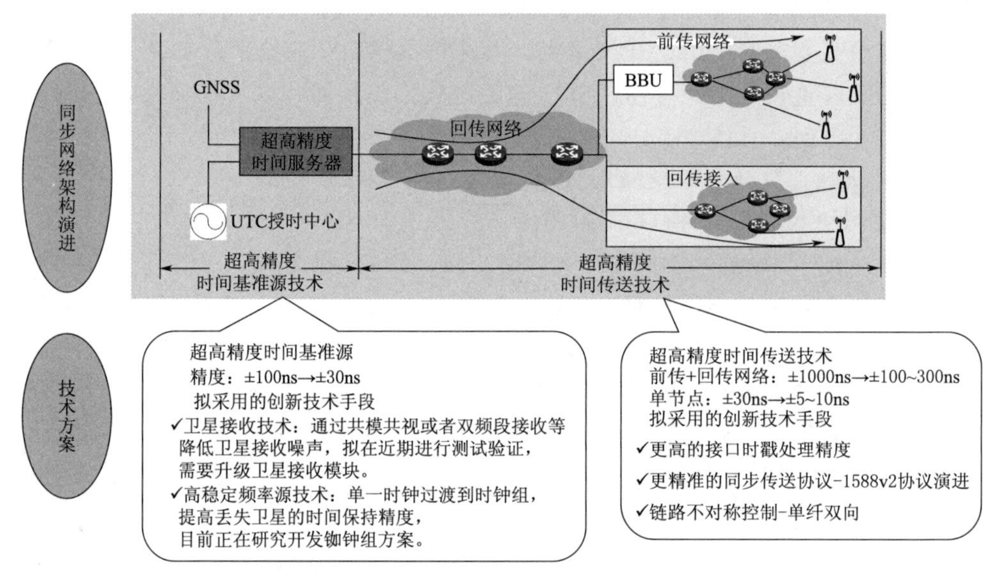

图 3－38　SPN 高精准时钟同步技术

注释：

GNSS，Global Navigation Satellite System，全球导航卫星系统

UTC，Universal Time Coordinated，通用协调时

3.3.3.3　M－OTN 关键技术

M－OTN 技术是面向 5G 移动承载优化的 OTN 网络技术，定位是 5G 中后期的综合业务承载需求。M－OTN 技术的主要特征包括单级复用、更灵活的时隙结构、简化的开销等，目标是提供低成本、低时延、低功耗的移动承载方案。M－OTN 简化 OTN 帧格

式，采用单级复用，引入25G/50G接口，并集成了L2和L3功能。2017年底CCSA已经立项对行标《分组增强型光传送网（OTN）设备技术要求》进行修订。目前已完成标准修订版本的征求意见稿的讨论，计划2019年底之前完成标准送审稿的上会讨论。M-OTN相关标准进展情况如图3-39所示。

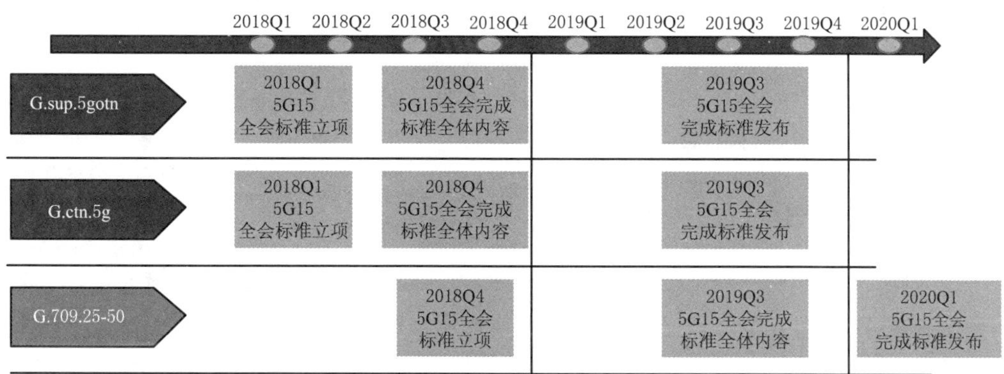

图3-39 M-OTN相关标准进展情况

3.3.3.4 三种技术对比

上文介绍了业界三大主流5G承载方案：SPN方案、M-OTN方案和IP RAN增强型方案，目前中国电信倾向于L3 OTN方案；中国移动倾向于SPN方案。这三种方案各自具备自己的优缺点，主要对比见表3-13。

注释：

SR-BE，Segment Routing-Best Effort，分段路由最优标签转发路径

WDM，Wavelength Division Multiplexing，波分复用

Ethernet PHY，Ethernet Physical，以太网物理层

IGP，Interior Gateway Protocols，内部网关协议

BGP，Border Gateway Protocol，边界网关协议

表3-13 三种技术对比

网络分层	主要功能	SPN	M-OTN	IP RAN增强
业务适配层	支持多业务映射和适配功能	L1专线、L2VPN、L3VPN、CBR业务	L1专线、L2VPN、L3VPN、CBR业务	L2VPN、L3VPN
L2/L3分组转发层	为5G提供灵活连接调度、OAM、保护、统计复用和QoS保障能力	Ethernet VLAN MPLS-TP SR-TP/SR-BE	Ethernet VLAN MPLS（-TP） SR-TE/SR-BE	Ethernet VLAN MPLS（-TP） SR-TE/SR-BE
L1 TDM通道层	为5G三大类业务及专线提供TDM通道隔离、调度、复用、OAM和保护能力	切片以太网通道（SCL）	ODUK、ODUflex	待研究
L1数据链路层	提供L1通道到光层适配功能	FlexE或Ethernet PHY	ITU-T Flex0	Ethernet PHY或FlexE

续表

网络分层	主要功能	SPN	M-OTN	IP RAN 增强
L0 光波长传送层	提供高速光接口或波长传输、调度和组网	WDM 彩光（可选）	已集成 WDM 彩光	WDM 彩光（可选）
SDN 管控方式	南向接口提供全网集中的控制功能，与分布式路由功能相结合。北向接口提供业务功能	SDN 的全集中式	可采用 SPN 或 IP RAN 的模式，未明确	分布式 IGP/BGP 协议+SDN 集中管控

3.4 5G 行业应用前景

3.4.1 云 VR/AR

虚拟现实（VR）与增强现实（AR）是能够彻底颠覆传统人机交互内容的变革性技术。变革不仅体现在消费领域，更体现在许多商业和企业市场中。VR/AR 需要大量的数据传输、存储和计算功能，这些数据和计算密集型任务如果转移到云端，就能利用云端服务器的数据存储和高速计算能力。高质量 VR/AR 内容处理走向云端，满足用户日益增长的体验要求的同时降低了设备价格，VR/AR 将成为移动网络最有潜力的大流量业务。虽然现有 4G 网络平均吞吐量可以达到 100 Mbit/s，但一些高阶 VR/AR 应用需要更高的速度和更低的延迟。

预计到 2025 年 AR 和 VR 市场总额将达到 2920 亿美元，其中 AR 为 1510 亿美元，VR 为 1410 亿美元。移动运营商在 VR/AR 中的可参与空间十分可观，到 2025 年将超过 930 亿美元，约占 VR/AR 总市场规模的 30%。

3.4.2 车联网

传统汽车市场将彻底变革，因为联网的作用超越了传统的娱乐和辅助功能，成为道路安全和汽车革新的关键推动力。车联网 5G 价值链如图 3-40 所示。

驱动汽车变革的关键技术包括自动驾驶、编队行驶、车辆生命周期维护、传感器数据众包等都需要安全、可靠、低延迟和高带宽的连接，这些连接特性在高速公路和密集城市中至关重要，只有 5G 可以同时满足这样严格的要求。通过为汽车和道路基础设施提供大带宽和低时延的网络，5G 能够提供高阶道路感知和精确导航服务。

车联网价值链中的主要参与者包括汽车制造商、软件供应商、平台提供商和移动运营商。移动运营商在价值链中极具潜力，可探索各种商业模式，例如平台开发、广告、大数据和企业业务。预计到 2025 年 5G 连接的汽车将达到 5，030 万辆。汽车的典型换代周期是 7～10 年，因此联网汽车将在 2025—2030 年之间大幅增长。

3.4.3 智能制造

创新是制造业的核心，其主要发展方向有精益生产、数字化、工作流程以及生产柔性化。传统模式下，制造商依靠有线技术来连接应用。近些年 Wi-Fi、蓝牙和 WirelessHART等无线解决方案也已经在制造车间立足，但这些无线解决方案在带宽、可靠性和安全性等方面都存在局限性。对于最新、最尖端的智慧制造应用，灵活、可移动、高带宽、低时延和高可靠的通信（uRLLC）是基本的要求。

图3-40　车联网5G价值链

移动运营商可以帮助制造商和物流中心进行智能制造转型。5G网络切片和MEC使移动运营商能够提供各种增值服务。运营商已经能够提供远程控制中心和数据流管理工具来管理大量的设备，并通过无线网络对这些设备进行软件更新。

预计到2025年，全球状态监测连接将上升到8800万。全球工业机器人的出货量也将增加到105万台。目前，固定线路在工业物联网连接数量方面占主导地位。根据预测，从2022年到2026年，5G IIoT的平均年复合增长率（CAGR）将达到464%。

3.4.4　智慧能源

在发达市场和新兴市场，许多能源管理公司开始部署分布式馈线自动化系统。馈线自动化（FA）系统对于将可再生能源整合到能源电网中具有特别重要的价值，其优势包括降低运维成本和提高可靠性。馈线自动化系统需要超低时延的通信网络支撑，譬如5G。通过为能源供应商提供智能分布式馈线系统所需的专用网络切片，移动运营商能够与能源供应商优势互补，这使得他们能够进行智能分析并实时响应异常信息，从而实现更快速更准确的电网控制。预计2025年全球配电自动化市场将增加到360亿美元。5G可以取代配电自动化中的现有光纤基础设施，可提供小于10ms的网络时延和Gbit/s级吞吐量，实现无线分布式控制。5G也降低了许多新兴市场能源供应商的准入门槛。5G的低延迟，广覆盖和快部署允许智能电网进行快速的信息交换，这在可再生能源为主要电源的市场非常有用。

3.4.5 无线医疗

人口老龄化加速在欧洲和亚洲已经呈现出明显的趋势。从 2000 年到 2030 年的 30 年中，全球超过 55 岁的人口占比将从 12%增长到 20%。穆迪分析指出，一些国家如英国、日本、德国、意大利、美国和法国等将会成为“超级老龄化”国家，这些国家超过 65 岁的人口占比将会超过 20%，更先进的医疗水平成为老龄化社会的重要保障。

在过去 5 年，移动互联网在医疗设备中的使用正在增加，医疗行业开始采用可穿戴或便携设备集成远程诊断、远程手术和远程医疗监控等解决方案。通过 5G 连接到 AI 医疗辅助系统，医疗行业有机会开展个性化的医疗咨询服务。人工智能医疗系统可以嵌入医院呼叫中心、家庭医疗咨询助理设备、本地医生诊所，甚至是缺乏现场医务人员的移动诊所。其他应用场景包括医疗机器人和医疗认知计算，这些应用对连接提出了不间断保障的要求（如生物遥测、基于 VR 的医疗培训、救护车无人机、生物信息的实时数据传输等）。移动运营商可以积极与医疗行业伙伴合作，创建一个有利的生态系统，提供 IoMT（Internet of Medical Things）连接和相关服务，如数据分析和云服务等，从而支持各种功能和服务的部署。

智慧医疗市场的投资在 2025 年将超过 2300 亿美元，在北美以及德国和北亚市场，医疗保健领域的新兴技术发展正处于领先地位，新兴的应用具体包括基于云的数据分析、AI 医疗辅助、5G 救护车通信和远程诊断等。其中，5G 将会为智慧医疗提供所需的通信连接。

3.4.6 无线家庭娱乐

5G 的首要商业用例之一是固定无线接入（或称作 WTTx）——使用移动网络技术而不是固定线路提供家庭互联网接入。由于使用了现有的站点和频谱，WTTx 部署起来更加方便。4K/UHD 电视机已经占据了全球 40%以上的市场份额，8K 电视机即将面市。8K 视频的带宽需求超过 100 Mbit/s，需要 5G WTTx 的支持。其他基于视频的应用（如家庭监控、流媒体和云游戏）也将受益于 5G WTTx。

与其他技术相比，实施 WTTx 所需的资本支出要低得多。据澳大利亚公司 NBN 称，WTTx 部署比光纤到户降低了 30%到 50%成本。WTTx 为移动运营商省去了为每户家庭铺设光纤的必要性，大大减少了在电线杆、线缆和沟槽上花费的资本支出。

3.4.7 联网无人机

无人驾驶飞行器（Unmanned Aerial Vehicle）简称为无人机，其全球市场在过去十年中大幅增长，现在已经成为商业、政府和消费应用的重要工具。通过部署无人机平台可以快速实现效率提升和安全改善。5G 网络将提升自动化水平，使无人机能分析解决方案，这将对诸多行业转型产生影响。比如，对风力涡轮机上的转子叶片的检查将不再由训练有素的工程师通过遥控无人机来完成，而是由部署在风力发电场的自动飞行无人机完成，不再需要人力干预。

无人机能够支持诸多领域的解决方案，可以广泛应用于建筑、石油、天然气、能源、公用事业和农业等领域。5G技术将增强无人机运营企业的产品和服务，以最小的延迟传输大量的数据。预计到2026年小型无人机市场将增长到339亿美元，包括来自软件、硬件、服务和应用服务的收入。

3.4.8 社交网络

移动视频业务不断发展，从观看点播视频内容到以新模式创建和消费视频内容。目前最显著的两大趋势是社交视频和移动实时视频。智能手机内置工具依靠移动直播视频平台，可以保证主播和观众互动的实时性，使这种新型的“一对多”直播通信比传统的“一对多”广播更具互动性和社交性。另外，观众之间的互动也为直播视频业务增加了“多对多”的社交维度。预计未来沉浸式视频将会被社交网络工作者、极限运动玩家、时尚博主和潮人们所广泛使用。

4G网络已支持视频直播，但5G将能应对以下挑战：端到端的网络延迟将从60～80 ms下降到10 ms以内；高清视频输入通常需要50 Mbit/s的带宽，但由于4K、多视角、实时数据分析的需要，带宽需求可能会高达100 Mbit/s；10 Gbit/s的上行吞吐量将允许更多用户同时分享高清视频。云视频服务的货币化正在加速，内容分发网络、视频托管服务和在线视频服务的市场空间将从2020年的60亿美元增加到2025年的100亿美元。

3.4.9 个人AI辅助

伴随着智能手机市场的成熟，可穿戴和智能助理有望引领下一波智能设备的普及。由于电池使用时间，网络延迟和带宽限制，个人可穿戴设备通常采用Wi-Fi或蓝牙进行连接，需要经常与计算机和智能手机配对，无法作为独立设备存在。

5G将同时为消费者领域和企业业务领域的可穿戴和智能辅助设备提供机会。可穿戴设备将为制造和仓库工作人员提供“免提”式信息服务。云端AI使可穿戴设备具有AI能力，如搜索特定物体或人员。预计到2022年，可穿戴设备的年复合增长率将达到16.4%，发货量到4.34亿件。体育、健身和健康追踪设备在2022年仍是可穿戴设备主要的细分市场，占据了36%的发货量，智能手表（19%）、可穿戴相机（11%）和医疗保健（9%）紧随其后。

3.4.10 智慧城市

智慧城市拥有竞争优势，因为它可以主动而不是被动地应对城市居民和企业的需求。为了成为一个智慧城市，市政部门不仅需要感知城市脉搏的数据传感器，还需要用于监控交通流量和社区安全的视频摄像头。城市视频监控是一个非常有价值的工具，它不仅提高了安全性，而且也大大提高了企业和机构的工作效率。在成本可接受的前提下，摄像头数据收集和分析的技术进一步推动了视频监控需求的增长。最新的视频监控摄像头有很多增强的特性，如高帧率、超高清和WDR（Wide Dynamic Range，宽动态范围摄像），能够在很差的照明条件下成像，这些特性将产生大量的数据流量。

5G时代的视频监控正在演变成4K全高清监控。预计到2025年，非消费者视频监控市场的增值服务收入将增长至210亿美元。

3.5 存在问题

过去两年是5G在各垂直行业应用的试验年，全国约30多个城市，先后开始对5G+智慧城市、工业制造、教育医疗、AR/VR、传媒娱乐、能源电力、交通物流等领域开展了应用探索，基本从技术上验证了5G承载行业应用的能力。步入2020年，5G已进入规模建设期，三大运营商将分别完成SA部署，目标实现一、二线城市的全覆盖或核心城区全覆盖，并有计划地针对重点垂直行业开展区域覆盖。如何把过去两年的试验成果转化推广，在众多纷繁的问题中，目前需要迫切关注的有以下几个问题：安全问题、网络上行增强问题、面向切片的通信服务设计理念转变问题、面向切片的通信管理模式转变问题、2B的商业模式问题。

3.5.1 安全问题

4G时代，无线公网并没有真正进入行业的核心领域，譬如工业生产控制、轨道交通控制、实时远程医疗等，各行业纷纷以无线专网/局域网或有线网络的方式解决。有线方式虽然更为可靠安全，但成本过高，尤其在大量末端接入的场景。而无线方面，受限于授权频段有限的承载能力以及非授权频段的安全隐患，垂直行业一直无法大规模发展无线宽带应用。随着行业对移动宽带的需求日益旺盛，以及数据安全治理的需求提升，其对5G的安全承载予以了更高的期望。5G系统提供了灵活的无线空口资源预留、传输FlexE刚性管道、核心网功能虚拟化等多种业务隔离手段，同时在认证方面，提供了Primary认证、切片认证、二次认证等增强手段，相对4G有了质的提升。但相关的解决方案要真正渗透行业核心领域，需要推动安全领域的测评认证，方可奠定5G在行业大规模应用的基石。我国目前对5G系统本身以及与行业结合的安全测评还没形成统一的规范，这需要行业、运营商、厂家以及通信服务商共同推动方可实现。

3.5.2 网络上行增强问题

在深入研究行业需求后，发现当前5G系统下行为主的基本框架，与行业应用上行为主的业务特点存在一定矛盾。从行业视角看，各类应用以采集为主（上行），采集类业务有以下三大发展特征：①结构化向非结构化（视频化、图片化）发展；②集中式向分布式控制发展，如工业控制领域的配电网差动保护（2Mbit/s+）、配网PMU（100kbit/s+），将呈现“类视频”的实时数据传输形态；③从低频次向高频次发展，以满足态势感知需求，如采集频次将从天、小时级提升至分钟级。而行业应用的控制信息（下行）频繁操作的需求不大，且大部分为小包形态，此核心诉求在于对控制信号的低时延高可靠传送。站在5G系统的视角，虽然5G的传输速率有所提升，但从时隙配比上看，现阶段仍以下行为主，如3.5GHz频段采用双周期，上下行时隙配比主要为3/7，2.6GHz频段采用5ms单周期，上下行时隙配比主要为2/8。5G需要利用高低频结合的方式，通过动态频谱、共享频谱技术，提升其上行能力。目前中国电信主导的3.5GHz+2.1GHz超级上行技术，以及中国移动正在计划利用2.6GHz+sub3GHz提升上行能力等。5G无线侧上行增强有望促进行业视频 AI 推广应用，以及推动工业领域分布式实时控制的技术革新。

3.5.3 面向切片的通信服务设计理念转变问题

面向切片的通信服务设计是前所未有的一种模式，某种意义上看，可以理解为更加定制化的通信服务模式。具体体现为以下几个方面：

在切片网络规划上，由于增加了切片服务的概念，运营商为行业提供的切片需要进行端到端规划，如根据行业的需求，设计行业切片数量，每张切片的 SLA 保障参数，无线网、传输网、核心网的资源配置及隔离方案，MEC 下沉的层级，边缘计算应用算力等。

在无线资源规划上，5G 以前的运营商基本采用“全覆盖＋局部热点优化”的模式开展无线规划，但在 5G 时代，2B 的覆盖并不能如此简单粗暴，需要根据行业客户的需求，开展场景化的专项覆盖设计，如大型工业园区、生产车间、高速铁路、船舶码头、输电线路、体育会展场馆、大型水利及新能源发电厂等。尽管运营商在 4G 规划时已经针对上述部分场景开展了专项覆盖，但出发点大多围绕 2C 需求，若要考虑 2B 的需求，无线规划上需要有一定的变化，譬如更多地考虑物联网采集监控的点位覆盖、考虑时延抖动的优化，满足行业客户的诉求，考虑 2C 和 2B 的资源隔离及调度配置等。

3.5.4 面向切片的通信管理模式转变问题

在业务体验方面，需要考虑为行业客户提供切片服务的质量可视、线上订购等功能。这主要是得益于 5G 网络能力开放而实现的，这将是相对 4G 的一个重要提升。在通信管理方面，4G 所能提供的服务能力主要依托物联网 CMP、DMP 平台提供连接、设备管理服务能力（如台账、流量、终端状态等）。行业客户由于所见不多，一般不太关注通信网络的具体情况。在 5G 更为开放的生态中，运营商可提供切片带宽、流量、时延、甚至行业专网网元的资源状态（标准还在演进中），有助于行业对通信状态进行深入了解，可进一步关联业务进行智能故障定位、态势感知等高级应用。一方面，这种深度服务质量可视化是运营商 2B 客户差异化服务的关键点；另一方面，行业客户也需提高对 5G 的认知，并与 5G 产生更多的互动，只有双向互动，才能真正发挥 5G 行业应用的价值。

3.5.5 2B 的商业模式问题

面对上述的转变，目前在 2B 领域中，并没有成熟的商业模式。当前在商业模式上存在一个问题，一方面为解决行业的应用需求，5G 的网络设计、部署、优化等成本更高，对运营商提出了极大挑战。另一方面，行业客户并未看到高成本使用 5G 所带来的相应的价值。要打开这个结，可以从两方面入手：一方面，推动行业客户与运营商联合共建共享，以降低其自身使用 5G 的成本；另一方面，扩大行业客户与运营商共享的范围，例如在用户层面、数据层面，打通行业数据壁垒，共同探索 2B、2C 的创新业务模式，这样在 5G 行业应用中才能使得运营商、行业客户、个人用户实现“三赢”。

第 4 章 业务应用需求及典型应用场景

4.1 智能电网发展概述

4.1.1 智能电网定义及内涵

智能电网是指一个完全自动化的供电网络，其中的每一个用户和节点都得到了实时监控，并保证了从发电厂到用户端电器之间的每一点上的电流和信息的双向流动。通过广泛应用的分布式智能和宽带通信及自动控制系统的集成，它能保证市场交易的实时进行和电网上各成员之间的无缝连接及实时互动。

美国电科院给出了智能电网框架所涉及的关键技术和功能模块，如图 4－1 所示。

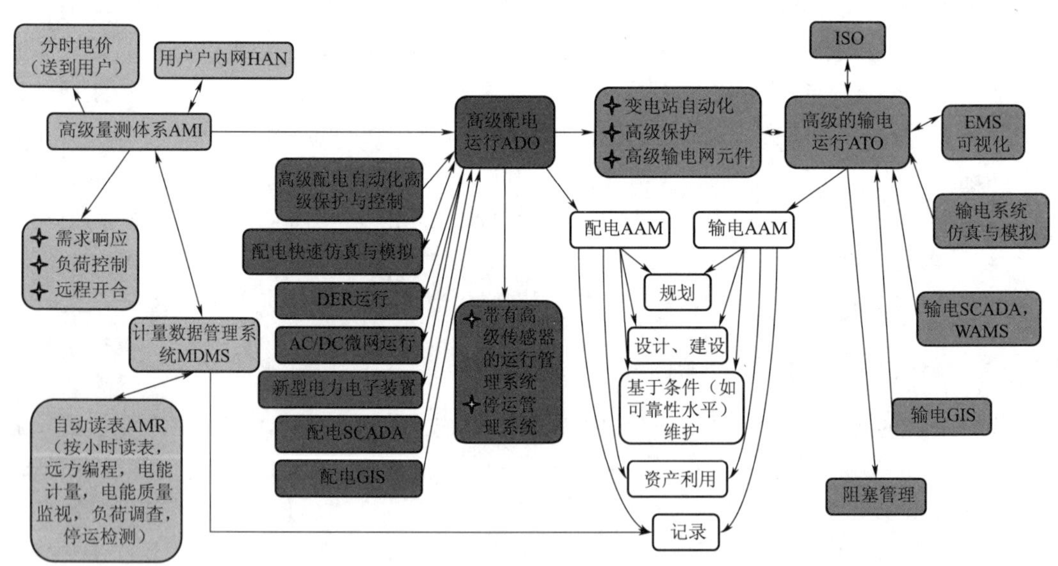

图 4－1　美国智能电网主要技术构成

注释：

HAN，Home Area Network，用户户内网

AMI，Advanced Metering Infrastructure，高级量测体系

MDMS，Metering Data Management System，计量数据管理系统

AMR，Automatic Meter Reading，自动读表

DER，Distributed Energy Resources，分布式能源

AC，Alternating Current，交流电

DC，Direct Current，直流电

SCADA，Supervisory Control And Data Acquisition，数据采集与监视控制系统

GIS，Geographic Information System，地理信息系统

ADO，Advanced Distribution Operations，高级配电运行

AAM，Advanced Asset Management，高级资产管理

ISO，International Organization for Standardization，国际标准化组织

ATO，Advanced Transmission Operations，高级输电运行

EMS，Energy Management System，能源管理系统

WAMS，Wide Area Measurement System，广域监测系统

国家发展改革委、国家能源局联合印发《关于促进智能电网发展的指导意见》（发改运行〔2015〕1518号），明确指出"智能电网是在传统电力系统基础上，通过集成新能源、新材料、新设备和先进传感技术、信息技术、控制技术、储能技术等新技术，形成的新一代电力系统，具有高度信息化、自动化、互动化等特征，可以更好地实现电网安全、可靠、经济、高效运行。"

智能电网的概念涵盖了提高电网科技含量，提高能源综合利用效率，提高电网供电可靠性，促进节能减排，促进新能源利用，促进资源优化配置等内容，是一项社会联动的系统工程，最终实现电网效益和社会效益的最大化，代表着未来发展方向。智能电网以包括发电、输电、配电、储能和用电的电力系统为对象，应用数字信息技术和自动控制技术，实现从发电到用电所有环节信息的双向交流，系统地优化电力的生产、输送和使用。总体来看，未来的智能电网应该是一个自愈、安全、经济、清洁的并且能够适应数字时代的优质电力网络。智能电网基本环节如图4-2所示。

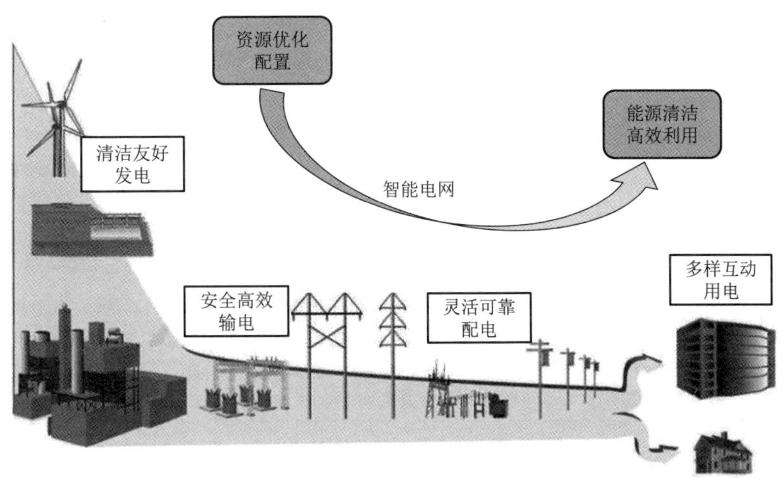

图4-2 智能电网基本环节

智能电网的主要建设目的可从以下方面概括：①提高电网稳定性，实现大系统的（以抵御事故扰动为目的）安全稳定运行，降低大规模停电的风险，最大化设备的使用率；②提高电网设备利用效率，由于负荷曲线峰谷差比较大，致使现实电网的利用系数较低，一年内只有少数时间资产是被完全使用的。可以通过削峰填谷缩小负荷曲线峰谷差，对可平移负荷的投切担负起调频的任务，起到旋转储备的作用；③提高电网企业经营管理手段，加强资产管理、提高资产利用率、节能降损、提高客户信用度评价等；④分布式电源（DER，Distributed Energy Resources）、清洁能源、可持续发展能源的利用；⑤服务社会，减少用户停电时间、提高电能质量、减少投诉。节能降损、低碳环保；⑥互动经济，为进一步实现与用户的互动，需要开放零售电力市场和开发高透明度的用户界面，以促使电力公司与用户友好合作；⑦实现双赢，消减峰荷和获得更具弹性的负荷需求响应，提高现实电网的利用率，支持电网安全运行，同时为用户提供多种选择性，不仅省钱，而且舒适和方便；⑧通过电价手段调整市场需求、引导用电，通过电力市场配套问题、价格或其他机制引导居民用电消费。

传统电网和智能电网的比较见表 4－1。

表 4－1　　传统电网和智能电网的比较

特　　征	传统电网	智　能　电　网
使用户能够积极参与电网优化运行	电价不透明，缺少实时定价，选择很少。	提供充分的电价信息，分时/实时定价，有许多方案和电价可供选择。
提供发电/储能	中央发电占优，少量DG、DR、储能或可再生能源。	兼容所有发电和储能方式。除大型集中发电外有大量“即插即用”的分布式电源（发电和储能）辅助集中发电。
开发新的产品、服务和市场	有限的趸售市场，未很好的集成。	建立成熟、健壮、集成的电力市场。能够确保供电可靠性、为市场参与者带来利益、为供应商创造市场机会、为消费者提供用电管理的灵活工具。
为数字经济提供高质量的电能	关注停运，不关心电能质量。	保证电能质量，有各种各样的质量/价格方案可供选择。
优化资产利用和高效运行	很少计及资产管理。	电网的智能化同资产管理软件深度集成，以确保资产使用的最优化、提高运行效率、降低成本和在更少人为参与的情况下设备运行时间更长。
预测及应对系统干扰（自愈）	扰动发生时保护资产（保护跳闸）。	防止断电，减少影响：在没有或很少人为参与的情况下独立地识别系统干扰并加以应对；进行持续的预测分析来检测系统中存在的和可能存在的问题并执行主动的预防性控制。
灵活应对袭击和自然灾害	对恐怖袭击和自然灾害脆弱。	具有快速恢复能力，可抵御外界对系统物理设施（变电站、电杆、变压器等）和信息网络（市场、软件系统、通信）的侵袭：在系统遇到威胁时，其大量的传感器和智能设备可以进行预警和反应；其自愈能力能够帮助抵抗自然灾害；通过持续监测和自我测试可以减轻恶意软件和黑客的攻击。

注释：

DG，Distributed Generation，分布式发电

DR，Demand Response，需求响应

智能电网贯穿了电力系统各个环节，是推动能源革命的重要手段，是构建清洁低碳、安全高效现代能源体系的核心，也是支撑社会发展的基石。

智能电网贯穿电力系统各个环节。随着科学技术水平的不断发展，电力早已遍及人类生产和生活的各个领域，电气化成为社会现代化水平和文明进步的重要标志。电力工业是保障国民经济可持续发展重要的基础产业，其发展水平代表一个国家经济社会发展程度。

可再生能源规模开发、大量接入，其随机性、波动性将给以传统化石能源为主的电力系统安全稳定运行带来挑战，分布式能源的广泛使用也将对传统用户侧无源网络造成影响。为应对能源发展新模式下电力行业面临的问题和挑战，世界各国的电网都向着提升自动化、数字化、信息化、互动化、智能化的方向不断发展。智能电网逐渐成为未来电网的发展方向，是电网面对新能源接入和系统安全可靠挑战的必然选择、是电网技术发展的必然趋势、是社会经济发展的必然要求。

支撑新能源、分布式电源的广泛开发和高效利用，大幅提高清洁能源在能源终端消费中的占比，改变能源供给和消费模式，实现能源资源的优化配置，是发展智能电网的核心目标。其实现路径在于充分结合先进的能源利用技术、开放共享的互联网理念和创新的市场化机制，广泛部署灵活交、直流设施，推动源—网—荷—储协同，实现多种能源综合优化配置，全方位提升系统灵活性和适应性。

因此，智能电网发展必须贯穿电力系统发、输、配、用各个环节，通过构筑开放、多元、互动、高效的能源供给和服务平台，实现电力生产、输送、消费各环节的信息流、能量流及业务流的贯通。通过对电网的柔性化、灵活性改造，服务发电侧主动响应系统运行需求、负荷侧主动参与系统调节，综合调配能源的生产和消费，满足可再生能源的规模开发和用户多元化的用电需求，促进电力系统整体高效协调运行。

智能电网是推动能源革命的重要手段。能源是人类社会赖以生存和发展的重要物质基础，人类文明的每次重大进步都伴随着能源的改进和更替。人类社会进入工业文明以来，化石能源的使用大大促进了文明进程的发展，同时也带来了资源枯竭、环境污染、气候变化、能源安全等现实问题。面对上述问题，世界各国围绕全球新一轮科技革命和产业变革，立足于本国国情，积极探索能源转型发展的路径。能源革命的实质在于能源的高效利用和绿色低碳。智能电网作为电力系统的发展方向和能源体系中的重要一环，在能源革命中发挥着关键的推动作用，如图 4－3 所示。

（1）助力能源消费革命。智能电网通过广泛开展需求侧响应，提供多样互动的用电服务，促进分布式能源发展，提升终端能源利用效率，使能源消费从单一的、被动的、通用化的利用模式向融合多种需求和服务的、主动参与的、定制化的高效利用模式转变。

（2）助力能源供给革命。智能电网满足大规模可再生能源开发和分布式能源的广泛利用，建立多元供应体系，提升资源优化配置能力和安全可靠运行水平，保障能源供给安全和可持续发展，使能源供给从集中的、大规模的、以传统化石能源为主的模式向分布式能源、新能源成为主要能源之一的绿色低碳模式转变。

（3）推动能源技术革命。智能电网通过促进新能源、储能、电力电子、通信信息大数据应用等核心产业发展，推动高比例可再生能源电网运行控制、主动配电网、能源综合利用系统、大数据应用等关键技术突破，带动上下游产业转型升级，全面提升我国能源科技和装备水平。

（4）推动能源体制革命。智能电网通过建立多元互动能量流通平台，还原能源的商品属性，构建有效竞争的市场体系和开放共享的能源创新机制，使能源体制从垂直一体的垄断机制向开放共享的市场机制转变。推动中长期能量市场、现货市场、辅助服务市场等市场机制的逐步建立，更好发挥市场配置资源的决定性作用，促进能源的高效利用和资源的优化配置。

助力能源消费革命：广泛开展需求侧响应，提供多样互动的用电服务，促进分布式能源发展，提升终端能源利用效率

助力能源供给革命：提升电网优化配置多种能源的能力，实现能源生产和消费的综合调配，满足大规模可再生能源开发，保障能源供给安全和可持续发展

推动能源技术革命：促进新能源、储能、电力电子、通信信息、大数据应用等核心产业发展，带动上下游产业转型升级，全面提升我国能源科技和装备水平

推动能源体制革命：建立多元互动能量流通平台，还原能源商品属性，构建有效竞争的市场体系和开放共享的能源创新机制

图 4－3　智能电网是推动能源革命的重要手段

智能电网是现代能源体系的核心。智能电网具有高度信息化、自动化、互动化等特征，能够提高电网接纳和优化配置多种能源的能力，满足可再生能源、分布式能源发展，促进化石能源清洁高效利用和开放共享的能源体制机制建立，符合能源发展趋势要求。

现代能源体系中智能电网发挥着关键作用，智能电网技术在能源行业各个领域均将有广泛应用，如图 4－4 所示。电能将成为能源利用的主要途径，电力在能源体系中的核心作用将得到进一步强化，智能电网技术是提高能源利用效率的关键手段，主动配电网、微电网、需求侧响应、虚拟电厂等智能电网相关技术将得到极大推广，它们涵盖可再生能源、传统能源、输电、配电、分布式电源等领域，在整个能源行业发挥关键的支撑作用。

智能电网以电为核心研究未来能源的发展，通过提升电网的柔性化，加强源—网—荷—储的高效互动，提高系统运行的灵活性和适应性，满足新能源开发和多样互动用电需求。智慧能源以多种能源的利用和综合能源供应为核心推动能源的发展，促进能源间的多能互补和协同优化，是智慧城市发展体系的重要组成部分。能源互联网将互联网技术、理念与能源生产、传输、存储、消费以及市场领域深度融合，创新能源发展方式，促进能源系统扁平化，提升能源系统整体效率及运行水平。三者的侧重点有所不同，但智能电网通过互联网的理念把区域能源系统连起来，通过电力来实现多能互补能源网的互联互动，处于现代能源体系的核心地位，如图 4－5 所示。

发展智能电网要着眼于构筑开放、多元、互动、高效的能源供给和服务平台，建立集中与分布协同、多种能源融合、供需双向互动、高效灵活配置的现代能源供应体系。以智能电网为核心，以智慧能源为途径，以“互联网+”应用为手段，推进能源与信息的深度融合，支撑现代能源体系的发展。

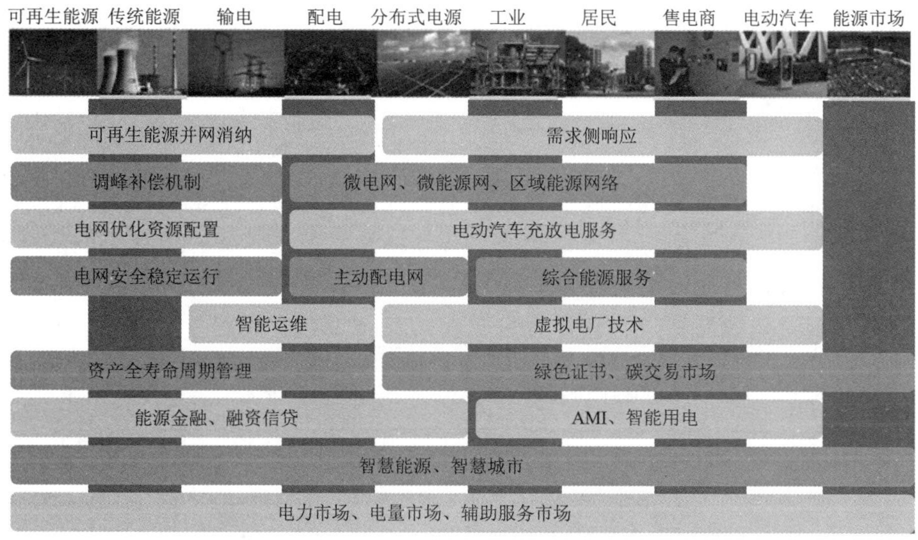

图 4-4 智能电网是现代能源体系的核心

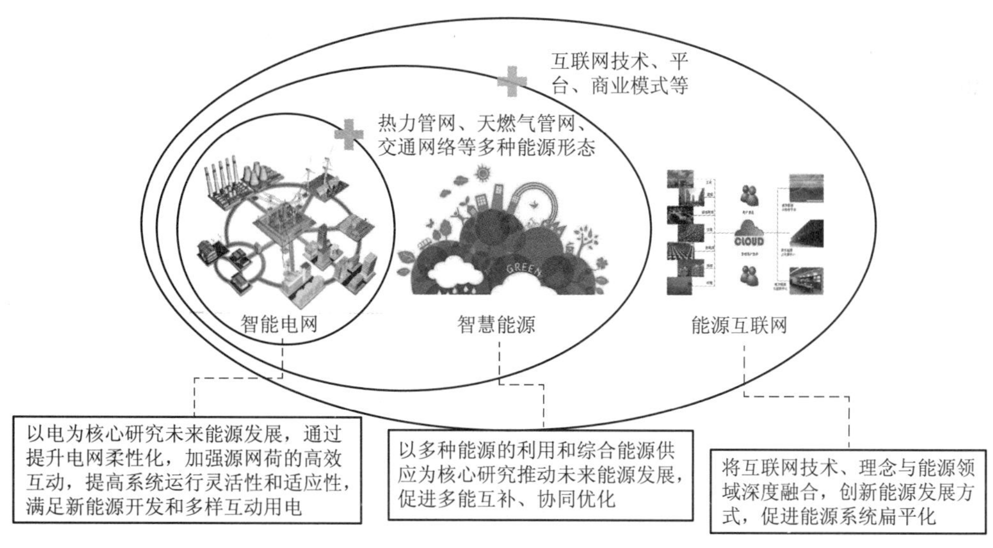

图 4-5 智能电网与智慧能源、能源互联网的关系

智能电网是支撑社会发展的基石。自工业革命以来，工业化和城镇化成为人类社会发展的两条主旋律。工业化为经济发展提供动力，城镇化为工业化发展提供载体和平台。电气化是工业化和城镇化的重要基础和标志。随着我国工业化发展进入中后期，并不断加速进入信息化阶段，电力供应和保障也面临新的挑战，电力行业发展的重点由保障用

电增长转向支撑清洁、高效、多元、互动的用能需求。以绿色、低碳、高效的智能电网为支撑，城市才能获得可持续的发展。

智能电网是建设智慧城市体系的核心。智能电网起步早于智慧城市，在信息通信、自动控制、能源管理等方面取得良好效果，鉴于供电系统与居民生活密切结合，注定了智能电网将成为城市智能化建设的关键技术，是未来城市发展的核心推动力。在智慧城市发展中，智能电网在保障城市基础能源供应的同时，通过广泛覆盖的基础设施和对信息网络的全面感知进行数据传送和整合应用，为政府、企业提供智慧化、智能化的服务，同时保障了城市基础能源——电能的供应，逐渐形成以能源为基础资源，保障城市智能化发展；信息为基本因素，推动城市智能化进程的发展模式。智能电网以电力的智能化应用为基础，延伸到智慧能源、智慧交通、智慧建筑、智能家居、智慧公共服务等各个领域，共同构筑起智慧城市的核心基础设施领域，并通过促进基础设施的智能化、优化协调运行，实现对能源的高效管理，这也是实现城市绿色、宜居、高效、可持续发展的关键。

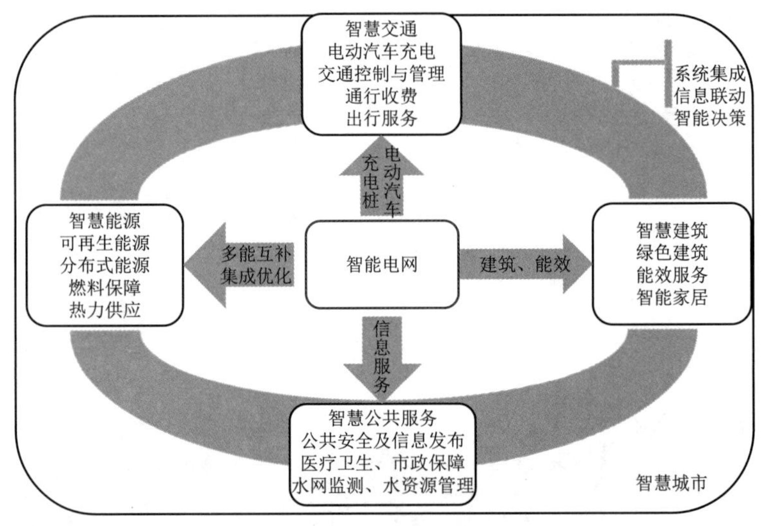

图 4-6　智慧电网和智慧城市的关系

智能电网服务社会经济的各个方面，智能电网的发展将带动社会共同发展。电网与信息通信行业的深度融合与合作，在推动智能电网发展的同时，也促进了能源资源高效利用，降低各行业用能成本；用能成本的降低反过来会进一步促进信息通信行业的发展，形成行业发展良性循环，从而带动交通、建筑、农业等其他行业的同步发展。同时，以智能电网为核心，以智慧能源为途径，以“互联网＋”的深化应用为手段，构建起面向未来的能源发展体系，延伸到农林牧渔、能源化工、工业制造、交通运输、建筑家居和社会服务等社会经济发展的基础领域，共同构建支撑社会经济发展的核心基础设施，如图 4-7 所示。

智能电网是智慧城市建设和社会发展的关键基础，坚持以电为核心，促进多元化发展，是实现能源可持续发展的必由之路，是支撑社会发展的基石。

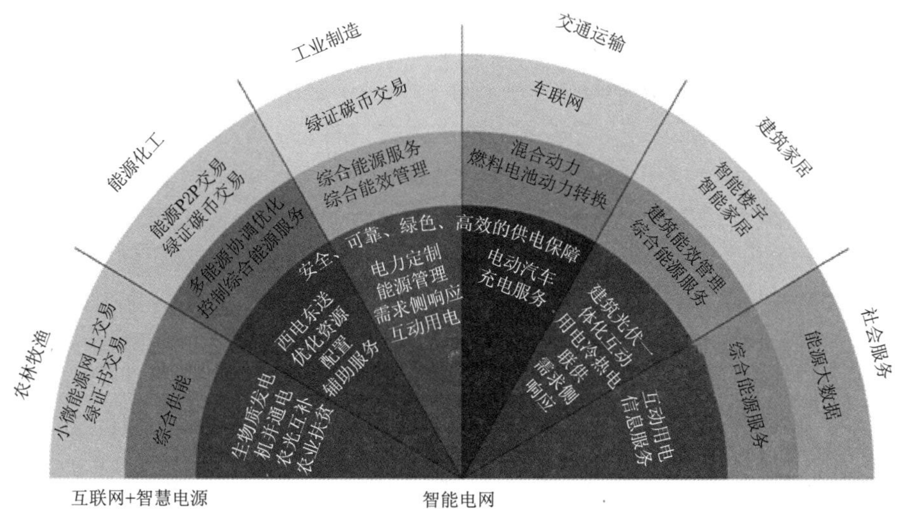

图 4-7 智慧电网支撑社会发展

注释：

P2P，Peer to Peer，点对点

4.1.2 智能电网发展现状

智能电网概念自从 2001 年较为明确地提出以来，得到世界范围的广泛认同。十几年来，世界各国政府、电力企业、科研机构结合各自经济社会发展水平、能源资源禀赋特点和电力工业发展阶段，进行了深入研究和实践探索，智能电网的概念和特征、内涵与外延不断得到丰富发展。特别是随着全球新一轮科技革命和产业变革的兴起，先进信息技术、互联网理念与能源产业深度融合，推动着能源新技术、新模式和新业态的兴起，发展智能电网成为保障能源安全、应对气候变化、保护自然环境、实现可持续发展的重要共识。

目前，国际范围内尚未形成统一的智能电网定义。由于各国自身的国情、所处的发展阶段和资源分布存在差异，在电力供应和能源保障方面面临的问题也不尽相同，导致各国对智能电网的理解和发展侧重点有所不同。

4.1.2.1 国外智能电网发展概况

美国、欧洲、日本、韩国等国家和地区开展了大量智能电网的研究工作，其中最具代表性的是美国与欧洲。美国与欧洲智能电网的主要关注点在用电侧电能分析与管理，配电网的主要着重点在于分布式能源接入和微网运行管理。欧美国家提出建设灵活、清洁、安全、经济、友好的智能电网之后，分别根据各自的国情，确定了不同的发展愿景和计划，并启动一系列的研究、示范和平台项目，积极推进智能电网技术研究和工程实践。美国智能电网建设的基本目标是改造电网基础设施、提升电网智能化水平、提高电网运行的安全可靠性、降低电网运行损耗，更注重商业模式的创新和用户服务的提升，通过技术创新占领智能电网技术制高点，促进新能源产业发展。欧洲智能电网强调对环境的保护和可再生能源发电的发展，采用集中式发电和分散式发电相结合的思路，吸纳可再生能源、需求侧管理和储能技术，特别强调分布式能源和可再生能源的充分利用，同时保持大范围的电力传输和能量平衡，注重跨越欧洲的电网国际互联。

日韩等亚洲发达国家主要关注新能源的研究及使用，加大对光伏、风能和可燃冰、储能、超导和电动汽车方面的研发应用，通过政府的顶层设计及立法保障，保障智能电网基础设施的有序建设。日本智能电网强调节能与优质服务，注重用智能电网实现各种能源的兼容优化利用。未来其发展将更偏重于提高资源利用率、降低电网损耗、提高供电服务质量以及开发储能技术、电动汽车技术等高科技产业。韩国智能电网发展的特点集中体现在政府主导、顶层设计、法律环境、政策支持、市场开发和国际合作六方面。

1. 美国

2001 年，美国电力科学院（Electric Power Research Institute，EPRI）提出“IntelliGrid”概念，并于 2003 年提出《智能电网研究框架》。2003 年 6 月美国能源部（United States Department of Energy，DOE）发布《Grid2030——电力的下一个 100 年的国家设想》报告，该纲领性文件描绘了美国未来电力系统的设想，确定了各项研发和试验工作的分阶段目标。2004 年，完成了综合能源及通信系统体系结构（Integrated Energy and Communication System Architecture，IECSA）研究。2005 年发布的成果中包含了 EPRI 称为“分布式自治实时架构（DART）”的自动化系统架构。2007 年美国颁布《能源独立与安全法案》，明确了智能电网的概念，确立了国家层面的电网现代化政策。2009 年美国总统奥巴马签署《美国复苏与再投资法案》，把智能电网提升到战略高度。同年，宣布了智能电网建设的第一批标准。2010 年美国国家标准和技术研究所正式公布了新一代输电网“智能电网”的标准化框架。2014 年，美国落基山研究所提出了美国 2050 电网研究报告，提出了可再生能源占比达到 80%的目标和可行性分析。2015 年 8 月奥巴马政府提出“清洁电力计划”，要求所有发电企业的碳减排在 2030 年要在 2005 年的基础上减少 32%，但遭到共和党强烈抵制，美最高法院于 2016 年 2 月下令暂缓执行。2016 年 11 月，美国总统特朗普表示美国将展开一场能源革命，充分使用可再生能源和传统能源，使美国转变为能源净出口国。美国智能电网发展路线与目标如图 4-8 所示。

美国智能电网建设主要关注两个方面，一方面是升级改造老旧电力网络以适应新能源发展，保障电网的安全运行和可靠供电；另一方面是在用电侧和配电侧，最大限度利用信息技术，采用电力市场和需求侧响应等措施，实现节能减排以及电力资产的高效利用，更经济地满足供需平衡。从投资项目的领域和资金的分配来看，美国发展智能电网的重点在配电和用电侧，注重推动新能源发电发展，注重商业模式的创新和用户服务的提升。

美国联邦能源管理委员会（Federal Energy Regulatory Commission，FERC）指出，智能电网的优先发展领域包括广域态势感知、需求侧响应、电能存储以及电动汽车。国家标准和技术学会（National Institute of Standards and Technology，NIST）又在此基础上追加了信息安全、网络通信、高级量测体系、配电网管理等方面。

2. 欧盟

2004 年欧盟委员会启动智能电网相关的研究，提出了在欧洲要建设的智能电网的定义。2005 年成立欧洲智能电网论坛，并发表了多份报告：《欧洲未来电网的愿景和策略》重点研究了未来欧洲电网的愿景和需求，《战略性研究议程》主要关注优先研究的内容，《欧洲未来电网发展策略》提出了欧洲智能电网的发展重点和路线图。2006 年欧盟理事会的能源绿皮书《欧洲可持续的、竞争的和安全的电能策略》强调欧洲已经进入一个新能源时代。2008 年底，欧盟发布《智能电网——构建战略性技术规划蓝图》报告，提出“20-20-20”框架目标，即到 2020 年，能效提高 20%、二氧化碳排放总量降低 20%、可再生能源比重达到 20%。欧洲整体智能电网发展路线如图 4-9 所示。

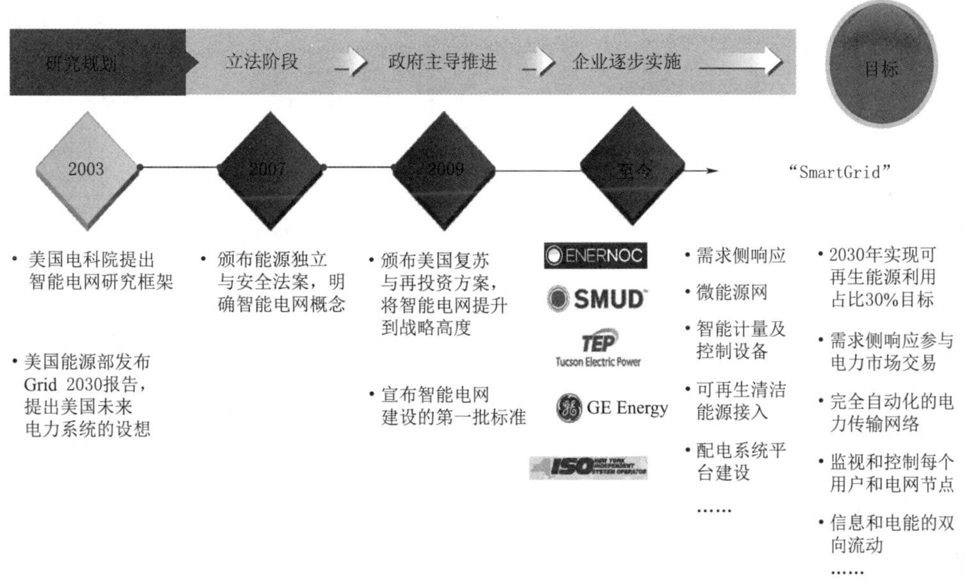

图 4-8 美国智能电网发展路线与目标

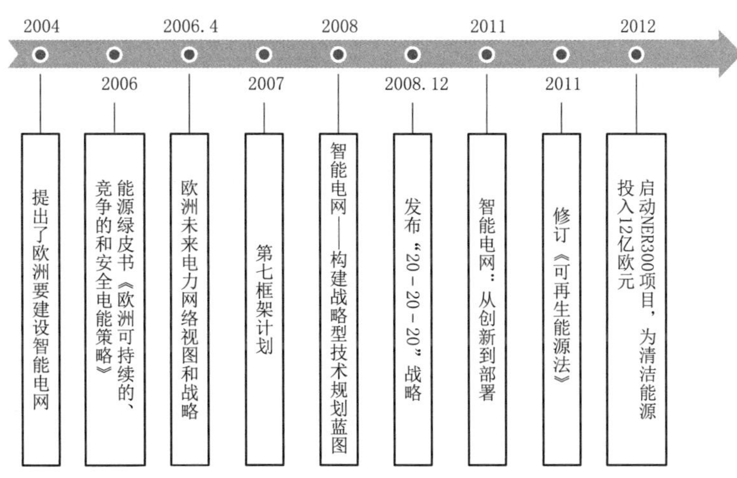

图 4-9 欧洲整体智能电网发展路线

欧洲智能电网建设驱动因素可以归结为市场、安全与电能质量、环境三方面。受到来自开放的电力市场的竞争压力，欧洲电力企业亟须提高用户满意度，争取更多用户，因此提高运营效率、降低电力价格、加强与客户互动就成为了欧洲智能电网建设的重点之一。与美国用户一样，欧洲电力用户也对电力供应和电能质量提出了更高的要求。对环境保护的极度重视以及日益增长的新能源并网发电的挑战，使欧洲比美国更为关注新能源的接入和高效利用。

3. 德国

德国在能源转型和电网智能化方面处于领先位置。据德国能源平衡工作组（AGEB）的初步评估，2020 年德国能源消耗同比下降 8.7%至 3.988 亿吨硬煤单位，与两德统一以来能耗最高的 2006 年相比减少了 21%。由于能耗降低的同时增加了可再生能源的使用，二氧化碳排放量同比减少了 12%，约 8000 万吨。能耗下降的主因是新冠危机，而诸如提高能效和用其他能源替代煤炭等长期趋势也起到了作用。根据 AGEB 的数据，2020 年硬煤和褐煤仅占德国能源消耗总量的 16%，可再生能源占到近 17%，核能 6%；矿物油和天然气仍是最主要的能源，合计占比 60%以上。德国能源供应的特征即是广泛的能源混合结构。预计到 2050 年，一次能源消费总量比 2008 年减少 50%，可再生能源发电占能源消费比重将达到 80%，温室气体排放相对 1990 年减少 80%。电能整体消耗量会降低，但占比会大大提高。德国智能电网的发展路线与目标如图 4－10 所示。

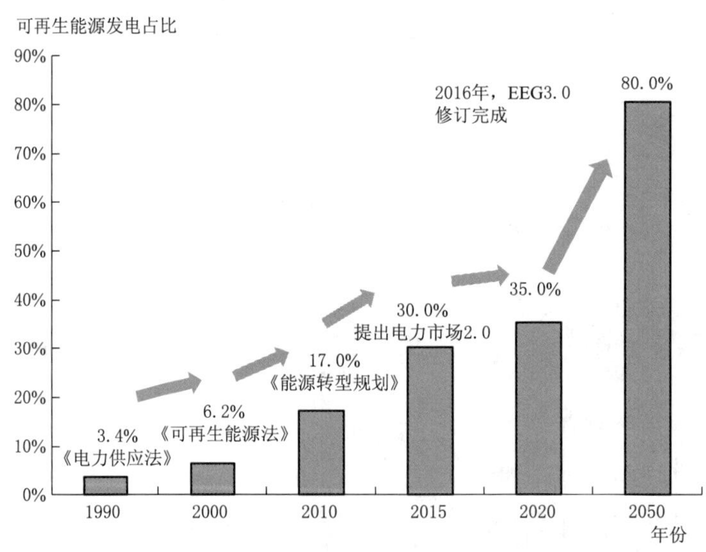

图 4－10　德国智能电网的发展路线与目标

德国在能源转型和智能电网发展方面主要体现在以下几个方面：积极扩展调峰资源，推动市场化的调峰机制建设；多种能源协调优化运行，改善电网调度运行机制，适应可再生能源优化互补运行；提升电网灵活性，满足可再生能源即插即用的需求，发展新能源柔性直流送出技术，提高并网灵活性；增强分布式能源消纳能力，积极发展微电网、主动配电网、区域能源网络等，促进分布式能源消纳；建立健全市场化运行机制，通过价格手段引导供给侧和需求侧调整，保障可再生能源消纳。

德国积极推进电力市场改革，提出电力市场2.0。2015年7月，德国联邦经济与能源部发布《适应能源转型的电力市场》白皮书，作为指导德国电力市场未来发展的战略性文件，提出构建适应未来以可再生能源为主的电力市场2.0。其核心之处是确定了未来电力市场将坚持市场化的原则，即电能的价格将根据市场需求确定，确保德国电力供应的可靠和优质价廉，具有市场竞争能力。

德国注重通过技术和政策两种手段保障可再生能源的接入和消纳。从管理和规划角度，提高新能源并网管理功能，实现新能源并网问题的就地控制和解决；从技术角度，提倡建立智能化的主动配电网。

4. 北欧

北欧国家主要包括丹麦、瑞典、挪威、芬兰等，因所处地域自然环境以及蕴含资源不同，北欧各国的发电系统各不相同：挪威几乎是100%的水电，丹麦是风能富集。国际能源署2013年1月发布的《北欧能源技术展望》指出，北欧地区通过能源领域的大幅改革，到2050年可以实现碳平衡，改革措施包括风能发电量增长10倍、不再使用煤炭、运输领域大幅电气化等。北欧智能电网研究的重点领域包括跨国电网互联、风电并网、以智能电网为核心的用户侧技术、消费者自主管理能源消费、电动汽车充电等方面，将继续发挥风电优势，推进风电的并网研究，继续推进以智能电表为重要内容的用户侧研究，并以此为延伸积极推进智能电网在发输变配等环节的应用。北欧地区智能电网发展路线如图4-11所示。

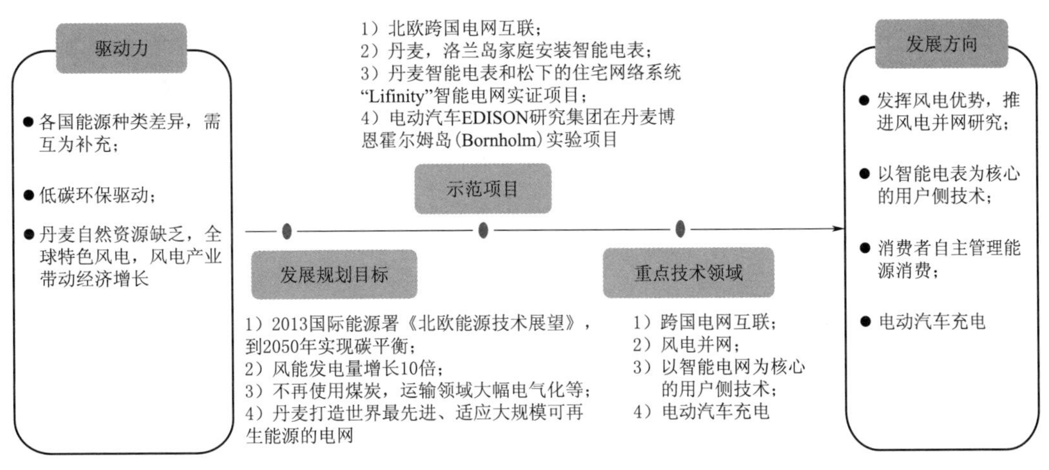

图4-11 北欧地区智能电网发展路线

在北欧地区中，丹麦在智能电网及可再生能源利用方面最具典型性。2015年11月，丹麦发布了《丹麦能源转型路线图》，到2050年丹麦将实现100%应用可再生能源，意味着可再生能源生产将满足电力、供热、工业和交通运输的全面能源需求。丹麦的非水电可再生能源比例在全球电力系统中最高，2013年已达到46%，2014年丹麦电力消耗的近40%来自风电，到2020年将达到50%。丹麦在2013年启动新的智能电网战略，以推进消费者自主管理能源消费的步伐。该战略将综合推行以小时计数的新型电表，采取多阶电价和建立数据中心等措施，鼓励消费者在电价较低时用电；主要开展智能电表＋家庭能量管理、电动汽车等智能电网实证实验，以及成立电动汽车 EDISON 研究集团等工作。

丹麦在可再生能源利用方面取得丰硕成果，主要包括以下几个方面：①热力供应与电力平衡相结合，推广应用内置蓄热器的小型热电联产，提高热电联产机组灵活性；②火电灵活性改造创新，经过技术改造和调整，丹麦电厂的调节速度和最低发电出力水平国际领先，显著提高火电机组调峰能力；③在电力系统控制和调度中采用先进的风能预测，提高了整合和平衡高比例可再生能源的能力；④建立完善辅助服务市场，让热电联产机组和燃煤电厂可以从辅助服务市场获得收益，保障高比例可再生能源电力系统运行；⑤加强电网的国际互联，满足电力需求的灵活性，做出快速响应，实现各个国家之间的多能互补。

5. 日本

日本政府通过深入比较与美国电力工业特征的不同之处，结合自身国情，决定构建以对应新能源为主的智能电网。2010 年经济产业省（METI）提出从建设“智能社区”、开发和集成智能社区相关技术、建设和检验“日本智能电网”模式等方面推进智能电网建设。2013 年，日本政府通过了《能源基本计划》草案，确立了未来能源发展战略，将光伏、风能和可燃冰等新能源作为发展重点，并加大在储能、超导和电动汽车等方面的研发。2014 年 6 月，本参议院通过了修订后的《电气事业法》，规定日本的电力零售到 2016 年实现全面自由化。2016 年 4 月 1 日起，日本开始实行电力零售全面自由化，普通家庭用户可以选择供电商，日本由大型电力公司垄断区域零售的时代宣告结束。日本智能电网发展路线图如图 4－12 所示。

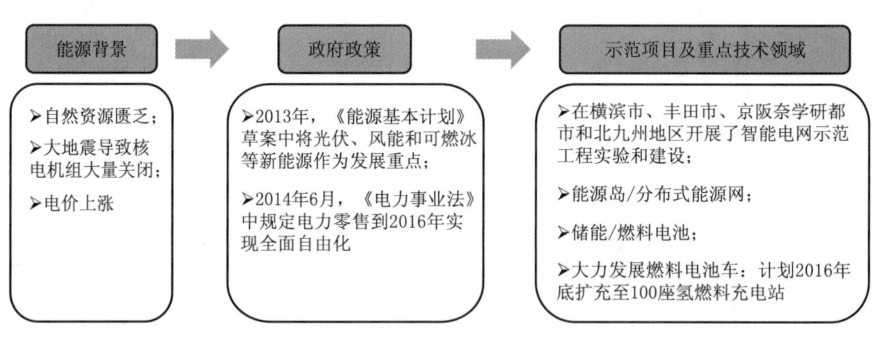

图 4－12　日本智能电网发展路线图

为推动智能电网发展，日本在横滨市、丰田市、京阪奈学研都市等地区开展了智能电网示范工程试验和建设。日本智能电网示范项目如图 4－13 所示。

6. 韩国

2010 年 1 月，韩国知识经济部发布了《韩国智能电网发展路线 2030》，提出韩国智能电网的三个阶段建设路线：2009—2012 年，建设智能电网示范工程，即济州岛智能电网示范工程，用于技术创新与商业模式探索；2013—2020 年，重点在韩国大城市区域电网开展与用户利益紧密相关的智能电网基础设施建设，如电动汽车充电设施、智能电表等；2021—2030 年，完成全国层面的智能电网建设。韩国选择了五个极具发展潜力的领域作为智能电网的建设重点，分别是智能输配电网、智能用电终端、智能交通、智能可再生能源发电和智能用电服务。

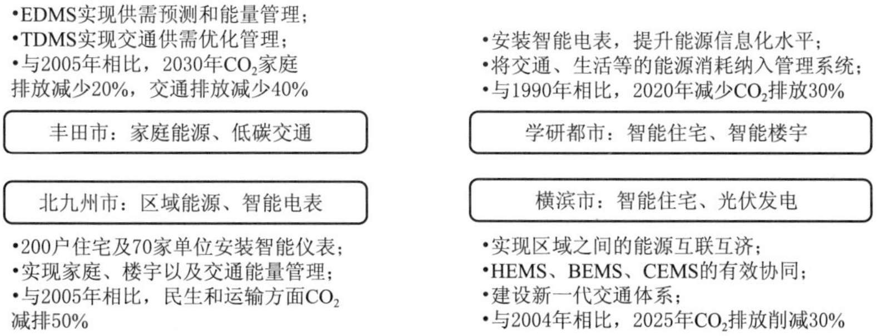

•EDMS实现供需预测和能量管理；
•TDMS实现交通供需优化管理；
•与2005年相比，2030年CO_2家庭排放减少20%，交通排放减少40%
丰田市：家庭能源、低碳交通
•安装智能电表，提升能源信息化水平；
•将交通、生活等的能源消耗纳入管理系统；
•与1990年相比，2020年减少CO_2排放30%
学研都市：智能住宅、智能楼宇
北九州市：区域能源、智能电表
•200户住宅及70家单位安装智能仪表；
•实现家庭、楼宇以及交通能量管理；
•与2005年相比，民生和运输方面CO_2减排50%
横滨市：智能住宅、光伏发电
•实现区域之间的能源互联互济；
•HEMS、BEMS、CEMS的有效协同；
•建设新一代交通体系；
•与2004年相比，2025年CO_2排放削减30%

图 4-13 日本智能电网示范项目

注释：

EDMS，Energy Data Management System，能源数据管理系统

TDMS，Transportation Data Management System，交通数据管理系统

HEMS，Home Energy Management System，家庭能源管理系统

BEMS，Building Energy Management System，楼宇能源管理系统

CEMS，Community Energy Management System，区域能源管理系统

4.1.2.2 国内智能电网发展概况

我国的智能电网强调配电侧和用户侧的智能化提升，注重发输变系统的智能化建设。同时，国家相继印发《关于促进智能电网发展的指导意见》、《关于推进“互联网＋”智慧能源发展的指导意见》等文件，推进能源领域智能化发展。《能源发展“十三五”规划》和《电力发展“十三五”规划》等纲领性文件也提出了能源和电力智能化发展的要求。

1. 国家电网有限公司

国家电网有限公司于 2009 年 5 月提出了立足自主创新，加快建设以特高压电网为骨干网架，各级电网协调发展，具有信息化、自动化、互动化特征的统一的坚强智能电网的发展目标，力图打造“坚强可靠、经济高效、清洁环保、透明开放、友好互动的现代电网”。在其计划中，2009—2010 年为规划试点阶段，2011—2015 年为全面建设阶段，2016—2020 年为引领提升阶段。国家电网有限公司智能电网发展路线和目标如图 4-14 所示。

2009—2010年
2011—2015年
2016—2020年
•规划试点阶段
重点开展坚强智能电网发展规划工作，制定技术和管理标准，开展关键技术研发和设备研制，开展各环节的试点工作
•全面建设阶段
加快特高压电网和城乡配电网建设，初步形成智能电网运行控制和互动服务体系，关键技术和装备实现重大突破和广泛应用
•引领提升阶段
全面建成统一的坚强智能电网，技术和装备全面达到国际先进水平

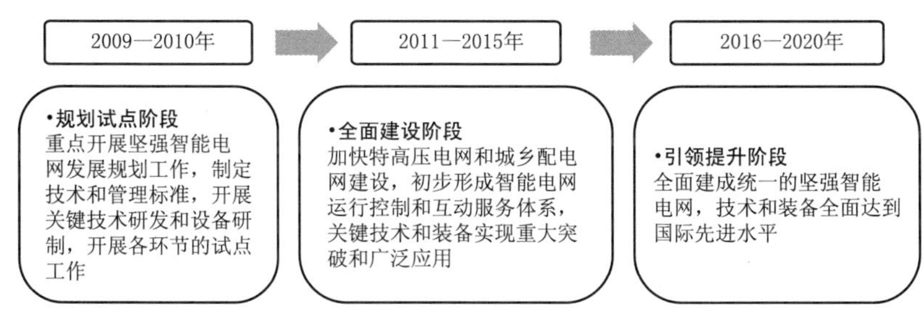

图 4-14 国家电网有限公司智能电网发展路线和目标

国家电网智能电网主要工作包括特高压电网建设、输变电设备运行监测、智能变电站推广、配电自动化建设、信息化平台、电动汽车充换电网络、大规模可再生能源接纳的相关建设，如图 4-15 所示。其中在电动车充电桩方面，已建成充换站超过 1500 座，充电桩 3 万个，具备为 35 万+的电动汽车服务的能力。在可再生能源接纳方面，建立了风电接入电网仿真分析平台，开展了大容量电化学储能等前沿课题基础性研究工作。大规模风电/光伏发电功率预测及运行控制等关键技术取得突破，研发了风电功率预测系统，建立了风电研究检测中心和太阳能发电研究检测中心，建成了世界上规模最大的张北风光储输联合示范工程，完成了大规模风电功率预测及运行控制系统的全面推广建设。

特高压电网建设	●建成世界首个投入商业运行的1000kV特高压交流输电工程
输变电设备运行监测	●完成省公司主站系统建设 ●建立状态监测系统标准体系和状态监测装置入网检测实验室 ●直升机巡检范围涵盖22个省（市、区）
智能变电站推广	●2009年启动两批试点工程，涉及24个网、省、直辖市公司 ●2011年进入全面建设阶段，目前开始新一代智能变电站试点
配电自动化建设	●重点城市市区用户平均停电时间降至52min以内
信息化平台	●统一的电网GIS空间信息服务平台、视频监控平台、移动作业平台等 ●全部完成27个省级用电信息采集系统主站建设 ●智能电表采集用户3.77亿户，总采集覆盖率95.5% ●完成95598智能互动服务网站统一建设
电动汽车充换电网络	●建成“四纵两横一环”高速公路快充网络 ●建设运营车联网平台等
大规模可再生能源接纳	●大规模风电功率预测及运行控制系统的全面推广建设 ●世界规模最大的张北风光储输联合示范工程

图 4-15　国家电网有限公司智能电网主要工作

2. 中国南方电网有限责任公司

东西跨度 2000km，依托西电东送构建了中国南方电网有限责任公司和各省（区）的骨干网架，促进南方区域能源资源的优化配置，保障交直流混联特大电网安全稳定运行，持续推进城乡电网规划建设，满足了供电区域内国际化都市、城镇、农村、海岛等多样化的供电需求。

“十二五”期间，以促进电网向更加智能、高效、可靠、绿色的方向转变为目标，以应用先进计算机、通信和控制技术升级改造电网为发展主线，在新能源并网技术、微电网、输变电智能化技术、配电智能化技术、信息通信技术、智能用电技术、支撑电动汽车发展的电网技术等领域开展了广泛的技术研究，并在大电网安全稳定运行、分布式能源耦合系统、微电网、电动汽车充换电、主动配电网、智能用电等方面开展了诸多示范工程建设。

保障交直流混联电网安全运行方面，通过基于 WAMS（Wide Area Measurement System，广域监测系统）的多直流协调控制抑制系统低频振荡，建成世界首个±800kV 特高压直流输电示范工程，建成世界上容量最大、电压等级最高的±20 万 kW STATCOM

(Static Compensators，静态补偿器）工程，建设世界第一条多端柔性直流输电工程，通过永富直流、鲁西背靠背实现云南电网与南方主网异步互联等。

提升电网可靠性和智能化水平方面，建设投产智能变电站超过 150 座，制定了一体化电网运行智能系统（Regional Operation Smart System，OS_2）技术标准体系并完成关键技术攻关和试点建设。在广东佛山、贵州贵阳等地区开展集成分布式可再生能源的主动配电网示范，试点应用智能配电网自愈控制技术。开展移动式变电站、移动式储能系统研究示范、电缆隧道机器人巡视等工作。建设云南怒江州独龙江、珠海万山群岛、三沙永兴岛等微网。

依托智能电网发展，中国南方电网有限责任公司促进了区域能源资源的优化配置，保障了交直流并列运行和特大电网安全稳定运行，促进了城乡电网的发展，保障了南方五省区社会经济的发展需求。

4.1.3 智能电网发展趋势

为贯彻落实党的十九大精神，以习近平新时代中国特色社会主义思想为指导，践行“创新、协调、绿色、开放、共享”新发展理念和能源发展“四个革命、一个合作”战略思想，根据国家《能源发展“十三五”规划》《电力发展“十三五”规划》《关于促进智能电网发展的指导意见》《关于推进“互联网+”智慧能源发展的指导意见》等指导文件，为实现“安全、可靠、绿色、高效”的总体目标，围绕智能电网发输配用的全环节，未来的发展趋势包括五大重点领域，分别为清洁友好的发电、安全高效的输变电、灵活可靠的配电、多样互动的用电、智慧能源与能源互联网。智能电网发展目标及重点方向如图 4-16 所示，其架构体系如图 4-17 所示。

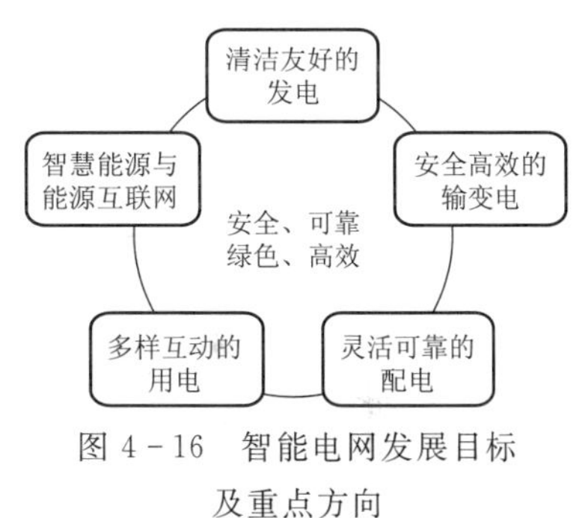

图 4-16 智能电网发展目标及重点方向

	安全	可靠	绿色	高效
清洁友好的发电	有序发展抽蓄、推进大容量储能试点示范		提升系统调峰灵活性，推动市场化调峰机制建设	
			提升非化石能源占比	支持分布式能源发展
安全高效的输变电	优化主网/互联互通/保底 电网规划先进直流及柔性 交直流输电技术 智能变电站		西电东送	在线监测、智能巡检 动态增容 全生命周期管理
灵活可靠的配电		加强配网，升级 农网加强配电 自动化	开展配电网柔性化建设、推进微网建设、提升配电网装备水平	
多样互动的用电			储能及电动汽车、需求侧响应 电能替代	高级量测体系 全方位客户服务渠道体系 智能家居、智能小区
智慧能源与能源互联网			综合能源服务体系、综合信息服务 以多能互补、区域能源网络为核心的智慧能源与智慧城市 能源大数据、网上交易、网上服务、电子商务	

图 4-17 智能电网发展架构体系

4.1.3.1 清洁友好的发电

清洁友好的发电总的来说，可以概括为“清洁低碳、网源协同、灵活高效”。主要体现为可再生能源逐步替代化石能源、分布式能源逐步替代集中式能源、传统化石能源高效清洁利用、多种能源网络融合与交互转变等几个重要方向，如图 4－18 所示。

可再生能源逐步替代化石能源：从火、水等传统能源为主向风、光等新能，源与传统能源协同互济转变，逐步实现能源的清洁替代

分布式能源逐步替代集中式能源：从集中式、一体化的能源供给向集中与分布协同、供需双向互动的能源供给转变，促进能源供应的多样化、扁平化和高效化

传统化石能源高效清洁利用：推进化石能源，特别是煤炭的清洁高效和可持续开发利用，依靠技术创新、机制创新不断提升传统化石能源的利用效

多种能源网络融合与交互转变：利用自动化、信息化等智能化手段，实现多种类型能源的协同优化和跨系统转换，统筹电、热(冷)、气等各领域的能源需求，实现能源综合梯级利用，提升能源的整体利用效率

图 4－18 能源转型发展趋势

（1）可再生能源逐步替代化石能源。以风能、太阳能为主的可再生能源开发利用技术日益成熟，成本不断降低，逐渐成为替代传统化石能源的重要选择。可再生能源大范围的增量替代和区域性的存量替代步伐显著加快，能源供给结构将从化石能源向非化石能源转变，从水、火等传统能源为主向风光等新能源与传统能源协同互济转变，逐步实现能源的清洁替代。

（2）分布式能源逐步替代集中式能源。基于传统化石能源为主构建的能源系统往往采用大规模集中开发、集中控制的模式。可再生能源资源分散，其开发利用模式将以靠近用户侧的分布式为主。随着天然气供应能力持续加强、管网建设和专业化服务不断完善发展，天然气分布式能源已逐步具备规模发展条件，采取冷热电多联供等方式可就近实现能源的梯级利用，综合能源利用效率能够达到 70%以上，并可与分布式可再生能源互补，实现多能协同供应和能源综合梯级利用。随着储能、分布式能源、微网等技术发展，能源供给形态将从集中式、一体化的能源供给向集中与分布协同、供需双向互动的能源供给转变，促进能源供应的多样化、扁平化和高效化。

（3）传统化石能源高效清洁利用。我国富煤、贫油、少气的能源资源基本特点决定了在较长时期内，煤炭仍将是我国的主体能源。推进我国能源转型升级，必须坚持非化石能源开发利用与化石能源高效清洁利用并举，依靠技术创新、机制创新不断提升传统化石能源利用效率，构建与中国国情相适应的多元化能源供给体系。

（4）多种能源网络融合与交互转变。随着传感、信息、通信、控制技术与能源系统的深入融合，传统单一能源网络向多能互补、能源与信息通信技术深度融合的智能化方向发展，统筹电、热（冷）、气等各领域的能源需求，实现多能协同供应和能源综合梯级利用。

4.1.3.2 安全高效的输变电

安全高效的输变电总的来说，可以概括为“安全高效、态势感知、柔性可控、协调优化”。主要体现为电力一次设备逐步实现智能化/数字化、智能变电站将全面推广、输电智能化水平全面提升、智能变电站智能运维水平全面提升、站控层设备一体化、重要输电通道和灾害地区线路在线监测水平全面提升、建设城市防灾保底电网等几个重要方向。

(1) 电力一次设备逐步实现智能化、数字化。逐步实现一次设备与在线监测传感器及过程层智能设备的有机整合，使之具备测量数字化、控制网络化、状态可视化、功能一体化和信息互动化等功能特征，推广变压器油中溶解气体在线监测、GIS（Geographic Information System，地理信息系统）局放带电检测、避雷器泄漏电流带电检测以及开关柜局放带电检测等相对成熟的技术应用。对现有站改造或设备条件不成熟的情况，可利用合并单元、智能终端实现过程层设备的数字化、网络化。

(2) 智能变电站将全面推广。智能变电站架构如图 4-19 所示。变电站数据实现统一建模、源端维护和统一出口。全站按 DL/T 860（IEC 61850）《电力自动化通信网络和系统》标准统一建模，实现主子站统一建模和远程管理；统一数据模型图形描述和传输规约，建立符合主子站业务需求的设备公共模型，实现各专业数据统一描述格式、统一传输、统一配置和管理。实现网络数据直接采集，支持测控、保护、计量、故障录波、设备

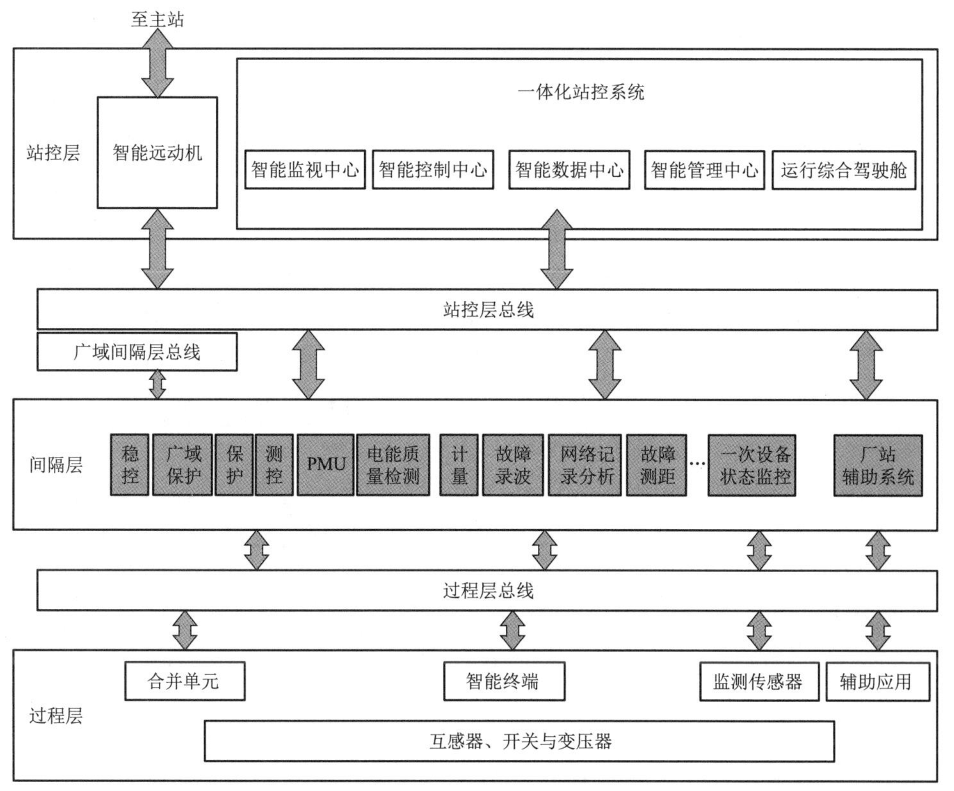

图 4-19 智能变电站架构

状态监测、相量测量单元（Phasor Measurement Unit，PMU）、环境等专业完整数据上传，并结合数据重要性和实时性要求，实现厂站数据的灵活配置和动态管理。通过通信通道与规约整合、远程数据订阅，达到节约通信带宽、降低主站资源损耗的目的。

(3) 输电智能化水平全面提升。先进直流输电和柔性交直流输电技术研发应用，包括各种基于智能巡检机器人、无人机巡线、视频安防、基于物联网的环境监测、资产全生命周期管理等应用将全面引入，支持电网实时监测、实时分析、实时决策，提高输电网运行安全灵活性、防灾抗灾能力和资产利用效率。

(4) 智能变电站智能运维水平全面提升。同步部署智能运维主站系统和厂站端子站建设。新建站点同步部署智能运维系统，已投运站点逐步完成智能运维系统建设。主站端侧重多维度信息分析、展示、诊断评估和辅助决策；厂站端侧重信息采集、过滤和处理，全面掌握设备信息状态。通过智能运维系统建设，提升设备状态监视智能化水平，实现变电站系统信息的全面采集、分析和应用，为变电站系统的日常运维、异常处理、检修安排及事故分析提供技术手段和辅助决策依据，实现状态评估、态势感知和状态检修。

(5) 站控层设备一体化。整合站控侧资源，将原站控侧各功能主机整合成一个资源池，综合实现远动、电能量、PMU、保护及故障录波信息、在线监测、电压控制（Automatic Voltage Control，AVC）、辅助服务等功能。构建面向服务的架构体系，建立用于一体化监控系统各功能设备之间信息和业务交互的标准的服务总线，构建各应用功能服务标准的接口，各应用服务之间信息基于标准化模型和服务接口无缝交互，整个一体化监控系统的各应用功能服务能够根据需要灵活部署，有效利用硬件资源。通过模型服务、图形服务、点表服务、防误服务、序列控制服务等一系列标准服务接口，实现与主站通信以及主子站的深度互动，提升站控层智能化程度。

(6) 重要输电通道和灾害地区线路在线监测水平全面提升。智能电网加大先进技术装备和数据分析方法应用力度，融合气象、地理信息、卫星数据，建成针对输电线路环境信息和运行状态的在线监测系统，开展风险评估与灾害预警方法研究，实现对重要输电走廊、灾害地区重要线路的状态监测与灾害预警。中重冰区110kV及以上线路配置覆冰监测终端，沿海强风区大档距以及微气象、微地形杆塔配置微气象监测终端，采矿区周边以及泥石流、滑坡易发地带配置地质灾害隐患监测终端，重要交叉跨越同时故障可导致一般及以上事故且存在山火隐患的配置山火监测终端，海缆路由通过主航道的，可安装船舶交通服务系统（Vessel Traffic Service，VTS）、船舶自动识别系统（Automatic Identification System，AIS）和近岸视频监视系统（Closed Circuit Television，CCTV）。

(7) 建设城市防灾保底电网。针对台风、低温、雨雪、凝冻等严重自然灾害，以保障城市在严重自然灾害情况下的基本运转，构建纵深防御、安全可靠的城市保底电网。保障特级重要用户、城市指挥（应急）机构在严重自然灾害情况下不停电，核心基础设施尽量少停电。强风区保底电网结合城市规划发展、综合管廊建设，适当提高电网建设标准，大力推进重要站点和关键线路的电缆化、户内化建设改造，逐步形成向城市核心区域供电的电缆化、户内化通道，提高保底电网防灾能力；中重冰区保底电网加强融冰手段配置，确保网架不垮。

4.1.3.3 灵活可靠的配电

灵活可靠的配电总的来说，可以概括为“灵活可靠、可观可控、开放兼容、经济适用”。主要体现为配电网需满足多元负荷的“泛在接入”“即插即用”的需求、配电网自动化水平全面提升、智能分层分布式控制体系逐步建立等几个重要方向。

(1) 满足多元负荷的“泛在接入”“即插即用”的需求。一方面，城市内电动汽车、充电桩等新能源业务的应用逐步推广；另一方面，随着农村配电网的信息化、数字化升级，更多的光伏扶贫、农光互补、渔光互补等新能源需保障接入和消纳，配电网需适配更多元化的终端。

(2) 配电网自动化水平全面提升。高可靠性地区采用智能分布式或集中式配电自动化方案，实现配电网自愈控制，广域差动保护、智能分布式配电终端将大量引入；中心城区推广集中式或就地型重合器式方案，实现故障自动隔离与自动定位；其他城镇地区的支线配置带故障跳闸功能的开关，实现支线故障隔离；其他区域，部署集中监测终端或故障指示器，提高故障定位能力和分析能力。

(3) 智能分层分布式控制体系逐步建立。分层分布式控制系统在实现配电网可观可测的基础上，完成分布式电源功率预测、柔性负荷预测、可调度容量分析、协调控制策略优化等功能。可有效平滑风电、光伏等出力波动、提高配电网对可再生能源的消纳能力、降低电网峰谷差、提高设备利用率、降低配电网损、实现源—网—荷协调控制，全面提升配电网的安全可靠运行水平和经济性。

4.1.3.4 多样互动的用电

多样互动的用电总的来说，可以概括为“多元友好、双向互动、灵活多样、节约高效”。主要体现为全方位加强客户互动和满足智慧用能的需求、实现终端能源消费清洁化等几个重要方向。

(1) 全方位加强客户互动，满足智慧用能的需求。未来将广泛部署高级量测体系、推动智能家居与智能小区建设、打造全方位客户服务互动平台，用户更多地参与到用电管理，发展支撑阶梯电价、实时电价、精准负荷控制等业务的发展。甚至，用户只用手机软件程序即可对所有用电设备进行管理，如图 4-20 所示。

(2) 实现终端能源消费清洁化。电动汽车、电供暖（冷）、港口岸电等将在终端实现清洁电力对化石能源直接利用的替代，电能占终端能源消费比重将不断上升。

4.1.3.5 智慧能源与能源互联网

智慧能源与能源互联网总的来说，可以概括为“多能互补、高效协同、开放共享、价值创新”。主要体现为多种能源网络融合与交互转变、能源基础设施逐步完善，市场逐步开放等几个重要方向。

(1) 多种能源网络融合与交互转变。随着传感、信息、通信、控制技术与能源系统的深入融合，传统单一能源网络向多能互补、能源与信息通信技术深度融合的智能化方向发展，统筹电、热（冷）、气等各领域的能源需求，实现多能协同供应和能源综合梯级利用。多能互补的智慧能源网络体系如图 4-21 所示。

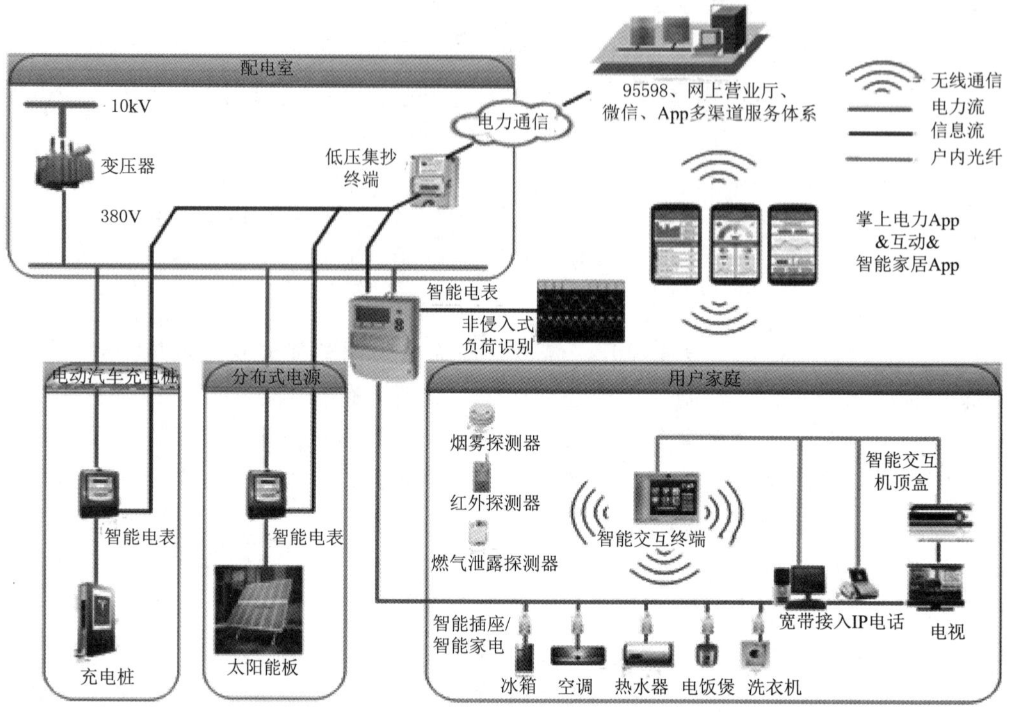

图 4-20　用户通过 App 对用电设备进行管理

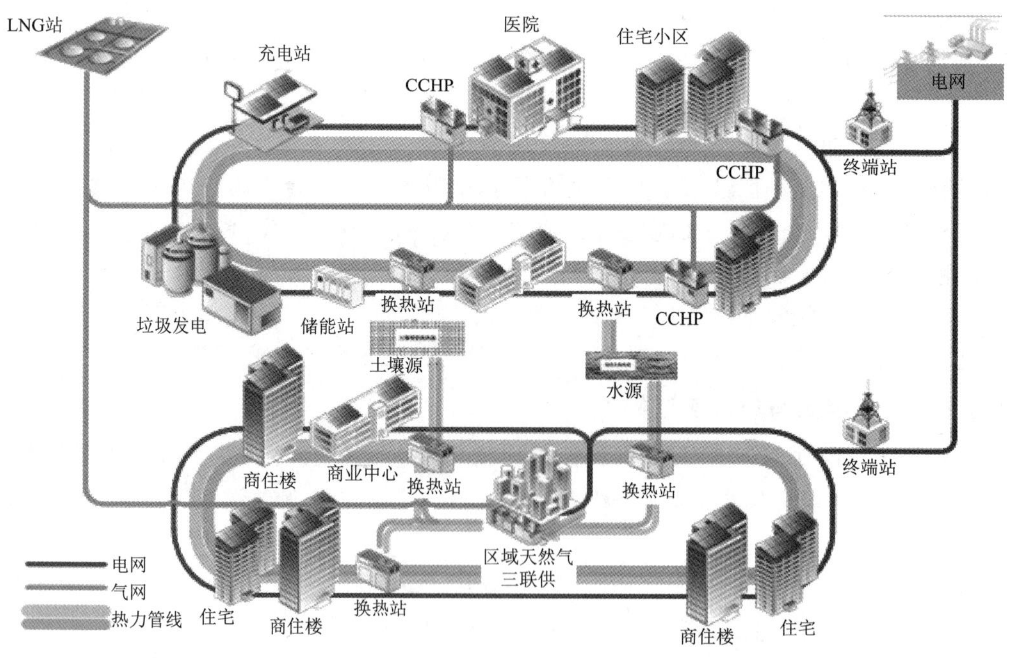

图 4-21　多能互补的智慧能源网络体系

注释：

LNG，Liquefied Natural Gas，液化天然气

CCHP，Combined Cooling Heating and Power，冷热电联产系统

（2）能源基础设施逐步完善，市场逐步开放。随着综合能源服务业务、智慧能源的发展，以及互联网技术的深入应用，将逐步完善能源耦合系统基础设施建设，实现能源市场开放和产业升级。

4.1.4　智能电网对电力通信网的新挑战

电力通信网作为支撑智能电网发展的重要基础设施，保证了各类电力业务的安全性、实时性、准确性和可靠性要求。构建大容量、安全可靠的光纤骨干通信网，以及泛在多业务灵活可信接入的配电通信网，这是通信网络建设的两个重要组成部分。在骨干通信网侧，经过多年建设，35kV以上的主网通信网已具备完善的全光骨干网络和可靠高效数据网络，光纤资源已实现35kV及以上厂站、自有物业办公场所/营业所全覆盖。在配电通信网侧，由于点多面广，海量设备需要实时监测或控制，信息双向交互频繁，且现有光纤覆盖建设成本高、运维难度大，公网承载能力有限，难以有效支撑配电网各类终端可观可测可控。随着大规模配电网自动化、低压集抄、分布式能源接入、用户双向互动等业务快速发展，各类电网设备、电力终端、用电客户的通信需求爆发式增长，迫切需要构建安全可信、接入灵活、双向实时互动的“泛在化、全覆盖”配电通信接入网，并采用先进、可靠、稳定、高效的新兴通信技术及系统予以支撑，这是智能电网发展对配电网通信提出的新需求。

因此，从发展趋势看，未来智能电网的大量应用将集中在配电网侧，应采用先进、可靠、稳定、高效的新兴通信技术及系统，丰富配电网侧的通信接入方式，从简单的业务需求被动满足转变为业务需求主动引领，提供更泛在的终端接入能力、面向多样化业务的强大承载能力、差异化安全隔离能力及更高效灵活的运营管理能力。

电力通信网络是支撑智能电网发展的基础平台，如图4-22所示。智能电网的发展强调多种能源、信息的互联，通信网络将作为网络信息总线，承担着智能电网源、网、荷、储各个环节的信息采集，也是网络控制的承载，为智能电网基础设施与各类能源服务平台提供安全、可靠、高效的信息传送通道，实现电力生产、输送、消费各环节的信息流、能量流及业务流的贯通，促进电力系统整体高效协调运行。

通信网络需要从被动的需求满足，转变为主动的需求引领。目前业务系统通信需求主要基于设备的生产控制，未兼顾人、车、物等综合的管理场景需求。随着智能电网的发展，通信的需求及业务类型具有多样性、复杂性及未知性等特点，通信网络需适度超前，提前储备，提前满足未来多元化的业务承载需求，如智能化移动作业、巡检机器人、数字化仓储物流、综合用能优化服务、电能质量在线监测、能源间协调、源网荷储互动、双向互动充电桩等。

通信网络需具备更强大的承载能力、差异化的安全隔离能力及更高效灵活的运营管理能力。为满足智能电网的五大发展重点，通信网络需具备更强大的承载能力（如百万～千万级的连接能力、单站具备n×10Mbit/s的带宽承载能力，具备毫秒级的时延能

力)、对电力不同生产区业务能提供差异化的安全隔离能力，同时能针对不同终端，提供终端、连接甚至网络资源的灵活开放的运营管理能力。

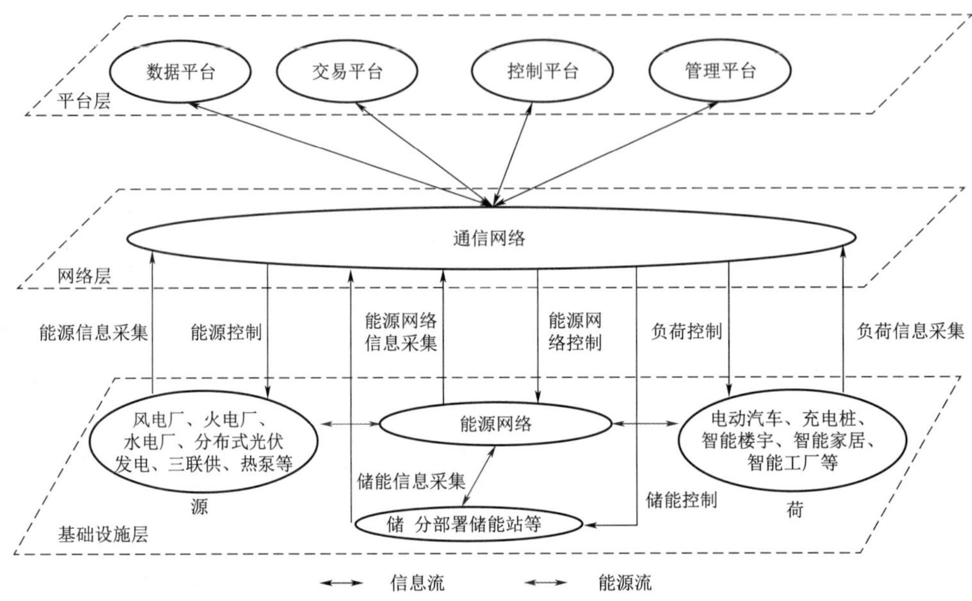

图 4-22　电力通信网络在智能电网中的定位

通信网作为统一的通信平台，实现业务的集约化承载，进一步促进智能电网的数据共享及业务发展。通信网络需尽可能多地解决各类业务的接入需求，最大限度地利用电网自身资源，通过统一的通信平台，提供可靠、安全的通信通道，提高网络效率。同时，通过通信网提供的灵活便捷的接入方式，进一步促进能源互动、数据共享或有偿服务等能源互联网业务的发展。

4.2　5G 承载电力业务的基本概念及定义

4.2.1　电力无线通信基本定义

电力无线通信分为无线公网和无线专网两大类，5G 属于无线公网的一种方式。

4.2.1.1　无线公网

无线公网指电网租用电信运营商的移动通信网络，主要包括 2/3/4G、NB-IoT、5G 等，其优势在于利用运营商的建设覆盖，快速接入，避免大量的网络投资及复杂的网络运维管理，且依托公网产业，可大幅降低电网使用的成本；其劣势在于与公网业务混合，安全风险高；电网对公网无法实现有效的可管可控；公网的覆盖并未完全匹配电网的需求，如输电线路、山区、地下室等区域存在覆盖不足的现象。

4.2.1.2　无线专网

无线专网主要指电网自建、自运营的无线网络，主要包括电力无线专网 LTE、WiFi

等。其优势在安全隔离能力较强，电网全程自主可控，按照业务需求解决公网弱覆盖问题，其劣势，产业空间较小，建设成本较强，后期维护成本较高。

4.2.2　5G 承载电力业务的基本模型

在定义 5G 承载电力业务关键指标之前，首先需要定义 5G 承载电力业务的基本模型，如图 4-23。按照该模型，可以把 5G 承载电力业务分为三大部分，分别是接入、5G 网络、广域网传送。

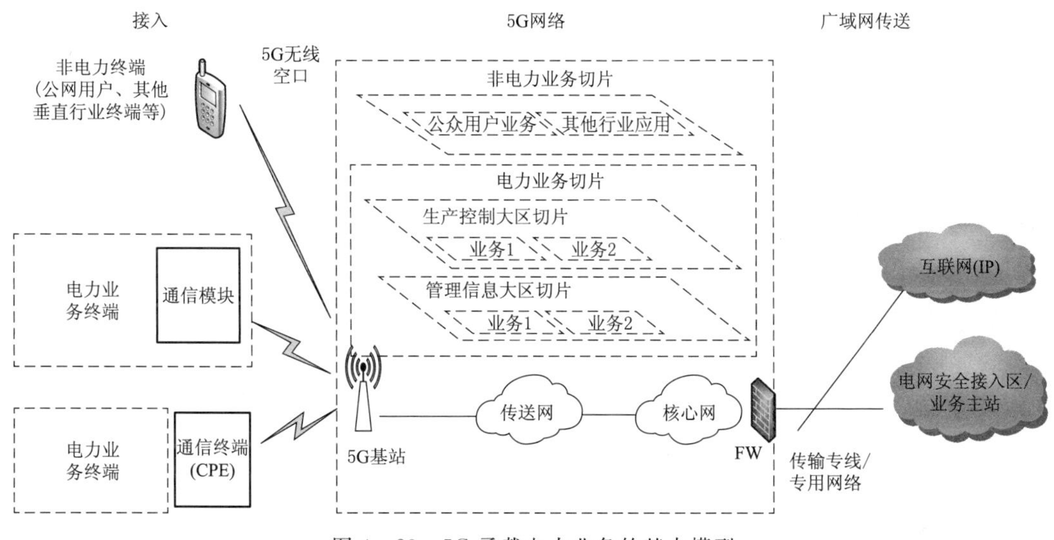

图 4-23　5G 承载电力业务的基本模型

注释：

FW，fire Wall，防火墙

（1）接入部分。主要指各类业务终端通过无线空口接入 5G 网络。其形式一般包括直接接入（如各类智能手机、PAD 等智能终端）、内嵌通信模块/模组接入（如电网中部分三遥自动化终端、智能电表、集中器、采集器等）、外挂式接入［如电网部分三遥自动化终端 DTU（Distribution Terminal Unit，配电终端）、FTU（Feeder Terminal Unit，馈线开关监控终端）三种方式］。

（2）5G 网络部分。指运营商所建设和运营的 5G 网络，主要包含了无线基站、传输网、核心网等关键系统。根据 5G 切片网络的概念，5G 网络将根据各类业务的需求，在无线基站、传输网、核心网分别编排出不同的资源实体，以形成不同的业务切片。立足电网业务承载的角度，可以分为电力业务切片和非电力业务切片两大类。其中，非电力业务切片泛指公众的移动用户业务、其他行业应用两大类。电力业务切片将主要参考电力业务的安全隔离要求，分为两级切片，第一级为生产控制类切片和管理信息类切片；第二级将在第一级的基础上根据业务主站划分为不同的子切片。上述各类切片之间需要进行不同程度的隔离。

（3）广域网传送部分。主要由于电力主站系统与运营商核心网 GI 口防火墙建设并不匹配，为满足电力业务最终能传送到电力业务主站，而需要建设的传输专线或具有一定安全保障等级的 IP 网络通道。

4.2.3 5G 承载电力业务的关键指标定义

根据上述的基本模型，可以把整个承载过程抽象出一个关键指标体系，见表 4-2。指标体系可以分为 5G 业务承载能力、5G 通信系统可用性、5G 可靠性及服务保障体系三大部分。各类指标可以分为基本、扩展两大类，基本类是指各类电力业务承载所必须考虑的指标，扩展类是指某些电力业务的特殊承载需求指标。

表 4-2　5G 承载电力业务的关键指标

指标说明		指标单位	指标属性
5G 业务承载能力	电力业务承载带宽	Mbit/s	基本
	网络端到端通信时延	ms	基本
	电力业务丢包率	%	基本
	电力业务并发连接数	终端数/km^2	基本
	网络授时精度	μs	扩展
	定位能力	偏差±m	扩展
	安全加固能力	极高、高、中、标准	扩展
5G 通信系统可用性	在线率	%	基本
	通道可用性	%	基本
5G 可靠性及服务保障体系	通信系统可靠性	%	基本
	业务切片之间的隔离度	物理隔离、逻辑隔离、统计服用	基本
	SLA 服务体系	包括售前支撑、业务开通、网络质量、维护服务、投诉响应等一系列的服务指标	基本

注释：

SLA，Service-Level Agreement，服务等级协议

4.2.3.1 5G 业务承载能力

5G 业务承载能力指标主要包含电力业务承载带宽、网络端到端通信时延、电力业务丢包率、电力业务并发连接数、网络授时精度、安全加固和定位能力，其中授时精度、安全加固、定位能力属于扩展类，主要面向配电网差动保护、配电网 PMU 或其他高安全等级的场景，而定位能力一般作为增值服务能力，按需提供。

1. 电力业务承载带宽

电力业务承载带宽主要指 5G 承载电力业务无线空口、传输网络、核心网多个环节中的最小带宽，单位为 Mbit/s。从网络环节上看，一般情况下，移动通信网络中，无线空口带宽是瓶颈，因此，大多数情况下，主要关注无线空口的有效业务带宽。由于无线空口环境非常复杂，信道特性具有随机变化的特性，一般需要定义一个边界条件，业界一般为空口质量保障大于−85dBm 的覆盖环境下的有效业务承载带宽。从业务上下行关系

上看，在电力应用场景中，大部分是以上行采集为主，下行命令流量较小，在分布式点对点传送过程中，上下行基本相当，因此，一般更关注上行带宽。因此，电力业务承载带宽主要为在空口质量保障大于－85dBm 的覆盖环境下，电力业务的上行有效带宽。

2. 网络端到端通信时延

需要考虑“终端＋业务主站”“点对点终端通信”两种的方式。对于“终端＋业务主站”方式，端到端通信时延主要指电力业务终端业务出口到主站平台安全接入区/防火墙入口的网络时延；对于“点对点终端之间通信”方式，业务流不需要经过业务主站的方式，端到端通信时延主要指电力业务终端到对侧业务终端的网络时延。一般情况下，网络端到端时延可以简化为通信终端无线空口至广域网传输专线相关网络环节的时延总和，通信终端/模块相对运营商网络的整体时延可以忽略不计。但在某些对时延特别敏感，且对通信终端/模块有特殊要求的场景下，如配电网差动保护低时延迟，且需要网络授时，或安全加密加固，网络端到端时延需要考虑通信终端或模块的处理时延。

3. 电力业务丢包率

电力业务丢包率主要指通信终端/模块＋5G 网络＋广域传送整个系统的整体丢包情况。由于无线空口侧的环境干扰对丢包影响较大，因此一般可以简化为无线空口质量保障大于－85dBm 的环境下所统计的丢包率。除了视频类业务，大部分的电力业务场景均为小包业务，一般业务包的大小都小于 300Bytes。因此一般可以采用 300Bytes 的小包进行丢包测试，单位为％。

4. 电力业务并发连接数

电力业务并发连接数主要指在某平方公里范围内，同时附着在 5G 网络上的电力用户数，对于运营商来说，一般以 SIM（Subscriber Identification Module，用户身份识别卡）卡为统计单位，即一张 SIM 卡对应为一个用户。大多数情况下，一个通信终端或模块对应一张 SIM 卡，也有少数情况是一个通信终端实现双卡的模式，例如，当一个电力业务终端同时具备采集和控制的功能，其中采集类业务处于管理信息大区，控制类属于生产控制大区，则后续有可能出现双卡的模式，不同的卡对应不同的网络切片，享受不同的网络资源。

5. 网络授时精度

主要指电力通信终端或模块与 5G 网络配合，从 5G 网络中获取精准的时钟信息，并转换为适配电力业务终端的输入方式，如 IRIG－B 或 PPS（Pulse Per Second，每秒脉冲数）等方式，从而实现对电力业务的授时功能。根据电力业务的需求特点，所谓的授时精度并不要求与绝对时间的偏差，而是要实现所有需要时钟同步的电力业务终端在达到一个相对对齐的效果，因此授时精度主要是指需要同步的电力业务彼此获得的时钟偏差在一定的范围内，其单位为 μs。需要说明的是，此功能并不是基本功能，仅对需要实现时钟同步系统的电力业务终端适用。

6. 定位能力

目前有移动位置服务（Location Based Services，LBS）、通信终端提供定位信息两种模式，其单位为偏差±m，属于扩展属性。

移动位置服务（LBS）是指通过运营商的 5G 网络向电力业务提供经纬度信息，其基本原理是测量不同基站的下行导频信号，得到不同基站下行导频的 TOA（Time of Arrival，到达时刻）或 TDOA（Time Difference of Arrival，到达时间差），根据该测量结果并结合基站的坐标，一般采用三角公式估计算法，就能够计算出通信终端的位置。实际的位置估计算法需要考虑多基站（3 个或 3 个以上）定位的情况，因此算法要复杂很多。该方式最大优势是通信终端、业务终端无需增加额外的定位模块，一方面降低了成本，更重要的是提高了环境的适应性，在不能获取 GPS、北斗等信号的地方，只要可以与运营商基站连接，便可获得大致的定位信息，但其定位精度一般不高。

通信终端提供定位信息主要指通信终端内置定位功能模块（GPS 或北斗），并通过外置天线的方式获取位置信息。该方式虽然提高了定位精度，但一方面增加了通信终端的成本；另一方面，也降低了设备对环境的适应性。

7. 安全加固能力

整个 5G 通信系统所能提供的安全加固能力，主要体现在以下三方面：①通信终端 CPE 或通信模块可集成电力业务纵向加密芯片的能力，为业务提供应用层的纵向加密服务；②通信终端 CPE 或通信模块可与 5G 网络共同构建 Ipsec（Internet Protocol Security，加密网络协议）隧道封装能力，为业务提供通信通道的高可靠隧道加密能力；③5G 网络与电力自身的认证平台配合，实现机卡绑定、二次认证等功能。

根据电力业务承载的安全隔离要求，安全加固能力一般可以分为极高、高、中、标准四个等级。极高等级主要指提供上述 3 项功能服务，高等级主要指能提供第 2、3 项功能服务，中等级主要指仅能提供第 3 项功能服务，标准等级指仅能提供 5G 网络切片的基本安全隔离服务能力，不能提供上述 3 项安全加固服务。对于上述四个等级，一般极高、高等级可以考虑应用在特殊保障等级区域的电力生产控制类业务，中标准可以考虑应用在普通区域的生产类相关的电力应用，其他场景一般使用标准等级。

4.2.3.2 5G 通信系统可用性

5G 通信系统可用性主要包含电力业务在线率、通道可用性两个指标，均是基本指标。

1. 在线率

在线率是一个区间统计值，等于实际成功通信次数除以理论成功通信次数所得结果的百分比。在电力通信中，一般可以分解为卡在线率、通信终端在线率两个层次。其中，卡在线率主要指通信运营商的 SIM 卡在线率，是对通信运营商 5G 网络能力的主要考核指标；而通信终端在线率是在 SIM 卡的基础上，叠加考虑通信终端本身硬件的故障问题，对于电力业务来说，更看重通信终端的在线率，因为卡在线率对于业务是透明的，业务只关心通信终端能否有效提供通信服务。把在线率分解为卡、通信终端两个层面，主要为满足电网企业对无线公网通道可用性的统计及故障定位分析需求。由于在线率需要建立在 SIM 卡或通信终端定期发心跳的方式统计，频繁的心跳信息将加大系统负荷，因此，在线率一般用于局部区域、网络巡检或关键时间段的网络质量分析，这就要求运营商网络按需提供 SIM 卡在线率的统计信息。

2. 通道可用性

通道可用性是电网企业与运营商的主要衔接指标，指通信通道全年可正常通信（满足相应带宽、时延要求）的分钟数与全年总分钟数之比。一般以地区为单位，以年度为期限，以分钟数为时间单位，按照不同业务类别、不同通信方式分别统计。

4.2.3.3 5G可靠性及服务保障体系

5G可靠性及服务保障体系主要包含运营商5G网络系统的可靠性、所能提供给电力业务的切片之间隔离度以及运营商针对不同电力切片的SLA服务保障体系，均是基本指标。

1. 通信系统可靠性

参考IEC-61907《通信网络可靠性工程》定义，可靠性指在一定的条件下，在规定的时间内，系统可以提供相应功能，并稳定运行的时间与总运行时间之比。在通信领域，通信系统的可靠性主要指各设备运行的可靠性，其计算方式比较复杂，一般可简化为：运行时间＝正常时间（平均记为MTBF，Mean Time Between Failure）＋维修时间（平均记为MTTR，Mean Time To Repair），可靠性＝MTBF/（MTBF＋MTTR），即正常运行时间与总运行时间之比。在实际网络中，运营商所提供的电信级服务，可靠性都可以达到99.999%。

2. 业务切片之间的隔离度

该指标为5G区别与以往移动通信技术的特色指标，是5G切片网络的专属指标，主要指5G电力业务切片与非电力业务切片之间，以及电力业务所分配的不同切片之间的隔离度。该指标可以分为三个等级：物理隔离、逻辑隔离、统计复用。根据电力行业的安全隔离要求，物理隔离要求类比单独时隙、波道、物理纤芯或设备的专用级别；逻辑隔离要求类比Vlan（Virtual Local Area Network，虚拟局域网）、MPLS-VPN（Multi-Protocol Label Switching-Virtual Private Network），多协议标记转换技术（在骨干的宽带IP网络上构建企业IP专网）、隧道、PVC（Permanent Virtual Circuit，永久虚拟电路）等；统计复用指可以与其他业务混合复用共同的传输通道，仅对Qos有一定的保障要求。

3. SLA服务体系

业界将SLA的服务体系一般分为客户服务等级、业务服务等级两个维度。同一个等级的客户，可以有不同等级的业务，换而言之，同一个业务对于不同等级的客户而言，其业务服务等级有可能有差异。这将取决于运营商对客户及业务的重视程度，也取决于客户对某种业务所愿意付出的代价。

客户服务等级是在销售网络服务的过程中，向不同级别的客户提供不同级别的服务内容和服务标准，主要包括资源勘察、业务开通时限、服务支撑团队组成、解决方案等，应用于售前、售中、售后各个环节，一般运营商可把客户分为金、银、铜等不同的梯度。对于电力行业而言，电网集团总部、省电网公司、地市供电局将对应不同的客户等级，具体等级的划分将根据运营商对客户的重要性判断而定。

业务服务等级是结合客户服务等级和业务重要程度，面向业务提供分级的服务标准质量性能指标和分级的业务保障手段的依据，一般可以分为A、B、C等若干个等级。此等级是针对某一项业务的，对于电力行业而言，可以是APN（Access Point Name，接入点）无线公网业务、传输专线、数据专线、语音专线、集团短信等不同的业务。在具体的某一项业务中，服务等级主要包含了以下关键KPI（Key Performance Indicator，关键技术指标)：针对此业务的网络解决方案、网络质量关键指标、售后故障处理、日常信息通告、业务修复时限、交付后的业务可用率、故障重复发生率等。上述众多的KPI中，最为关键的是网络质量关键指标。对于电力无线切片应用而言，该指标主要体现为带宽、时延、抖动、丢包率。

4.3 5G对智能电网的价值

4.3.1 电力无线通信发展现状及存在问题

多年来，电力无线通信主要受制于安全和产业两大因素，因而没有得到蓬勃的发展。安全问题主要在于无线通信相对于独立专用的有线通信，其安全性仍未有充分的论证和测评，尤其在电力主网通信，基本未放开对无线的使用。在产业方面，由于多年来，电力无线专网的专用频谱一直较少，以及技术条件尚未成熟，可适用的场景及产业空间未足以推动相关产业规模化商用，因此涉及电力专用频谱的无线专网未能得到充分的发展应用。具体体现为以下五个问题。

4.3.1.1 安全隔离问题

5G之前的无线通信技术（包括无线公网、电力无线专网、增强型WiFi等）未充分论证测评是否能达到《电力监控系统安全防护总体方案》(国能安全〔2015〕36号）文对承载电力控制类业务的要求。因此对于不同安全分区的多业务融合接入需求，目前无线通信技术无法有效解决，需额外部署加密终端、设置安全接入区等网络安全措施。

4.3.1.2 承载能力问题

电力无线专网承载能力有限，难以同时满足广覆盖、大带宽、低时延等承载需求。

LTE230主要是带宽能力不足，导致未能面向更丰富的业务接入。虽然根据工业和信息化部《关于调整223～235MHz频段无线数据传输系统频率使用规划的通知》（工信部〔2018〕165号）中的最新频谱政策，电力可申请7.5MHz的频谱资源，并可引入频谱聚合的技术来提升传输能力，但根据实际测试，LTE230的上行速率在10Mbit/s级别，未能完全满足配电网日益增长的业务发展需求。

LTE-U（LTE-Unlicensed，LTE未授权）/WiFi主要是覆盖不足，建设成本及运维复杂度高：LTE-U主要采用5.8G非授权频段，室外有效的覆盖距离在100～200m左右，对于220kV以上的变电站而言，至少需要2套基站才可实现全覆盖，且由于产业链不够成熟，建设成本高。WiFi除了安全问题饱受质疑以外，在电力中，若要提高安全性和承载能力，一般会采用5.8GHz相对干净的频段，而其覆盖能力显然直接下降，同时，由于其部署的密度较大，对于变电站而言，通常需要部署在高压区内，才能使得变电站得以全覆盖，后续的运维复杂度将非常大。

2/3/4G主要是带宽及时延问题，2/3G未能完全满足电力大带宽的承载需求，而4G在时延上也未能达到如差动保护、PMU等严格时延要求的业务需求。在网络覆盖质量上，电网企业必须依赖运营商，而在某种程度上看，电力的覆盖需求与运营商的建网策略还存在一定的矛盾，如电力农网建设、电力大型变电站一般在较为偏远的地方，而运营商的基站一般优先满足热点城市地区，目前的商业模式（简单卖卡、流量计费模式），未能完全支撑2/3/4G完全满足电力的承载需求。

4.3.1.3　灵活便捷管理问题

目前的无线公网（2/3/4G）管理能力相对薄弱，线上方面，运营商仅能提供卡的基本信息管理，业务开通、业务变更等管理基本依赖线下的人工协调，周期长。另外，运营商网络运行对于电网是黑匣子，无法提供无线网、传输网、核心网端到端的网络监控管理能力，电网无法有效进行无线公网业务的故障定位。

4.3.1.4　对于电力业务应用的可扩展性问题

以往的无线通信技术均面向某种特定场景，如LTE面向大带宽移动通信，NB-IoT面向低功耗物联网、LTE230面向电网窄带控制应用，在技术演进和发展上，对于有丰富应用场景的电网而言均有一定的局限性。

4.3.1.5　自建成本问题

产业空间较小，一直制约着电力无线专网的产业发展，LTE电力专网、LTE-U等成本一直居高不下，未能成熟。

4.3.2　5G对智能电网的价值提升

从宏观层面，全球各国已达成共识，5G已成为全球各国数字化战略的先导领域，是国家数字化、信息化发展的基础设施。同时，如电力、汽车、工业制造等更多的垂直行业深度参与了5G标准，引导了各自领域的标准制定，使5G技术能够更好地服务于各垂直行业。

聚焦到智能电网领域，尤其在智能配用电环节，5G技术为配电通信网“最后一公里”无线接入通信覆盖提供了一种更优的解决方案，智能分布式配电自动化、低压集抄、分布式能源接入等业务未来可借力5G取得更大技术突破。5G网络可发挥其超高带宽、超低时延、超大规模连接的优势，承载垂直行业更多样化的业务需求，尤其是其网络切片、能力开放两大创新功能的应用，将改变传统业务运营方式和作业模式，为电力行业用户打造定制化的“行业专网”服务，相比于以往的移动通信技术，可以更好地满足电网业务的安全性、可靠性和灵活性需求，实现差异化服务保障，进一步提升了电网企业对自身业务的自主可控能力。

（1）全球各国均将5G作为数字化战略的先导领域。全球各国的数字经济战略均将5G作为优先发展的领域，力图超前研发和部署5G，普及5G应用。欧盟于2016年发布《欧盟5G宣言——促进欧洲及时部署第五代移动通信网络》，将发展5G作为构建“单一数字市场”的关键举措，旨在使欧洲在5G网络的商用部署方面领先全球。韩国在2018年平昌冬奥会期间开展5G预商用试验，我国将在2019年实现5G试商用，2020年实现全面商用。

（2）各垂直行业充分参与5G标准制定，使5G更好地服务垂直领域。3GPP在5G的标准制定中，广泛征求各垂直行业应用场景及需求。除运营商和传统通信设备厂商以外，各垂直行业代表（如德国大众、西门子、博世、阿里巴巴、南方电网等）纷纷加入3GPP

标准组织，充分发表对各自领域的标准要求。中国南方电网有限责任公司首次参与了3GPP 5G 电力需求标准制定，主导提出了 10 余项电力标准提案，这也意味着电网公司将更深度参与到 5G 电力需求及技术实现方案的标准制定中，助力 5G 基础设施更广泛地服务于电力行业用户。

（3）5G 网络切片技术，可为电网不同分区业务提供差异化的安全隔离服务，有望突破以往的无线通信技术安全隔离能力，满足电网安全隔离要求。在不同生产、管理大区的电力业务有不同的安全隔离要求。5G 网络切片技术可为电网不同分区业务提供物理资源、虚拟逻辑资源等不同层次的安全隔离能力，为智能电网的业务承载提供更好的安全保障。

（4）5G 面向多种场景，提供更强大的承载能力，可满足更丰富的智能电网业务发展需求。智能电网的业务类型丰富，如无人机、智能巡检等大带宽的视频类业务；差动保护等低时延的控制类业务；高级计量、新能源等大连接业务。相对 4G，5G 的对智能电网业务的承载更具全面性，如其大规模机器连接场景（mMTC）提供百万～千万级的连接能力、增强移动带宽场景（eMBB）单终端 10～100Mbit/s 级别的带宽承载能力，超高可靠低时延场景（uRLLC）提供网络端到端 10 毫秒级的时延能力。

（5）5G 网络具备能力开放及更高效灵活的运营管理能力。可实现电力终端业务的可观、可管、可控。电力企业可利用公网运营商提供的各种能力开放，如网络切片定制设计、规划部署来实现线上的快速业务开通（分钟级）；利用切片运行监控能力实现运营商网络资源运行的监控及故障定位；通过通信终端或模组采集的各类数据实现对终端的在线管理等，最终实现智能电网的可观、可管、可控。

（6）5G 在标准演进上将兼容广域物联网技术，在后续终端接入适配上具有一定优势。NB-IoT、eMTC 等广域物联网技术，与 5G 均为 3GPP 标准，在技术演进及兼容性上看，5G 的 R16 版本将充分考虑与 NB-IoT、eMTC 等制式的兼容演进。

（7）5G 不仅服务电力行业，其产业投入是面向全行业的。长远来看，未来有望进一步降低电网使用成本。LTE 电力专网、LTE-U 等成本一直居高不下，产业未能成熟，主要原因是仅面向电力行业，产业空间不足，相比之下，5G 背靠运营商，且运营商做 5G 的目标就是希望能从行业客户中获得移动通信收入的新增长点（个人用户已饱和），因此 5G 必然将更倾向各行业的融合发展，各行各业将共同推动 5G 的产业成熟，进一步降低成本。

4.4　5G 在智能电网的应用场景

4.4.1　概述

智能电网无线通信应用场景总体上可分为控制和采集两大类。其中，控制类包含智能分布式配电自动化、精确负荷控制、分布式能源调控等；采集类主要包括低压集抄、智能电网两大视频应用。

（1）控制类业务场景。当前整体通信特点为采用子站/主站的连接模式，星型连接拓扑，主站相对集中，一般控制的时延要求为秒级。未来随着智能分布式配电网终端的广泛应用，连接模式将出现更多的分布式点到点连接，随着精准负控、分布式能源调控等应用，主站系统将逐步下沉，出现更多的本地就近控制，且与主网控制联动，时延需求将达到毫秒级。

（2）采集类业务场景。未来从采集对象、内容、频次上将发生较大变化。

1）采集对象。当前主要针对电力的生产运行，主要以电力一次设备为主，计量方面主要采用集抄模式，连接数量百级/km^2。

2）采集内容。当前主要以基础数据、图像为主，码率为100kbit/s级。随着智能电网、物联网的迅速发展，采集对象将扩展至电力二次设备及各类环境、温湿度、物联网、多媒体场景，连接数量预计至少翻一倍；中远期若在产业驱动下，集抄方式下沉至用户，连接数预计翻50～100倍；另外，采集内容亦从原有的简单数据化趋于视频化、高清化，尤其在无人巡检、视频监控、应急现场自组网综合应用等场景将出现大量高清视频的回传需求，局部带宽需求在4～100Mbit/s级。

3）采集频次：对于普通的家庭用户，当前基本按照月、天、小时为单位采集，对于大客户专线，目前可以做到15min一次的采集频率。未来要满足负荷精确控制，用户实时定价等应用的发展，采集频次将趋于分钟级，达到准实时能力。

智能电网应用场景及整体发展趋势见表4-3。

表4-3　　智能电网应用场景及整体发展趋势

业务类型	典型场景	当前通信特点	未来通信趋势
控制类	智能分布式配电自动化、精准负控、分布式能源	1. 连接模式：子站/主站模式，主站集中，星型连接为主； 2. 时延要求：秒级	1. 连接模式：分布式点对点连接与子站主站模式并存，主站下沉，本地就近控制； 2. 时延要求：毫秒级
采集类	低压集抄、智能电网大视频应用（包括变电站巡检机器人、输电线路无人机巡检、配电房视频综合监控、移动式现场施工作业管控、应急现场自组网综合应用等）	1. 采集频次：月、天、小时级； 2. 采集内容：基础数据、图像为主，单终端码率为100kbit/s级； 3. 采集范围：电力一次设备，配电网计量一般采用集抄方式，连接数量百个/km^2级	1. 采集频次：分钟级，准实时； 2. 采集内容：视频化、高清化，带宽在4～100Mbit/s不等； 3. 采集范围：近期扩展到电力二次设备及各类环控、物联网、多媒体场景，连接数量预计至少翻一倍；中远期若产业驱动集抄方式下沉至用户，连接数预计翻50～100倍

4.4.2　控制类业务场景

4.4.2.1　智能分布式配电自动化

智能分布式配电自动化终端主要实现对配电网的保护控制，通过继电保护自动装置检测配电网线路或设备状态信息，快速实现配电网线路区段或配电网设备的故障判断及准确定位，快速隔离配电网线路故障区段或故障设备，随后恢复正常区域供电。该终端后续集成三遥、配电网差动保护等功能。

1. 业务现状及发展趋势

早期的配电网保护多采用简单的过流、过压逻辑，不依赖通信，其不足之处在于不能实现分段隔离，停电影响范围扩大。为实现故障的精准隔离，需要获取相邻元件的运行信息，可采用集中式或分布式原理。

（1）集中控制型，其保护典型拓扑如图 4-24 所示。中心逻辑单元负责主要保护逻辑运算及发出保护跳闸指令，就地逻辑单元负责就地的信息采集并处理、执行就地保护跳闸指令，将处理后的就地信息传送给中心逻辑单元。

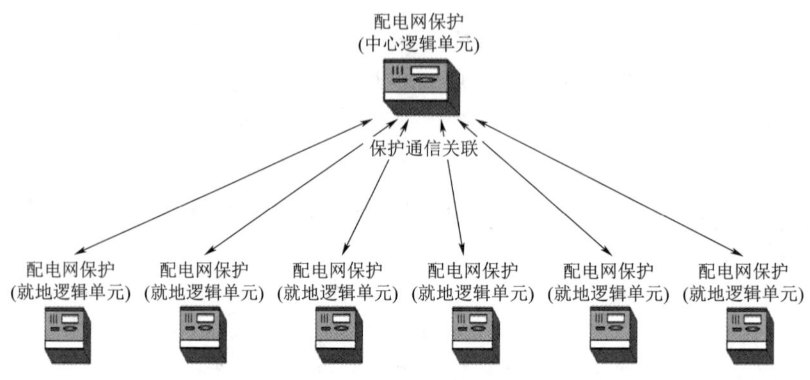

图 4-24　集中控制型保护典型拓扑

（2）分布控制型，其保护典型拓扑如图 4-25 所示。根据网架结构划分设备组，分组内的每台终端都可以起到中心逻辑单元的作用，就地执行跳闸操作，各终端处理后的就地信息传送给运维中心。在配电网领域推广应用差动保护，可以进一步缩短故障持续时间，提高供电可靠性。

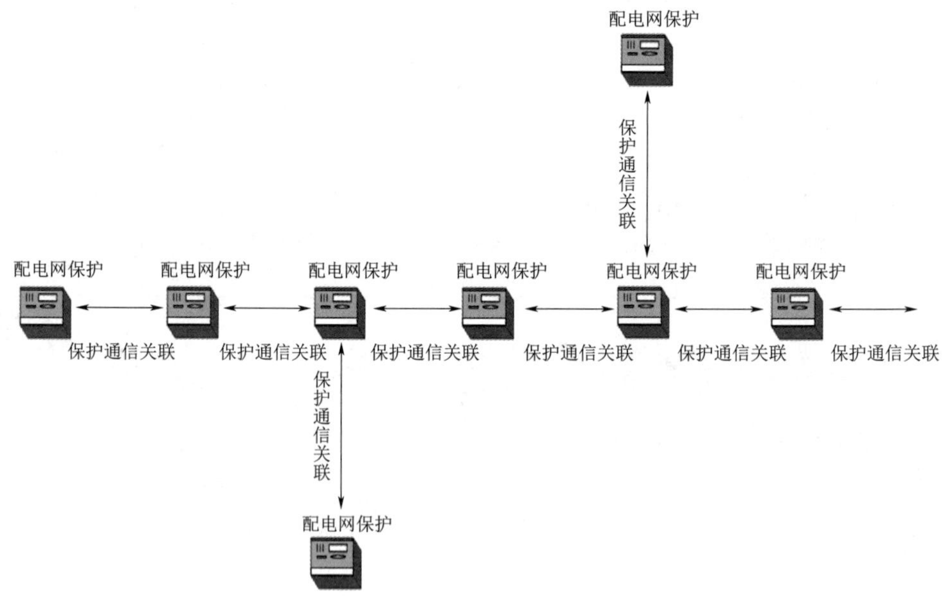

图 4-25　分布控制型保护典型拓扑

2. 未来的通信需求

（1）带宽：要求大于 2Mbit/s。

（2）时延：差动保护要求延时小于10ms，时间同步精度为10μs，电流差动保护装置所在变电站距离小于40km，主备用通道时延抖动在±50μs。同时，为达到精准控制，相邻智能分布式配电自动化终端间在信息交互时必须携带高精度时间戳。

（3）通道可用性：要求不小于99.9%。

（4）可靠性：要求不小于99.999%。

（5）隔离要求：配电自动化属于电网Ⅰ/Ⅱ生产大区业务，要求和其他Ⅲ/Ⅳ管理大区业务完全隔离。

（6）连接数量：$X\times10$ 个/km²。

4.4.2.2　用电负荷需求侧响应

需求响应即电力需求响应的简称，是指当电力批发市场价格升高或系统可靠性受威胁时，电力用户接收到供电方发出的诱导性减少负荷的直接补偿通知或者电力价格上升信号后，改变其固有的习惯用电模式，达到减少或者推移某时段的用电负荷而响应电力供应，从而保障电网稳定，并抑制电价上升的短期行为。

用电负荷需求侧响应主要是引导非生产性空调负荷、工业负荷等柔性负荷主动参与需求侧响应，实现对用电负荷的精准负荷控制，解决电网故障初期频率快速跌落、主干通道潮流越限、省际联络线功率超用、电网旋转备用不足等问题。未来快速负荷控制系统将达到毫秒级时延标准。用电负荷需求侧响应示意图如图4-26所示。

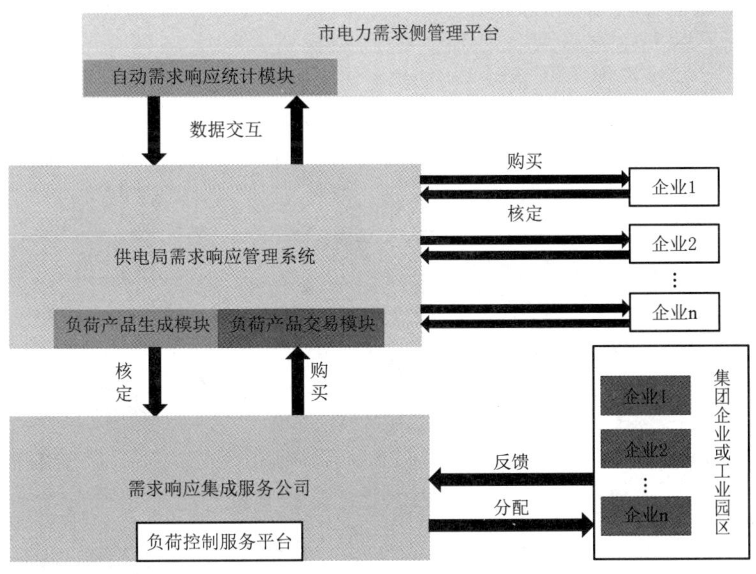

图4-26　用电负荷需求侧响应示意图

1. 业务现状及发展趋势

（1）当前现状

传统需求侧响应对负荷的控制指令在终端与主站之间交互，终端横向之间无数据交互。对负荷的控制，通常只能切除整条配电线路。以直流双极闭锁故障为例，若采用传统方式，以110kV负荷线路为对象，集中切除负荷，将达到一定的电力事故等级，造成较大社会影响。

(2) 后续发展趋势

未来用电负荷需求侧响应将是用户、售电商、增量配电运营商、储能及微网运营商等多方参与，通过灵活多样的市场化需求侧响应交易模式，实现对客户负荷进行更精细化的控制，控制对象可精准到企业内部的可中断负荷，如工厂内部非连续生产的电源、电动汽车充电桩等。在负荷过载时，可优先切断非重要负荷，将尽量减少经济损失，降低社会影响。

2. 未来的通信需求

(1) 带宽：负荷管理控制终端 50kbit/s～2Mbit/s。

(2) 时延：毫秒级负荷管理控制时延小于 200ms。

(3) 通道可用性：监测类的要求不小于 95%，控制类的要求不小于 99%。

(4) 可靠性：要求不小于 99.999%。

(5) 隔离要求：属于电网Ⅰ/Ⅱ生产大区业务，要求和其他Ⅲ/Ⅳ管理大区业务完全隔离。

(6) 连接数量：$X \times 10$ 个/km^2。

4.4.2.3 分布式能源调控

分布式能源包括太阳能利用、风能利用、燃料电池和燃气冷热电三联供等多种形式。其一般分散布置在用户/负荷现场或邻近地点，一般接入 35kV 及以下电压等级配用电网，实现发电供能。分布式发电具有位置灵活、分散的特点，极好地适应了分散电力需求和资源分布，延缓了输配电网升级换代所需的巨额投资，与大电网互为备用，也使供电可靠性得以改善。分布式能源与大电网互动情况具体参考图 4-27。

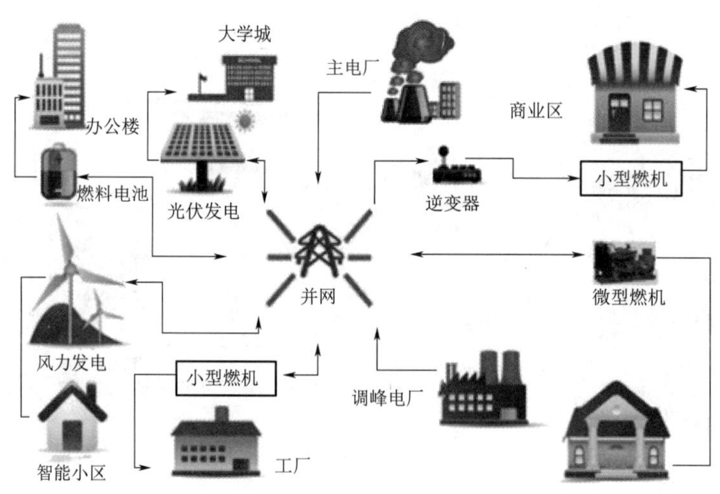

图 4-27 分布式能源的构成及并网结构

分布式能源调控系统主要具备数据采集处理、有功功率调节、电压无功功率控制、孤岛检测、调度与协调控制等功能，主要由分布式电源监控主站、分布式电源监控子站、分布式电源监控终端和通信系统等部分组成。

1. 业务现状及发展趋势

在风暴和冰雪天气下，当大电网遭到严重破坏时，分布式电源可自行形成孤岛，或者微网向医院、交通枢纽和广播电视等重要用户提供应急供电。同时，分布式电源并网给配电网的安全稳定运行带来了新的技术问题和挑战。分布式电源接入配电网后，网络结构将从原来的单电源辐射状网络变为双电源甚至多电源网络，配网侧的潮流方式更加复杂。用户既是用电方，又是发电方，电流呈现出双向流动、实时动态变化。未来需增加配电网的可靠性、灵活性及效率。

2. 未来的通信需求

（1）带宽：带宽综合在2Mbit/s以上。

（2）时延：采集类小于3s，控制类小于1s。

（3）通道可用性：监测类的要求不小于95%，控制类的要求不小于99%。

（4）可靠性：采集类要求99.9%，控制信息要求99.999%。

（5）隔离要求：同时有Ⅰ/Ⅱ/Ⅲ区的业务。安全Ⅰ区包括分布式电源SCADA监控信号和配电网继电保护信号是生产控制信号。安全Ⅱ区包括电源站计量业务、保护信息管理与故障录波业务，安全Ⅲ区包括电源站运行管理业务、发电负荷预测、视频监控业务。

（6）连接数量：海量接入，随着屋顶分布式光伏、电动汽车充换电站、风力发电、分布式储能站的发展，连接数量将达到百万甚至千万级。

4.4.3　采集类业务场景

4.4.3.1　高级计量

高级计量将以智能电表为基础，开展用电信息深度采集，满足智能用电和个性化客户服务需求。对于工商业用户，主要通过企业用能服务系统建设，采集客户数据并智能分析，为企业能效管理服务提供支撑。对于家庭用户，重点通过居民侧“互联网+”家庭能源管理系统，实现关键用电信息、电价信息与居民共享，促进优化用电。

1. 业务现状及发展趋势

（1）当前现状。

当前主要通过低压集抄方式进行计量采集，如图4-28所示。目前多以配变台区为基本单元进行集中抄表，集中器通过运营商无线公网回传至电力计量主站系统。目前一般以天、小时为频次采集上报用户基本用电数据，数据以上行为主，单集中器带宽为10kbit/s级，月流量3～5MB。

（2）后续发展趋势。

未来低压集抄场景如图4-29所示。未来在现有远程抄表、负荷监测、线损分析、电能质量监测、停电时间统计、需求侧管理等基础上，将扩展更多新的应用需求，例如支持阶梯电价等多种电价政策、用户双向互动营销模式、多元互动的增值服务、分布式电源监测及计量等。近期主要呈现出采集频次提升，采集内容丰富、双向互动三大趋势。采集频次提升，为更有效地实现用电削峰填谷，支撑更灵活的阶梯定价，计量间隔将从现在的小时级提升到分钟级，达到准实时的数据信息反馈。采集内容丰富，对于家庭用户，未来除以用电家庭为单位的整体用电信息，采集内容将延伸至用户住宅内的室内网络（HAN），实现户内用电设备的信息计量。此外，随着以双向方式将分布式电源、电动汽车、储能装置等用户侧设备接入电网，电网计量观测范围将进一步加大。

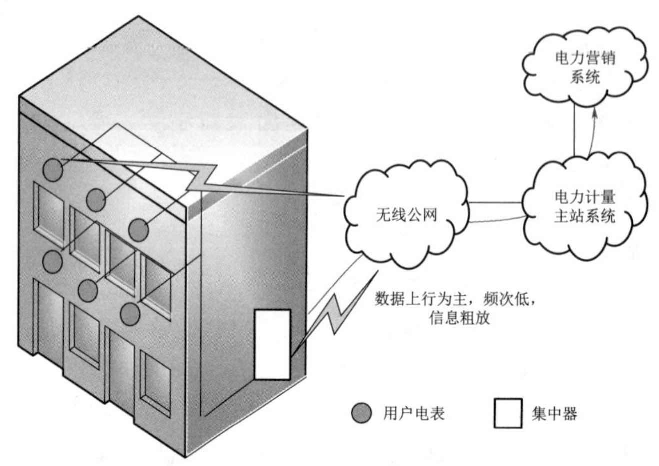

图 4-28 当前低压集抄场景

双向互动，通过推广部署家庭能源管理系统，通过智能交互终端，辅助用户实现对家用电器的控制，包括家电用电信息采集、与电网互动、家电控制、故障反馈、家电联动、负荷敏感程度分类等，同时，给用户提供实时电价和用电信息，并通过 App 的方式，实现对用户室内用电装置的负荷控制，达到需求侧管理的目的。

中远期，为了减少集中器对所辖大量电表轮询采集而产生的时延，避免集中器单点故障导致的大面积采集瘫痪，提升网络集约化水平，在技术产业推动下，智能电表、智能插座等直采的方式将逐步推广。这种情况下，网络连接数量将有 50～100 倍的提升。

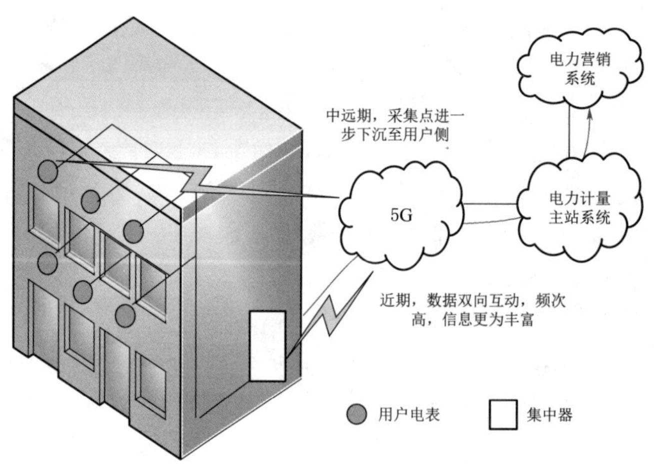

图 4-29 未来低压集抄场景

2. 未来的通信需求

（1）带宽：上行 2Mbit/s，下行不小于 1Mbit/s。

（2）时延：一般的大客户管理、配变检测、低压集抄、智能电表在3s以内，需要精准费控的场景，时延要求小于200ms。

（3）通道可用性：采集类的要求不小于98%，费控类的要求不小于99%。

（4）可靠性：要求不小于99.9%。

（5）隔离要求：属于电网Ⅱ区业务，安全性要求低于Ⅰ区，但须与Ⅰ区实现逻辑隔离，与Ⅲ区实现物理隔离。

（6）连接数量：集抄模式 $X\times100$ 个/km²，下沉到用户后翻50～100倍，可达千级/km²，甚至万级/km²。

4.4.3.2　智能电网大视频应用

智能电网大视频应用主要包含变电站巡检机器人、输电线路无人机在线监测、配电房视频监控、移动式现场施工作业管控、应急现场自组网综合应用五大场景。主要针对电力生产管理中的中低速率移动场景，通过现场可移动的视频回传替代人工巡检，避免了人工现场作业带来的不确定性，同时减少人工成本，极大提高运维效率。

场景1——变电站巡检机器人

智能巡检机器人应用场景如图4-30所示，该场景主要针对110kV及以上变电站范围内的电力一次设备状态综合监控、安防巡视等需求，目前巡检机器人主要使用WIFI接入，所巡视的视频信息大多保留在站内本地，并未能实时地回传至远程监控中心。

未来变电站巡检机器人主要搭载多路高清视频摄像头或环境监控传感器，回传相关检测数据，数据需具备实时回传至远程监控中心的能力。在部分情况下，巡检机器人甚至可以进行简单的带电操作，如道闸开关控制等。对通信的需求主要体现在多路的高清视频回传（Mbit/s级）、巡检机器人低时延迟的远程控制（毫秒级）。

图4-30　智能巡检机器人应用场景

场景2——输电线路无人机巡检

无人机巡检及应用场景如图4-31所示，该场景主要针对网架之间的输电线路物理特性检查，如弯曲形变、物理损坏等特征，该场景一般用于高压输电的野外空旷场景，距离较远。一般两个杆塔之间的线路长度在 200～500m 范围，巡检范围包括若干个杆塔，延绵数公里长。典型应用包括通道林木检测、覆冰监控、山火监控、外力破坏预警检测等。

目前主要是通过输电线路两端检测装置，通过复杂的电缆特性监测数据计算判断，辅助以人工现场确认。目前亦有通过无人机巡检，控制台与无人机之间主要采用 2.4GHz 公共频段的 WIFI 或厂家私有协议通信，有效控制半径一般小于 2km。

图 4-31　无人机巡检及应用场景

未来随着无人机续航能力的增强及 5G 通信模组的成熟，结合边缘计算（MEC）的应用，5G 综合承载无人机飞控、图像、视频等信息将成为可能。无人机与控制台均与就近的 5G 基站连接，在 5G 基站侧部署边缘计算服务，实现视频、图片、控制信息的本地卸载，直接回传至控制台，保障通信时延迟在毫秒级，通信带宽在 Mbit/s 以上。同时还可利用 5G 高速移动切换的特性，使无人机在相邻基站快速切换时保障业务的连续性，从而扩大巡线范围到数公里范围以外，极大提升巡线效率。5G 无人机巡检新模式如图 4-32 所示。

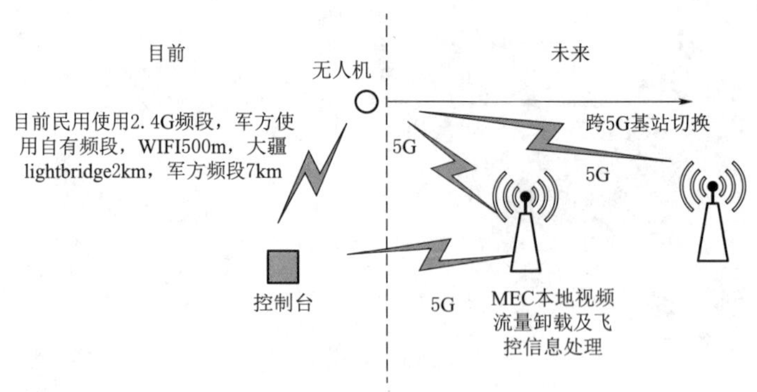

图 4-32　5G 无人机巡检新模式

场景 3——配电房视频综合监控

配电房视频综合监控应用场景如图 4-33 所示，该场景主要针对配电网重要节点（开闭站）的运行状态、资源情况进行监控。该类业务一般在配电房内或相对隐蔽的公共场所，是集中型实时业务，业务流向为从各配电房视频采集终端集中到配网视频监控平台。

当前，配电房内有大量配电柜等设备，其各路开关的运行信息多采用模拟指针式，其运行状态及各开关闭合状态仍需人工勘察巡检，手抄记录。同时大量的配电房仍缺乏视频安防及环境监控，且光纤覆盖难度大。

未来，重要配电房节点（开闭站）内可配备智能的视频监视系统，按照配电房内配电柜的布局，部署可灵活移动的视频综合监视装备，对配电柜、开关柜等设备进行视频、图像回传，云端同步采用先进的AI技术，对配电柜、开关柜的图片、视频进行识别，提取其运行状态数据、开关资源状态等信息，进而避免了人工巡检的繁琐工作。在满足智能巡检的基础上，该系统还可完成机房整体视频监视，温湿度环境等传感器的综合监控功能。

考虑到该智能巡检装备至少需搭载2路摄像头，图像格式质量达到4 CIF（Common Intermediate Format，通用影像传输视频会议中常使用的影像传输格式）的要求，视频达到高清以上，需要单节点带宽4～10Mbit/s以上，并且带宽流量需连续稳定。为保障视频传送不卡顿，时延需要小于200ms，并且需要考虑配电房或隐蔽公共场所的弱覆盖问题。

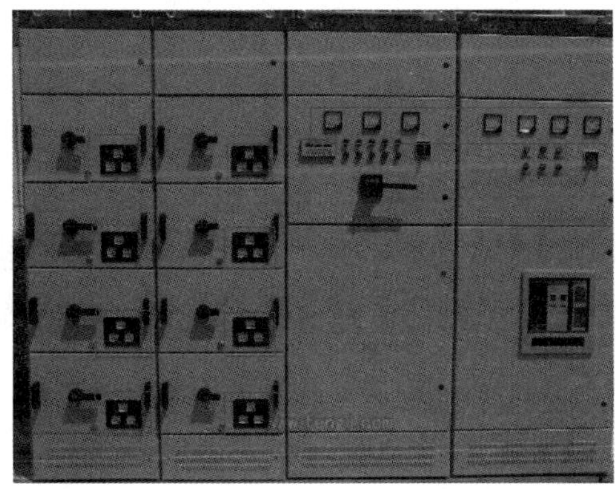

图4-33 配电房视频综合监控应用场景

场景4——移动式现场施工作业管控

移动式现场施工作业管控应用场景如图4-34所示。在电力行业，涉及强电作业，施工安全要求极高，该场景主要针对电力施工现场的人员、工序、质量等进行全方位监管，针对方案变更、突发事故处理等紧急情况提供远程实时决策依据，并提供事故溯源排查等功能。

目前，施工现场的监管主要依靠现场监理，并通过手机、平板等智能终端进行关键信息的图片、视频回传。由于施工现场具有随机、临时的特征，不适合采用光纤有线接入的方案。若采用4G网络回传，在密集城区的施工场地，4G网络的容量受限，往往无法提供持续稳定的多路视频同时回传，在郊外空旷区域，4G网络覆盖难以满足业务接入需求。

未来，基于5G的智慧工地，提供稳定持续的视频回传功能，在现场根据需求，临时部署多个移动摄像头对施工现场进行实时监控，可应用于项目施工、质量、安全、文明施工管理等方面，管理者可及时掌握施工动态，对施工难点和重点及时监管。监控范围全面覆盖现场出入口、施工区、加工区、办公区和主体施工作业面等重点部位。在紧急情况下，可移动摄像头聚焦局部区域，提供实时决策，施工完毕后，移动的摄像头可以复用到其他施工现场。

预计局部施工现场需提供 5～8 个移动摄像头，每个摄像头提供长期稳定的高清视频回传，带宽需求在 20～50Mbit/s，为避免视频卡顿，时延迟在 200ms 以内。

图 4-34 移动式现场施工作业管控应用场景

场景 5——应急现场自组网综合应用

应急现场自组网综合应用场景如图 4-35 所示，该应用主要针对地震、雨雪、洪水、故障抢修等灾害环境下的电力抢险救灾场景，通过应急通信车进行现场支援，5G 可为应急通信现场多种大带宽多媒体装备提供自组网及大带宽回传能力，与移动边缘计算等技术相结合，支撑现场高清视频集群通信和指挥决策。

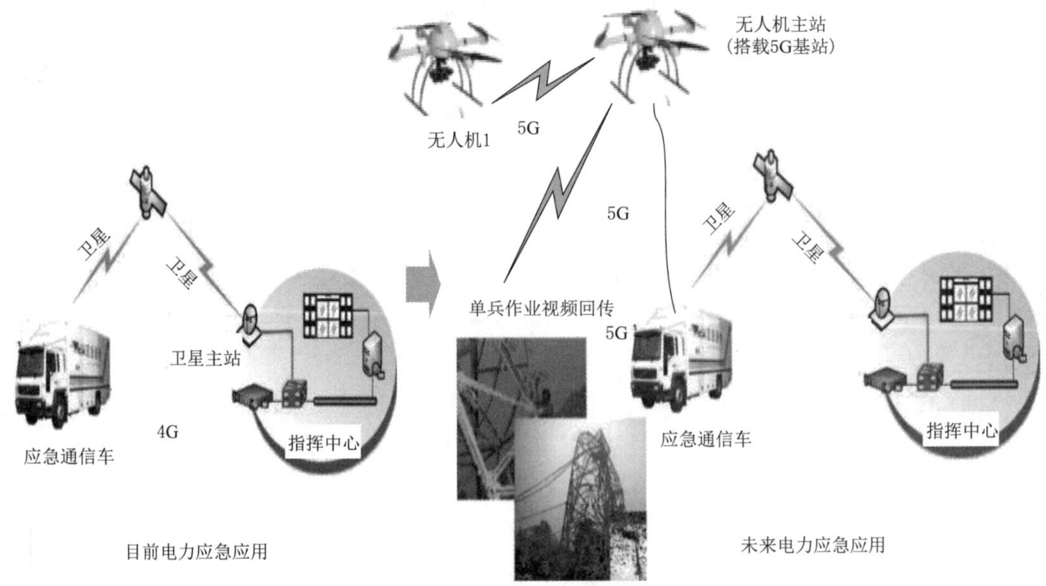

图 4-35 应急现场自组网综合应用场景

目前应急通信车主要采用卫星作为回传通道，配备了卫星电话、移动作业等装备，现场集群通信以语音、图像为主，通过卫星回传至远端的指挥中心进行统一调度和指挥决策。

未来应急通信车将作为现场抢险的重要信息枢纽及指挥中心，需具备自组网能力，配备各种大带宽多媒体装备，如无人机、单兵作业终端、车载摄像头、移动终端等。应急通信车可配备搭载5G基站的无人机主站，通过该无人机在灾害区域迅速形成半径在2～6km的5G网络覆盖，其余无人机、单兵作业终端等设备可通过接入该无人机主站，回传高清视频信息或进行多媒体集群通信。应急通信车一方面作为现场的信息集中点，结合边缘计算技术（MEC），实现基于现场视频监控、调度指挥、综合决策等丰富的本地应用。另一方面，可为无人机主站提供充足的动力，使其达到24h以上的续航能力。

预计单个应急通信车需提供4～10路稳定持续的高清视频回传通道，带宽需求在50～100Mbit/s，为避免视频卡顿，时延迟在200ms以内。

4.4.4 业务通信指标小结

通过上述分析，本节对上述典型业务的关键指标进行了整体梳理，具体见表4-4。

表4-4 智能电网典型应用场景关键通信需求指标汇总

<table>
<tr><th rowspan="2">业务类别</th><th rowspan="2">业务名称</th><th colspan="6">通信需求</th></tr>
<tr><th>时延</th><th>带宽</th><th>通道可用性</th><th>通信系统可靠性</th><th>安全隔离</th><th>连接数</th></tr>
<tr><td rowspan="3">控制类</td><td>智能分布式配电自动化</td><td>≤12ms</td><td>≥2Mbit/s</td><td>99.9%</td><td>99.999%</td><td>安全生产Ⅰ区</td><td rowspan="2">X×10个/km²</td></tr>
<tr><td>用电负荷需求侧响应</td><td>≤200ms</td><td>10kbit/s～2Mbit/s</td><td>监测95%
控制99%</td><td>99.999%</td><td>安全生产Ⅰ区</td></tr>
<tr><td>分布式能源调控</td><td>采集类≤3s
控制类≤1s</td><td>≥2Mbit/s</td><td>监测95%
控制99%</td><td>99.999%</td><td>综合包含Ⅰ、Ⅱ、Ⅲ区业务</td><td>百万～千万级</td></tr>
<tr><td rowspan="6">采集类</td><td>高级计量</td><td>≤3s</td><td>1～2Mbit/s</td><td>采集98%
费控99%</td><td>99.9%</td><td>管理信息大区Ⅲ</td><td>集抄模式X×100个/km²
下沉到用户后翻50～100倍</td></tr>
<tr><td>电站巡检机器人</td><td rowspan="5">≤200ms</td><td rowspan="3">4～10Mbit/s</td><td rowspan="2">监测95%
控制99%</td><td rowspan="5">99.9%</td><td rowspan="5">管理信息大区Ⅲ</td><td rowspan="3">集中在局部区域1～2个</td></tr>
<tr><td>输电线路无人机巡检</td></tr>
<tr><td>配电房视频综合监控</td><td>95%</td></tr>
<tr><td>移动现场施工作业管控</td><td rowspan="2">20～100Mbit/s</td><td>95%</td><td rowspan="2">局部区域内5～10个</td></tr>
<tr><td>应急现场自组网综合应用</td><td>99%</td></tr>
</table>

第 5 章 关键技术分类及重点研发方向

5.1 5G 智能电网端到端解决方案

5.1.1 总体体系

5G 智能电网整体解决方案总体分为端、管、云、安全体系四个部分。

端的层面，主要包括智能分布式配电自动化终端、集中器、电表、无人机、巡检机器人、高清摄像头等不同电力终端，分别对应 5G 三大网络切片场景。

管的层面，主要包括基站、传输承载、核心网等网络，共同为智能电网提供网络切片服务。并可根据电力业务的不同分区，在三大网络切片基础上，进一步为电力企业不同的业务提供不同的子切片服务，保证电力业务的安全隔离要求，通过与电力各类业务平台对接，实现电力终端至主站系统的可靠承载。同时运营商网络通过能力开放平台，实现终端与网络信息的开放共享，进而为电力行业提供网络切片二次运营的可能。

云的层面，5G 基于 NFV/SDN 的网络实现方式，为电力行业客户提供更开放、更便捷的终端业务自主管理、自主可控能力。基于此，电力领域的业务平台总体上可分为两大类。

第一类是传统的电力业务平台，如配电网自动化、计量自动化等主站系统。

第二类是电力业务通信管理支撑平台，主要包括通信终端管理、业务管理、切片管理、统计分析及高级应用五大类应用。此平台对电力内部，作为通信管理的能力开放平台，为第一类业务平台提供切片管理服务以及终端状态、流量状态等信息，实现电力终端通信的可管可控；对外，将作为与运营商网络的接口，通过对接运营商网络能力开放平台或终端应用层交互的方式，获取终端、业务、网络等状态信息，并在此基础上提供基于大数据的更多高级应用。

安全体系方面，涵盖了端、管、云三个层次，云层面将根据电力行业及国家相关要求，电力生产控制类业务在通过 5G 公网进入电力业务平台前，将接入安全接入区，进行必要的网闸隔离。5G 智能电网安全手段，重点聚焦在管、端两侧，主要通过利用 5G 提供的统一认证框架、多层次网络切片安全管理、灵活的二次认证和密钥能力及安全能力开放等新属性，实现进一步安全性。

5G 端到端网络切片总体体系如图 5－1 所示。

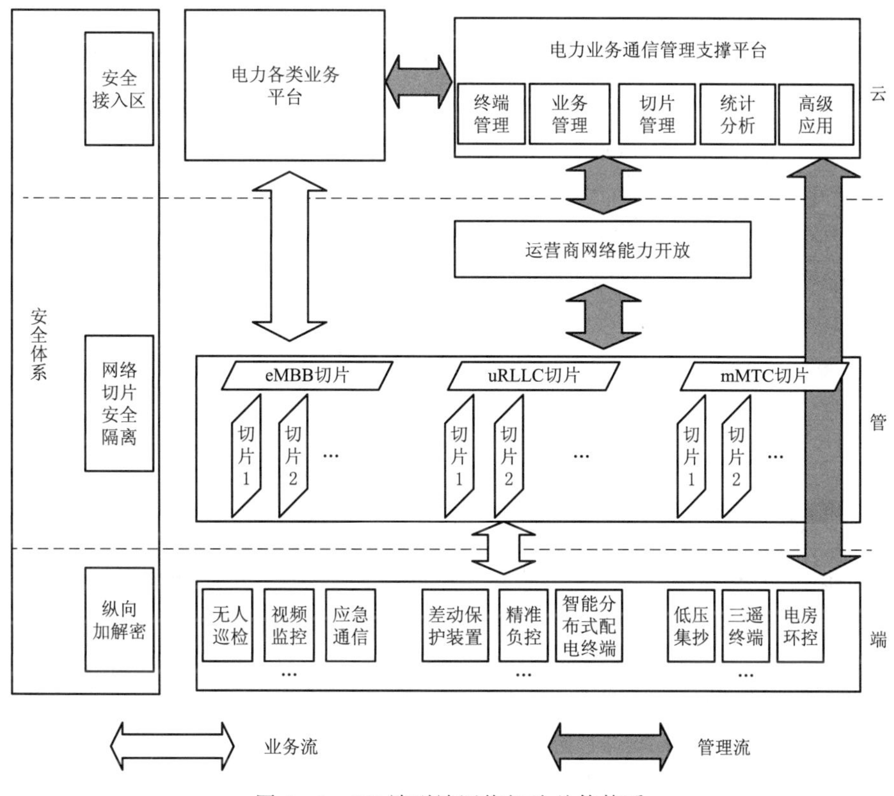

图5-1 5G端到端网络切片总体体系

5.1.2 终端部分

5.1.2.1 业务类型与网络切片间映射关系

5G智能电网典型业务场景包含了eMBB、uRLLC、mMTC三大场景。其中，eMBB场景主要为智能电网的大视频应用，包括了变电站巡检机器人、输电线路无人机巡检、配电房视频综合监控、移动现场施工作业管控、应急现场综合自主网应用。uRLLC场景主要包括智能分布式配电自动化、精准负荷控制业务。mMTC场景主要为分布式能源调控和高级计量两大业务。

5.1.2.2 5G电力通信终端形态展望

5G电力通信终端形态将包括独立式通信终端（CPE）和嵌入式通信模块两类。其中CPE南向与电力业务终端的接口进行适配，北向接入5G网络。嵌入式通信模块把5G的通信能力集成到电力业务终端内部。

在智能电网5G典型应用场景中，综合考虑终端形态、改造成本、移动性、负载性、取电等因素，对于变电站巡检、无人机巡线、配电房视频综合监控、移动现场施工作业管控、应急通信等大视频应用的终端，建议后续主要采用嵌入式模块方式。对于智能分布式配电自动化、精准负控、分布式能源调控的终端可采用CPE或嵌入式通信模块的方式。

典型电力终端的通信终端形态及其网络切片映射见表 5－1。

表 5－1　　典型电力终端的通信终端形态及其网络切片映射

业务类别	典型电力终端	5G 通信终端形态	主要考虑因素	网络切片类型
智能分布式配电自动化	智能分布式配电终端、智能 DTU	CPE/嵌入式模块	—	uRLLC
用电负荷需求侧响应	负荷管理控制终端	CPE/嵌入式模块	—	uRLLC
分布式能源调控	分布式采集、控制终端	CPE/嵌入式模块	—	mMTC
高级计量	集中器、电表	嵌入式模块	形态小，低成本	mMTC
变电站巡检	巡检机器人	嵌入式模块	移动性、取电难	eMBB
输电线路巡检	无人机、高清摄像头、线路故障指示器	嵌入式模块	移动性、减少负载、取电难	
配电房视频综合监控	移动高清摄像头	嵌入式模块	移动性、形态小	
移动现场施工作业管控	移动作业终端	嵌入式模块	形态小	
应急现场自组网综合应用	无人机、智能头盔、单兵作业终端	嵌入式模块	移动性、形态小、减少负载	

5.1.2.3　通信终端需求

1．独立式通信终端

电力独立式通信终端（CPE）未来的发展方向主要是全业务泛在接入、安全可靠、灵活可配置三大方向，其整体架构蓝图如图 5－2 所示。

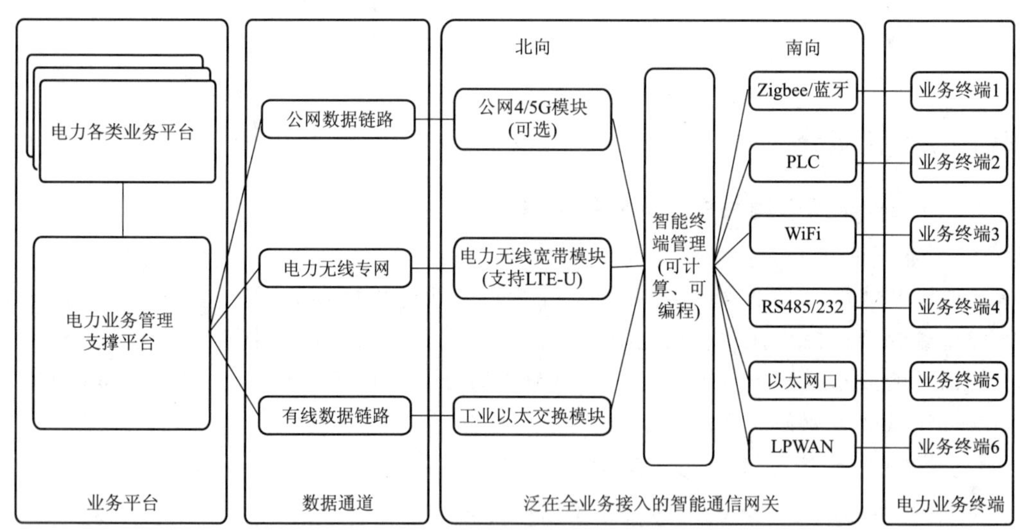

图 5－2　全业务泛在接入 CPE 总体架构

注释：

PLC，Power Line Communication，电力线通信

LPWAN，Low－Power Wide－Area Network，低功率广域网络

泛在接入：根据电力现有设备的通信接口，南向主要集成 WIFI、RS232、RS485、以太网口、AD/IO 等接口，并可扩展支持 Zigbee、LoRa、蓝牙、LoRaWAN 基站等能

力，适配不同的电力终端、各类传感器的接入需求。北向根据场景可选择配置电力无线专网、无线公网（含 5G）、卫星通信、以太网口等，在实际应用中，可考虑支持至少两种方式作为互备，这样可保障通信链路上至少有两条不同的物理通道，满足电力 $N-1$ 的安全要求。

安全可靠：在无线公网模块上，可配置双通道安全模式，如 4G、5G 双卡双待。可靠性的提升主要体现在两个层面，首先是通道主备关系的保障，即 5G 将作为主用通道，4G 或其他通信方式作为备用通道。当 5G 服务失效时，通道自动切换到备用通道中，以满足 $N-1$ 通道可靠性保障要求。其次从数据安全的层面，从通道选择机制上提升安全性，可考虑把两个通道均作为业务通道，通过 SDN 控制器对通道状态的感知及智能调度，把同一种业务数据分散在两个不同通道上传输，有效弥补了现有无线公网安全承载的问题。

灵活配置：CPE 集成轻量级操作系统，即插即用。通过电力业务管理支撑平台对其进行远程配置、版本升级，并通过安装 App 的方式实现其终端管理、其所下挂电力终端的网络管理、流量管理等。这样可极大减少千万级终端的现场施工调测和定期巡检。

2. 嵌入式通信模块

嵌入式通信模块未来将包含 5G 标准化通信模组和电力终端内部适配两部分。其中 5G 标准化通信模组应按照电信运营商、通信设备厂商的相关标准集成；电力终端内部适配部件，需根据电力业务终端的不同接口、电器特性要求封装集成，满足电力终端通信模块即插即用的使用需求。嵌入式电力通信模块在 CPE 总体架构中的应用如图 5－3 所示。

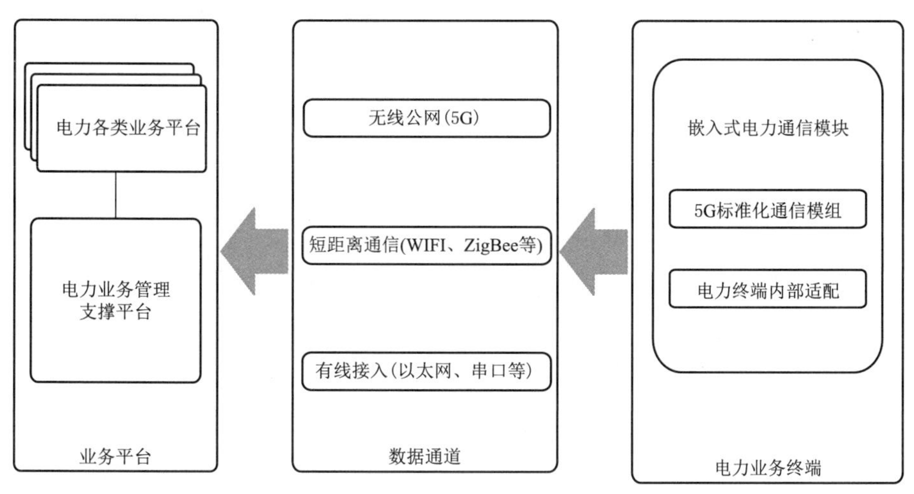

图 5－3　嵌入式电力通信模块在 CPE 总体架构中的应用

5.1.3　网络部分

5.1.3.1　电力业务网络切片概述

5G 网络切片将运营商 5G 物理网络切分为多个逻辑网络，实现一网多用；电力 5G 切片网络是在运营商 5G 网络基础上，构建一个端到端、安全隔离、按需定制的专用电力逻辑通信网络，利用 5G 网络切片技术，实现电网业务的安全隔离，定制化分配资源，5G 网络切片包括接入网、传输网、核心网、通信终端切片智能技术，通过端到端网络切片服务，为电力业务打造定制化的“行业专网”服务。基于电力行业的需求和网络切片技术理念，面向基于 5G 的电力业务网络切片整体方案如图 5-4 所示。

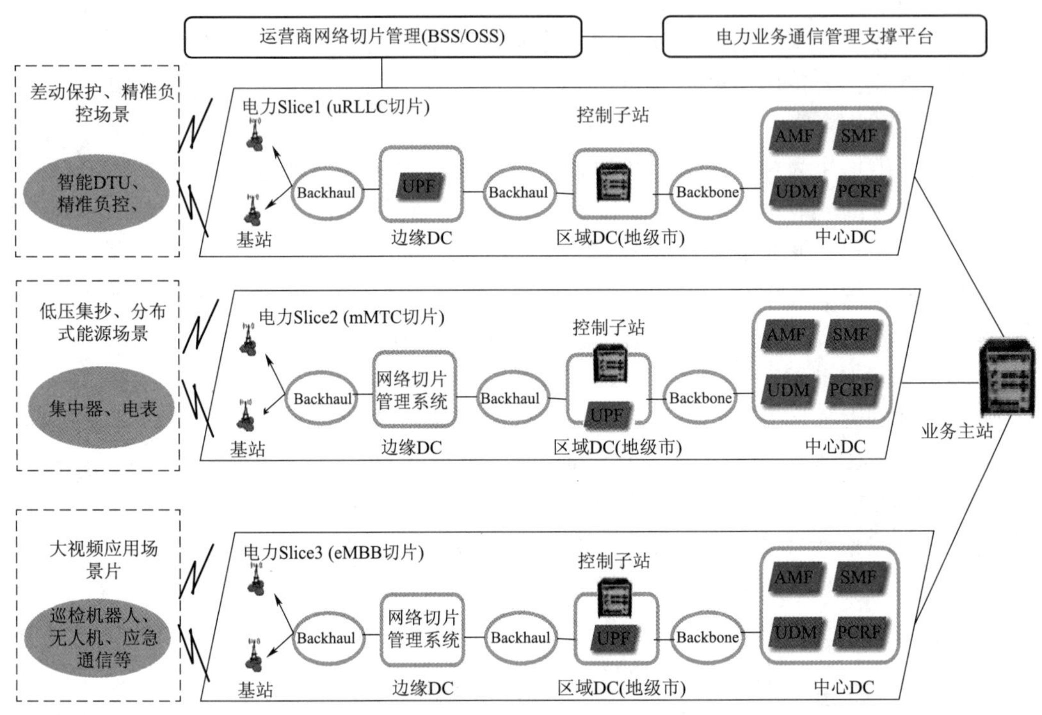

图 5-4　基于 5G 的电力业务网络切片整体方案

注释：

BSS，Business support system，业务支撑系统

OSS，Operation support system，运营支撑系统

运营商将提供三大类切片满足不同类型的业务需求：eMBB 切片满足高带宽业务需求、uRLLC 切片满足低时延业务需求、mMTC 切片满足大连接业务需求。每类切片可按需构建多个网络切片实例，电网企业可根据切片运行的状态及业务需求，为所属各单位提供差异化的电力业务网络切片服务。

5.1.3.2　电力业务网络切片隔离方案

电力行业网络切片隔离主要包括以下两大维度：电力与其他行业及个人用户通信业务之间的隔离以及电力自身不同分区业务之间的隔离。针对上述两大维度，可从接入网（含空口、基带、协议栈等）、传输网和核心网三个层面分别定制不同的隔离策略。

1. 接入网隔离方案

接入网的整体功能分为三个部分，空口/射频、基带处理和高层协议栈。高层协议栈功能具备灵活的隔离架构，既可以完全共享，也可以针对电力不同区域或类型的业务进行按需隔离。在空口频谱资源的使用策略上，电力业务和运营商网络中的其他业务共享频谱资源，采用相同的上下行配比。所有业务在时域和频域两个维度都可进行动态的按需调度。其中uRLLC和eMBB可以共享频段，通过不同的物理层参数、调制编码方案、调度方案等达成差异化的时延和可靠性目标。基于频谱资源共享的前提，接入网的底层设备资源如射频、前传、基带等部分功能与资源也都是共享的。

针对电力业务网络切片中可能存在的紧急保障类需求，可以通过优先接纳、负载控制等技术，优先保障电力高优先级业务，避免其他切片中的业务影响电力业务的性能表现。在确有必要的情况下，运营商可以为电力配置特定的抢占策略，以抢占其他优先级更低的切片资源。

2. 传输网隔离方案

RAN与CN（Core Network，核心网）之间的回传网络连接可以用运营商网络，以便达成更好的E2E（End-to-End，终端到终端）切片配合效果。回传网络的业务切片，根据对安全和可靠性的不同诉求，分为硬隔离和软隔离。硬隔离采用FlexE技术实现不同切片分配独享的接口资源，基于时隙调度实现带宽独占，软隔离基于VLAN和QoS实现，支持灵活的业务区分。通过支持软硬隔离的传输网络切片可以满足电力需求。

3. 核心网隔离方案

在无线蜂窝网3GPP标准中已经明确，5G SA核心网各网络功能被化整为零，打散为众多更细颗粒的模块化组件，微服务就是5GC（5G Core Network，5G核心网）核心网网络功能的最小模块化组件，微服务按业务需求的不同进行灵活的编排形成不同的切片，每个切片都有专用的功能。每个切片只能访问本切片的会话数据。核心网隔离有两大类方案：物理隔离，即物理服务器电力专用，如有极高的安全需要，可将服务器部署在不同地理位置；逻辑隔离，即电力与运营商其他业务共享硬件服务器、区分虚拟机。

5.1.3.3 电力业务网络切片可靠性保障方案

公网运营商网络可为关键、核心的电力业务网络切片提供至少99.99%的整体网络通道可用度服务，并有多样化的保障机制来满足不同的电力业务需求。

1. 传输硬管道和主备保护链路

传输为电力业务网络切片提供硬管道，保护业务传输不受其他业务影响，保证业务的带宽和时延等。运营商核心网和回传部分的传输通道可以采用备份机制，基于快速主备倒换技术，支持电力业务在主用和备用通道之间无损迁移。

2. 故障检测与快速处理

运营商通过部署实时监控技术，针对网络中的多项运行指标进行联合分析，检测不同类别的异常场景，进行故障隔离和快速恢复。

3. 接入侧双频组网

运营商可以在基础覆盖能力上进行按需增强，比如采用多个频段进行交叠组网，当某一个频段出现覆盖丢失、极度拥塞的情况时，将电力业务转移到另一个频段上。

5.1.3.4 电力业务网络切片能力开放方案

电力业务网络切片由公网运营商向电网企业提供切片订制的可选菜单，运营商针对电力的业务订购，转换成网络语言进行切片部署，切片部署的过程对电网企业是透明的，且公网运营商可把切片的实时运行状态（如基础资源运行状态、业务关键指标、异常告警信息等）开放给电网企业，电网企业可根据切片运行状态及不同分区的业务需求，为所属各单位进行高强度的安全隔离，定制化分配资源，提供差异化切片服务，从而形成行业切片运行闭环管理，如图 5-5 所示。

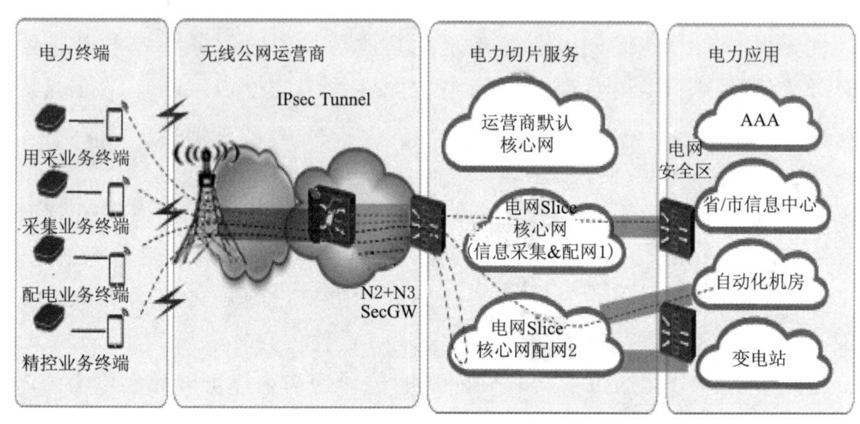

图 5-5　5G 电力业务切片服务

围绕电力业务网络切片的定制、部署、运行三个环节，公网运营商拟向电力行业用户开放的切片管理能力包括切片定制、切片部署、切片运行三方面，如图 5-6 所示。

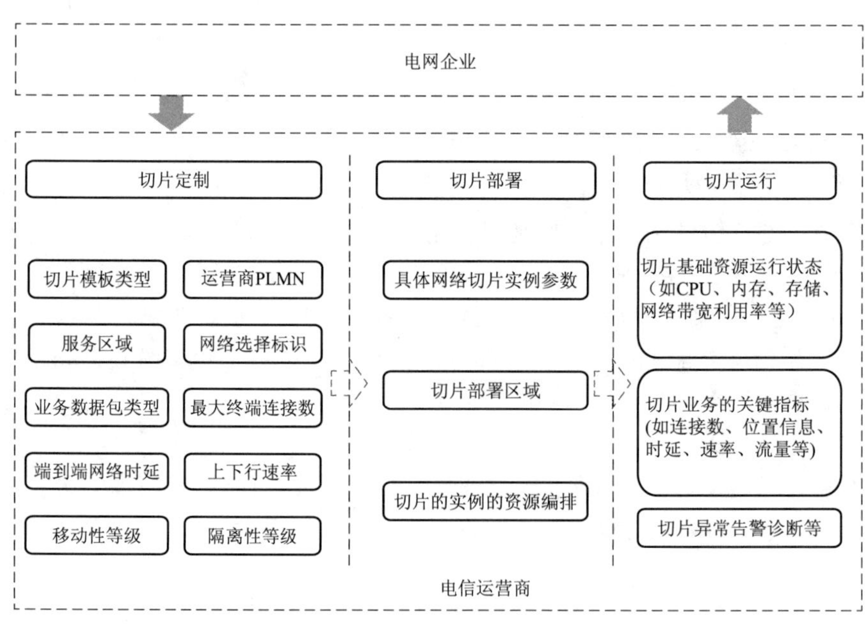

图 5-6　电力业务网络切片能力开放架构图

1. 电力业务网络切片定制设计

基于电力行业与运营商达成的商业意向，电网企业可参与到电力业务网络切片的顶层设计过程中。在业务设计阶段，电网企业可参与的内容包括：①在 eMBB、uRLLC、mMTC 三大类基础上，电网企业可按需扩展自定义切片类型，以区分不同分区业务或有特殊管理需求的业务。②设置具体电力业务与网络切片类型的映射关系。对于通信安全、可靠性、部署位置等需求差异很大的业务，可以通过网络切片隔离来实现；只在时延、速率、丢包率方面有细微差异的业务，且没有独立管理需求的，可以通过 5QI 来区分。③设置接入网络切片的终端数量，不同类型的网络切片，其允许设置的终端接入数量级别也有差异，uRLLC 网络切片支持的终端数量相对较少。④定义每个网络切片的逻辑功能，如针对不需要移动性的网络切片，可以不需要移动性处理模块；针对需要定位服务的网络切片，可以增加定位处理功能。

2. 电力业务网络切片规划与部署

同一种网络切片类型、同样的电力业务，在不同的地理范围内可以定义多个网络切片实例。例如，为各省/地/市分别部署不同的网络切片实例，最终在全网范围内形成几十个可管理的切片实例。电力业务网络切片综合管理器则可部署在集中区域，便于查看所有电力业务网络切片的实例状态。

对于每一类型切片，可按需选择资源冗余、主备倒换方案等，以满足不同可靠性要求；对于超高可靠性的业务，可单独定义是否需要双频组网等特殊覆盖部署；针对地理位置特殊的电力业务，尤其是地下室等需要深度覆盖的特定区域，可按需定义其室内部署方式。

3. 电力业务网络切片实例运行监控

公网运营商通过可视化界面或 API 接口将网络切片运行状态相关信息开放给电网企业，以便对不同类型不同业务的多个网络切片实例进行实时监控管理。切片运行状态是指基础资源运行状态，比如核心网的中央处理器（Central Processing Unit，CPU）、内存，接入网的频谱资源使用情况等；切片业务关键性能指标，如切片在线用户数、时延、速率等；以及切片运行异常告警与诊断信息。

5.1.4 电力业务通信管理支撑平台

5.1.4.1 电力业务通信管理支撑平台总体架构

电力业务通信管理支撑平台总体上分为数据采集与控制层、平台层、管理应用层及横向接口四个层次，如图 5-7 所示。

数据采集与控制层可通过 RestFul 接口与运营商的网络能力开放平台对接，或直接通过应用层协议从无线终端采集相关状态数据。同时，通过运营商能力开放平台获取终端所属网络切片状态的信息。该平台需要考虑与多个运营商网络能力开放平台对接，以保障接入不同运营商网络的终端均可观、可控。数据采集层通过消息总线向上提供灵活的数据交互能力。

平台层通过 API 接口为上层应用提供数据存储、流量引擎、负载均衡等公共服务能力，实现基础能力的统一封装，支撑上层应用的快速上线。

管理应用层主要包括终端管理、业务管理、切片管理、统计分析及其他高级应用等，向下通过 API 接口调用平台层所封装的能力，实现业务灵活快速上线，对外通过 Web 等方式实现各类管理终端的远程接入。

横向接口层提供 RestFul、Http、FTP（File Transfer Protocol，文件传输协议）等丰富接口适配传统电力各类业务系统，如系统运行、计量自动化、配电网自动化等。

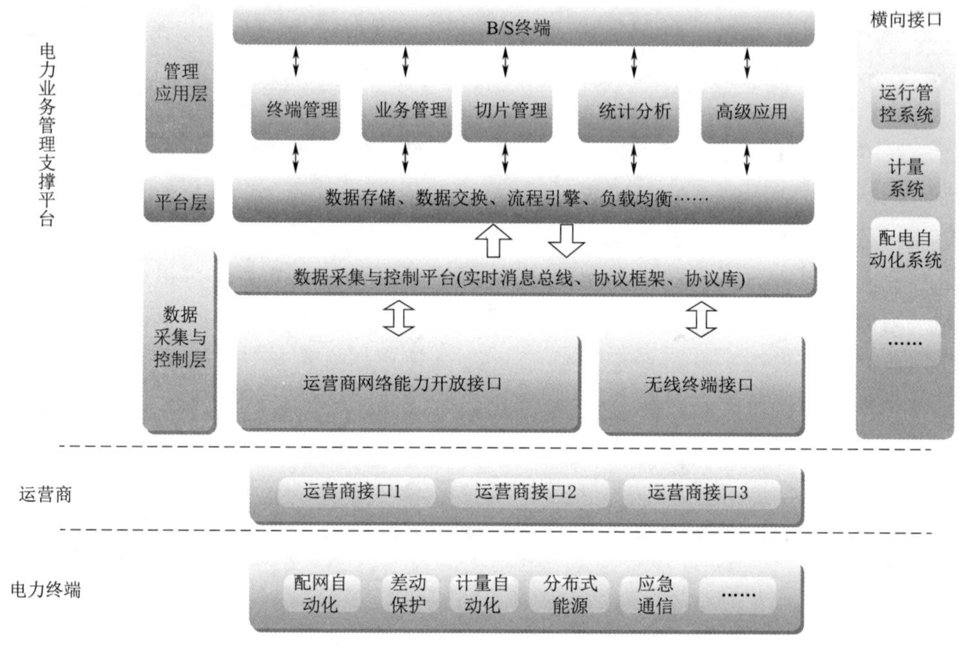

图 5-7　电力业务通信管理支撑平台总体架构

5.1.4.2　电力业务通信管理支撑平台功能模块

电力业务通信管理支撑平台主要包括数据采集域、应用域、管理域、统一接口服务域等基本功能模块，如图 5-8 所示。有别于以往的移动通信网络发展模式，依托 5G 网络能力开放和切片技术，未来该平台将为电网企业提供更丰富的、更多元化、更灵活的网络切片服务管理能力，同时电力业务通信管理支撑平台自身也以更开放的架构，向电力内部业务提供支撑服务。

(1) 数据采集域。主要实现接口层的适配，实现与运营商接口、无线终端的统计接口采集。

(2) 应用域。包括通信终端管理、连接管理、网络切片管理、统计分析四项基础应用及高级应用。其中通信终端管理、连接管理主要实现电力通信终端位置、状态、性能、台账、卡号、流量、业务资费、在线状态等信息的监测管理。

(3) 管理域。网络切片管理分为两类，一类是状态监测型，主要包括对运营商网络的业务切片属性、切片资源视图、切片负荷运行状态的监测；另一类是控制管理型，包括根据电力企业的需求订购网络切片，选择网络切片类型、容量、性能及相关覆盖范围，可根据电力企业的需求调整切片的功能、业务属性、资源分配，调整不同业务之间切片隔离程度（如物理隔离、逻辑隔离），并可以给予电力企业自行进行切片上下线管理的权限等。统计分析应用主要包括终端、业务运行、SIM 卡状态、网络切片及故障告警等基础分析。高级应用基于大数据态势感知分析的无线通信大屏展示、重要场景保障监视、区域隐患预警、终端预警分析等。

(4) 统一接口服务域。主要实现本支撑系统与系统运行控制系统、计量系统、自动化系统的对接，以微服务的方式向各类系统提供通信终端、状态、网络的相关数据服务。

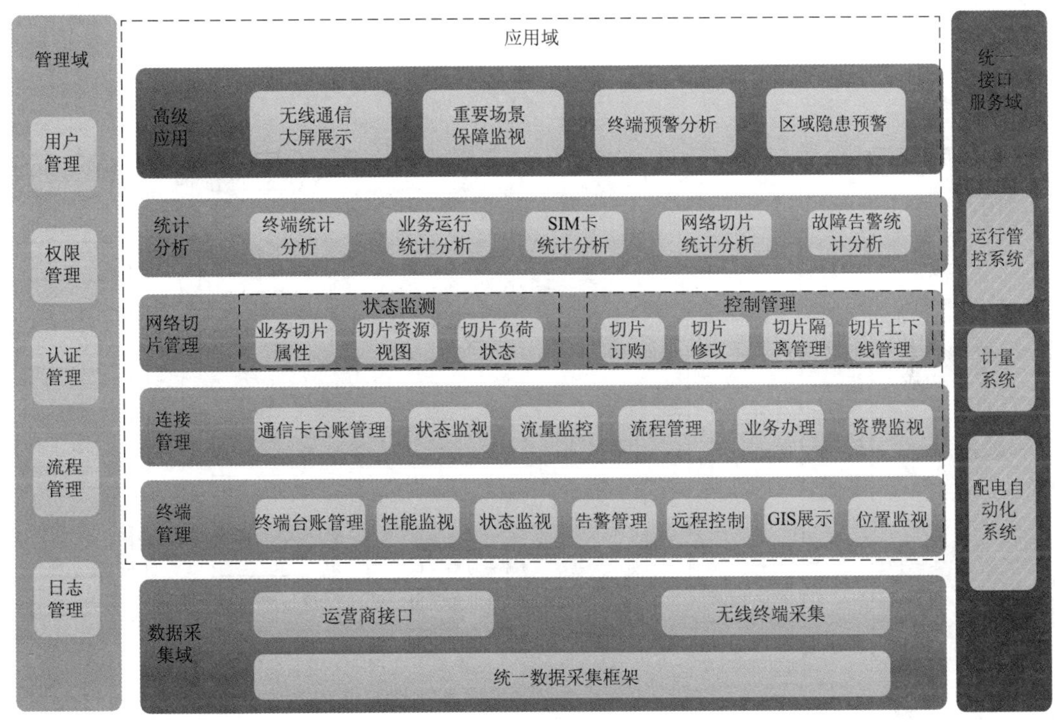

图5-8 电力业务通信管理支撑平台功能模块

5.1.4.3 电力行业切片管理实现

业务需求是无限的，而网络资源是宝贵的。为了让5G网络资源更高效地匹配业务需求，未来5G为行业提供的切片服务管理将需要结合行业业务特点和5G通信服务的关键指标一并考虑。只有深入了解行业业务特点才可以有效地实现5G网络资源编排配置，提升网络效率。

聚焦在电力行业的切片管理实现上，我们认为可以归纳为“业务”“通信”“业务切片规划及订购”“切片编排及实现”四个流程。其中前三个流程均需要电网企业深度参与方可完成整个闭环流程，如图5-9所示。

1. “业务”环节

在电力行业，专业是细分的。这里指的“业务”是相对通信而言，对于需要通信专业提供通道服务的专业均可称为“业务”需求。该环节主要有两个目标，一个是根据5G通信敏感和关注的信息，从上游业务中获取业务需求；另一个是尽可能地简化业务部门的工作量，用最简单便捷的方式，抽象出业务模型。

对此，一般业务模型可以抽象为“业务类型”“服务范围”“服务对象”。“业务类型”

需要解释是什么业务，如控制类、采集类、应急通信类的某某业务，以及该类业务的连接规模。不同的业务类型将对应不同的通信指标需求模型、安全隔离模型。“服务范围”需要细化到区域甚至是经纬度的颗粒度，如区县、市、省、集团等。不同的区域范围，将对运营商 5G 网络的部署有较大影响。“服务对象”需要明确使用主体，可以是公司决策层、市场人员、运维人员、管理人员、网络设备等，不同的主体在移动性、保障性、网络服务权限有较大差异。

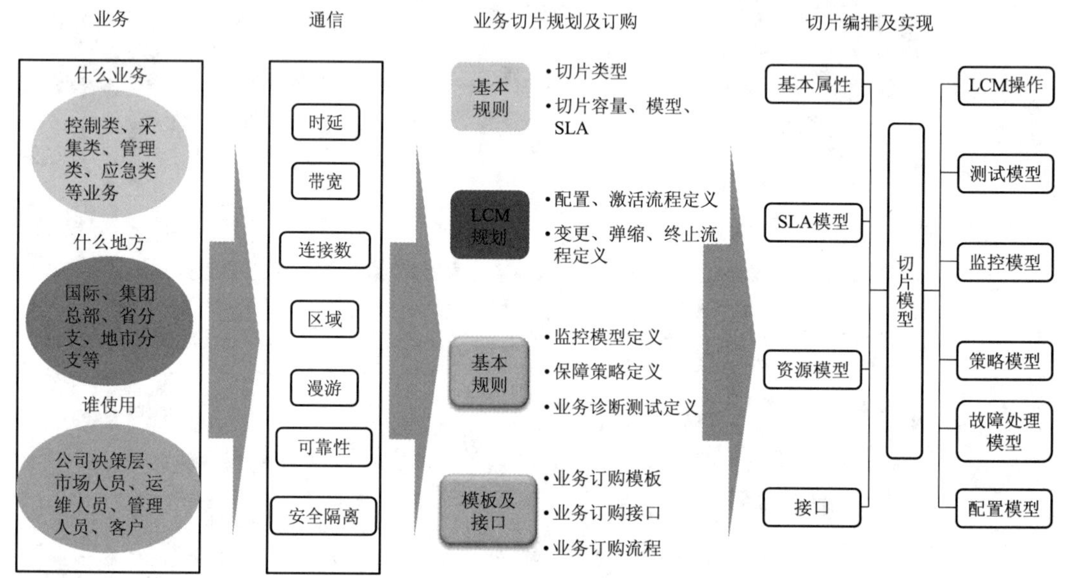

图 5-9 电力行业切片管理实现

2. “通信”环节

在该环节需要通信的管理部门对业务需求进行通信关键指标的建模。该建模工作主要把每一项微观的业务需求（例如卡、设备颗粒度），按照一定的业务模型转换为通信的关键指标。

此环节的关键，在于维护不同的业务模型对应的通信指标模型，随着业务的发展及个性化需求的变化，通信关键指标需要同步持续更新。例如在电力系统中，某业务调整了安全接入区的范畴，则对应的安全隔离要求相应调整。再如，电力新业务上线（如配电网 PMU、配电网差动保护等），则需要定义新的业务模型以及通信关键指标模型。

3. “业务切片规划及订购”环节

该环节是电网用户切片订购的核心环节，主要是完成所有通信微观需求（指以卡为颗粒度的需求明细）的整合，对内完成电力业务切片的规划管理，对外完成与运营商的切片服务衔接，最终根据规划的切片向运营商提出订购需求。

在通信微观需求整合的环节，可以按照不同的维度进行整合，如按照业务终端、安全分区、带宽、时延、连接数、用户类型等。对电力业务切片的规划管理则需要电力内部的人员对业务切片类型、服务区域、切片容量、带宽、时延模型进行定义，并向运营商提出相应的 SLA 服务需求，最终需要输出给运营商购买某某类型的、若干张切片服务。

向运营商提出订购需求则主要是需要与运营商的能力开放平台对接，实现相关参数的线上传递，以达到快速的订购、修改、删除等功能。

4. “切片编排与实现”环节

该环节主要在运营商侧实现。对于运营商而言，该环节主要包括整合和实现两个环节。对于运营商而言，电力业务切片仅是众多行业切片需求之一，从网络资源效率最大化的角度，运营商需要整合电力切片订单及其他行业切片订单，综合考虑生成一个具体的网络切片资源订单。譬如对于电力配电网差话费动保护业务，要求严格物理隔离的，则单独分配网络资源；对于电力视频安防、无人机巡检类的业务，可以与同区域的其他行业类似业务整合为一张大 eMBB 切片。实现环节主要是运营商根据最终整合的切片资源需求，通过切片资源管理器完成无线网、传输网、核心网端到端的资源编排，并把最终的结果反馈给电网客户。

注释：

LCM，LCD Module，LCD 显示模组

从系统实现的角度看，运营商内部也会分为若干个层次，如图 5－10 所示。

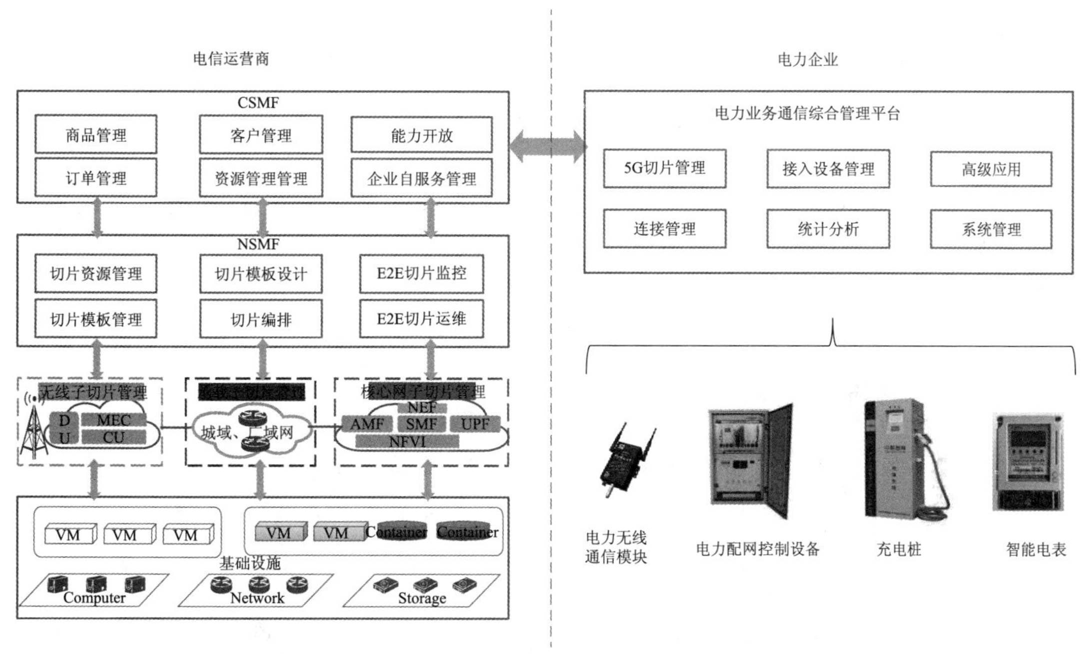

图 5－10　运营商内部分层

注释：

VIM，Virtualized Infrastructure Manager，虚拟化基础设施管理器

5.1.5　安全体系

5.1.5.1　智能电网安全体系整体要求

根据《电力监控系统安全防护规定》（国家发改委 2014 年第 14 号）、《国家能源局关

于印发电力监控系统安全防护总体方案等安全防护方案和评估规范的通知》（国能安全〔2015〕36 号）的相关规定，电力业务的安全总体原则为安全分区、网络专用、横向隔离、纵向认证，落实到上述云、管、端的体系中，整体要求如下：

1. 云（安全分区、横向隔离）

安全分区：电力业务总体上可分为生产控制大区和管理信息大区两大类，其中生产控制大区可分为控制区（安全区Ⅰ）和非控制区（安全区Ⅱ），管理信息大区内部可根据企业不同需求划分不同的安全区。

横向隔离：电力要求生产控制大区与管理信息大区的业务平台之间采用严格的物理隔离（如采用不同的波长、时隙、物理光缆、设备等），而在两大区域内部的业务则可采用逻辑隔离（如子网、MPLS－VPN 等技术）。

2. 管（网络专用、横向隔离）

为满足电力监控系统安全防护总体要求，5G 网络将发挥其灵活、高强度安全隔离的网络切片技术优势，辨识电力业务的安全分区属性，将其映射到不同的网络切片，并按照横向隔离的要求，为不同区域业务制定不同的安全策略，提供不同的专网安全保障服务。

3. 端（纵向加密）

一般终端可采用基于非对称加密技术的安全防护手段，实现终端对主站的身份鉴别与报文完整性保护，对重要终端可采用双向认证加密技术。此外，针对特定的重要业务，还可以采用机卡绑定、基于终端证书等信息的二次认证方式进一步提高业务的安全性。在上述云、管、端三大领域中，云领域属于应用层安全，电网的相关业务系统将遵循国家相关规范实施，5G 助力智能电网的安全提升将重点关注管道安全、终端、信息安全三大领域。

5.1.5.2 管侧安全方案

对于智能电网的应用，管侧安全重点聚焦“网络专用、横向隔离”，5G 网络将重点关注网络切片安全，以及网络安全的能力开放两方面。

1. 5G 核心网提供多层次的切片安全保障，为智能电网业务提供差异化的隔离服务

5G 切片安全机制主要包含三个方面：UE 接入安全、网络域安全，外网设备访问安全。

（1）UE 接入安全。通过接入策略控制来应对访问类的风险，由 AMF 对 UE 进行鉴权，从而保证接入网络的 UE 是合法的。另外，可以通过 PDU（Packet Data Unit，分组数据单元）会话机制来防止 UE 的未授权访问。

（2）网络域安全。网络域通信安全可以分为三种情况：

1）NF 间互访安全。NF 理论上具备访问其他所有 NF 的能力，因此切片内的 NF 需要安全的机制控制来自其他 NF 的访问，防止其他 NF 非法访问。安全机制可考虑使用 NF 间的认证与授权机制。

2）不同切片间 NF 的隔离。不同的切片要尽可能保证隔离，各个切片内的 NF 之间也需要进行安全隔离，比如，部署时可以通过 VLAN（虚拟局域网）/VxLAN（虚拟扩展局域网）划分切片。

3）切片内的NF间安全。切片内的NF之间通信前，按需可以先进行认证，保证对方NF是可信NF，然后可以通过建立安全隧道保证通信安全，如IPSec。

4）外网设备访问安全。在切片内NF与外网设备间，部署虚拟防火墙或物理防火墙，保护切片内网与外网的安全。如果在切片内部署防火墙则可以使用虚拟防火墙，不同的切片按需编排；如果在切片外部署防火墙则可以使用物理防火墙，一个防火墙可以保障多个切片的安全。

2.5G网络安全能力开放，助力智能电网实施更灵活的安全保障措施

体现5G网元与外部业务提供方的安全能力开放，包括开放认证与密钥管理。也可以根据业务对于数据保护的安全需求，提供按需的用户面保护。5G网络安全能力开放主要归结为安全策略的可定制化以及隔离网络切片中独立的安全管理。

（1）5G网络安全策略的可定制化

按照业务的通信需求（如不同的时延、QoS、安全等业务特性需求），5G网络可以为每种业务设计分配承载业务数据且满足业务通信属性的切片网络。针对高安全要求的切片，可为其设计增强的安全机制，提供支持高安全级别的网元，如支持更安全密钥算法的AMF、支持安全功能的用户面网元［如抗DoS，防火墙、IDS（Intrusion Detection Systems，入侵检测系统）/IPS（Intrusion Prevention System，入侵防御系统）、WAP等］。安全策略管理器向切片安全编排器发送安全需求，安全编排器将安全需求转换为安全控制指令，为切片配置安全功能和策略，实现可定制化的切片安全策略，如图5-11所示。具体的安全能力及特征值示例见表5-2。

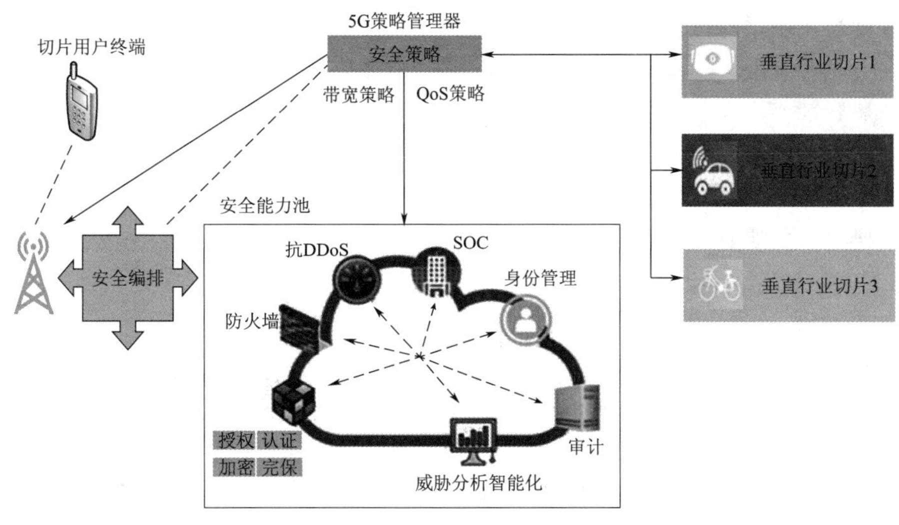

图5-11 安全策略可定制化

注释：

SOC，Security Operations Center，安全运营中心

DDoS，Distributed Denial of Service，分布式拒绝服务

AES，Advanced Encryption Standard，高级加密算法

表 5-2　安全能力及特征值示例

安全能力		安全特性选项
机密性保护	是否机密性保护	Y/N
	机密性保护算法	AES/Snow 3G/ZUC
	机密性保护密钥长度	128/256/512 bit
完整性保护	是否完整性保护	Y/N
	完整性保护算法	AES/Snow 3G/ZUC
	完整性保护密钥长度	128/256/512 bit
	完整性保护参数长度	32/64/128 bit
其他能力	是否需要 DDoS 防御能力	Y/N
	是否需要 IDS 能力	Y/N
	保护节点	RAN/CN

（2）隔离网络切片中独立的安全管理

通过应用编程接口（API），运营商可以将网络安全能力共享给垂直行业的应用，从而让垂直行业服务提供商能有更多的时间和精力专注于具体垂直行业应用的业务逻辑开发，进而能快速地、灵活地部署各种新业务，以满足用户不断变化的需求。网络中相同的安全能力通过实例化能共享给多个垂直行业的应用，同时还能保持安全相关数据的隔离，从而提高运营商网络安全能力的使用效率。

开放的网络安全能力具体包括：①基于网络接入认证向垂直行业应用提供访问认证，即如果垂直行业应用与运营商网络层互信时，用户在成功通过网络接入认证后可以直接访问垂直行业的应用，从而在简化用户访问垂直行业应用认证的同时也提高了访问效率；②基于终端智能卡（如 eSIM，Embedded Subscriber Identity Module，嵌入式用户识别卡）的安全能力，可以拓展业垂直行业应用的认证维度，增强认证的安全性；③基于安全能力管理服务，运营商可以将网络安全管理能力共享给垂直行业的应用，以支持隔离的网络切片中具有独立的安全管理能力。

5.1.5.3　端侧安全方案

端侧安全重点聚焦“纵向加密”。智能电网可利用 5G 所提供的统一的认证框架、二次认证和密钥管理的新功能进一步提升终端侧的安全管理能力。

1. 利用 5G 统一的认证框架，满足更丰富的智能电网终端接入认证需求

为了使用户可以在不同接入网间实现无缝切换，5G 网络将采用一种统一的认证框架，实现灵活并且高效地支持各种应用场景下的双向身份鉴权，进而建立统一的密钥体系。

2. 5G 提供灵活的二次认证和密钥管理，提升智能电网的终端管理能力

二次认证是 3GPP 定义的附加认证体系，是指 UE 和运营商网络在执行必要的基于 3GPP 认证凭证的认证之后，在 UE 接入外部数据网络前可执行基于外部第三方认证服务器的认证，用以控制 UE 接入外部数据网络。可以由切片内的会话管理功能（SMF）作为 EAP（Extensible Authentication Protocol，可扩展认证协议）认证器，为 UE 进行二

次认证。

二次认证将最终能否成功接入特定数据网络的能力交给垂直行业，垂直行业的应用服务器可随时添加、删除、管理可接入数据网络的用户。使用二次认证后，运营商网络成为垂直行业应用安全的天然屏障：只有垂直行业应用服务器允许的用户才能接入其网络，对于任何监测到的恶意用户，该应用服务器可随时对其进行隔离、处置。

二次认证主要提供了 UE 与外部数据网络（如业务提供方）之间的业务认证以及相关密钥管理功能。在智能电网领域，电网 CPE 通常位于无人值守的户外，其所使用的 USIM 卡（Universal Subscriber Identity Module，全球用户识别卡）可能被攻击者窃取，然后插入其他设备中冒充正常 CPE 接入电网网络而发起攻击。二次认证可以解决由于电网客户终端设备（CPE）所使用的 USIM 卡被盗而引起的针对电网网络发起的攻击。

5G 网络可以与智能电网的业务侧平台配合，通过二次认证可以实现外部数据网络的 AAA（Authentication、Authorization、Accounting，验证、授权和记账）服务器对与其有签约关系的 UE 进行认证，然后根据认证是否成功来决定该 UE 是否被允许接入上述数据网络。

需要注意的是，与 UE 接入运营商网络时进行首次认证所使用的存储于 USIM 的信任状不同，二次认证需要通过额外的信任状（如证书）来实现，并且该信任状仅在二次认证过程中被使用。由于攻击者所使用的终端不具备二次认证所使已用的信任状，当攻击者在尝试接入电网网络时会因为无法通过二次认证而被拒绝，以保证电网网络的安全。

5.1.5.4　认证及安全加密

4G 网络的认证、加密算法的安全性都得到了实践的检验，5G 不仅在 4G 的基础上进一步考虑了加强了安全特性，而且为满足更多业务场景的需求，增加了安全能力的扩展。4G 与 5G 认证体系的差异如图 5－12 所示。

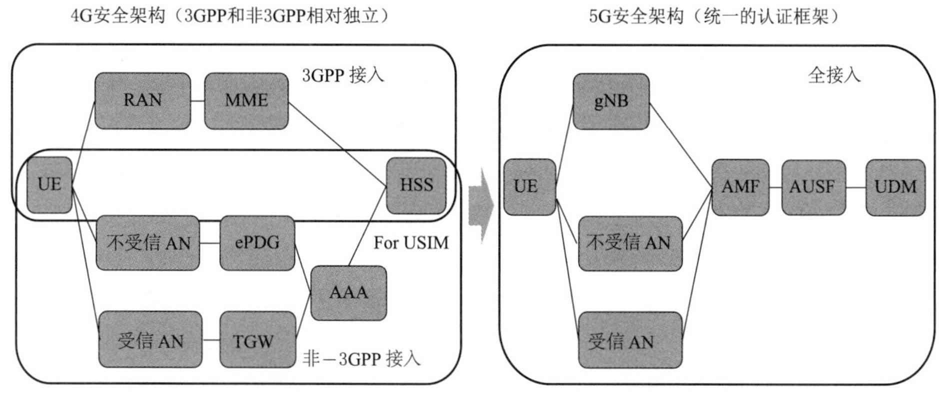

图 5－12　4G 与 5G 认证体系的差异

注释：

PDG，Packet Data Gateway，分组数据网关

HSS，Home Subscriber Server，归属签约用户服务器

MME，Mobility Management Entity，移动管理实体

1. 更好的数据安全保护

首先，密码算法的强度支持更高。5G 支持的 AES、SNOW 3G、ZUC 等已被业界证明为非常安全的算法。在 4G 网络中，对密码算法的密钥要求为 128 位；为了应对将来可能出现的更强计算能力与攻击方式，5G 已经将密钥长度的支撑能力延长到了 256 位。其次，对用户数据的完整性保护要求更严格。在 4G 中具备对信令数据（用于保障流程）进行完整性保护，避免篡改；但缺乏对用户数据进行完整性保护的强制措施。而对于物联网、车联网、工业互联网等关键应用而言，一个 bit 被恶意篡改都可能引发应用的错误甚至物理上的安全损害。5G 提供了为用户数据进行完整性保护的机制，可确保用户的数据在空中接口传输的过程中不会被恶意篡改。

2. 更完善的认证机制支持

4G 网络的 AKA（Authentication and Key Agreement，认证与密钥协商协议）认证机制具备了很高的安全性。5G 认证也采用 AKA 机制，并在 4G 的基础上进行了增强，称为 5G－AKA，并在机制和能力上进行了增强。5G 构筑接入无关的统一安全框架、统一认证方法、统一密钥架构，即 3GPP 接入和非 3GPP 等多接入方式，均接入 AMF（Access and Mobility Management Function，接入及移动性管理功能），由 AMF 统一发起 AMF－AUSF（Authentication Server Function，认证服务器功能）－UDM（Unified Data Management，统一数据管理）的认证流程；增加漫游场景回归属地认证的控制。

首先，5G－AKA 增强了归属网络对认证的控制。不仅考虑了对用户的认证，还考虑了对其他网运营商的认证，防止拜访网络虚报用户漫游状态，产生恶意扣费等情况。除此之外，5G 在认证机制上的一大新增点是支持了对 EAP（Extensible Authentication Protocol，可扩展认证协议）认证框架的支持。5G 为垂直行业的信息化和组网提供服务；对于这些网络，可能已经存在一些认证方式和认证基础设施。因此，5G 在支持这些网络场景时，既要求能支持垂直行业已有的机制，又能实现良好的扩展性。为此，5G 采用了非常灵活的 EAP 认证框架，既可运行在数据链路层上，不必依赖于 IP 协议，也可以运行于 TCP 或 UDP 协议之上。由于这个特点，EAP 可支持多种认证协议，如 EAP－PSK（Pre－shared Kay，预共享密钥）、EAP－TLS（Transport Layer Security，安全传输层协议）、EAP－AKA、EAP－AKA 等；能保证支持垂直行业的已有应用，并实现新认证能力的扩展。

3. 更好的隐私保护

除了对用户的信令和数据进行机密性保护之外，5G 还可以对用户的永久标识国际移动用户识别码（International Mobile Subscriber Identification Number，IMSI）进行机密性保护。

在 2G 至 4G 的通信网络中，网络和终端会使用临时分配给用户的标识——临时移动用户识别码（Temporary Mobile Subscriber Identity，TMSI）来进行通信，但临时标识和永久标识不能同步的时候，网络会请求用户终端发送永久标识到网络来进行认证，可能会出现短暂的永久标识出现在无线信道上。攻击者可以使用 IMSI catcher 等工具获取用户标识，并进一步构造攻击。5G 网络能够利用归属网络的公钥对永久标识进行加密，从而在空口上无法看到明文传输的永久标识，有效保护了用户的隐私信息。

4. 更好的攻击防护能力

对于网间，在5G网络中新增了安全边界保护代理设备（Security Edge Protection Proxy，SEPP）。SEPP在运营商互通时建立TLS安全传输通道，可有效防止数据在传输过程中被篡改。在内部，核心网的网元之间采用SBA架构互通，增加了认证、授权两项功能保障内网安全性。一是采用OAuth2.0授权框架，通过网络储存功能（NF Repository Function，NRF）授权进行NF互访的权限控制；二是提供TLS安全传输通道，解决核心网内设备通信安全传输问题。此外，对于网络功能虚拟化、服务架构、边缘计算等都提出了新的安全场景、安全架设和安全需求。4G与5G安全能力综合对比见表5-3。

表5-3　4G与5G安全能力综合对比

	对比项目	4G	5G（第一阶段eMBB）
架构	认证框架	3GPP：UE-MME-HSS N3GPP：UE-ePDG（非可信）/TGW/HSGW（可信）-AAA-HSS	All：UE-AMF-AUSF-UDM
	认证算法	3GPP：EAP-AKA Non3GPP：EAP-AKA、EAP-AKA’	All：EAP-AKA’（5G-AKA仅用于3GPP接入），增加归属网络确认认证结果
	安全锚点	3GPP：MME； Non3GPP：ePDG（非可信）/TGW/HSGW（可信） 3GPP和非3GPP切换时需要重新确认和建立安全上下文	All：AMF 切换无须重新认证，并共享锚点密钥
能力增强	用户面安全	机密性保护，用户面的安全协议基于UE粒度	机密性保护/完整性保护，安全写上基于会话粒度
	用户隐私	IMSI明文在空口传输（安全上下文建立的）	使用归属网络的公钥加密IMSI，IMSI不在空口明文传输
	加密算法	128位，Snow3G，AES，ZuC	128/256位，Snow3G，AES，ZuC

5.2　5G智能电网商业模式探讨

5.2.1　5G在电力行业发展的生态愿景

未来与运营商、通信厂商、电力相关企业共同制定行业标准，构建5G电力生态，如图5-13所示。在此生态中，结合试点，实现业务场景的通用化，并通过通信业务综合管理支撑平台实现兼容三大运营商的电力切片服务订购与管理，切片的具体实施部分由三大运营商整合不同的通信设备及服务商完成，通信终端的提供渠道是多样的，可以是设备厂商、运营商或国网/南网自身的产业公司，而电力类的设备厂商需要考虑适配5G进行产品升级改造。

5.2.2　5G的套餐资费模式

5.2.2.1　运营商商业模式的发展历程

运营商的商业模式主要可以从用户规模和业务类型两个维度分析，如图5-14所示。

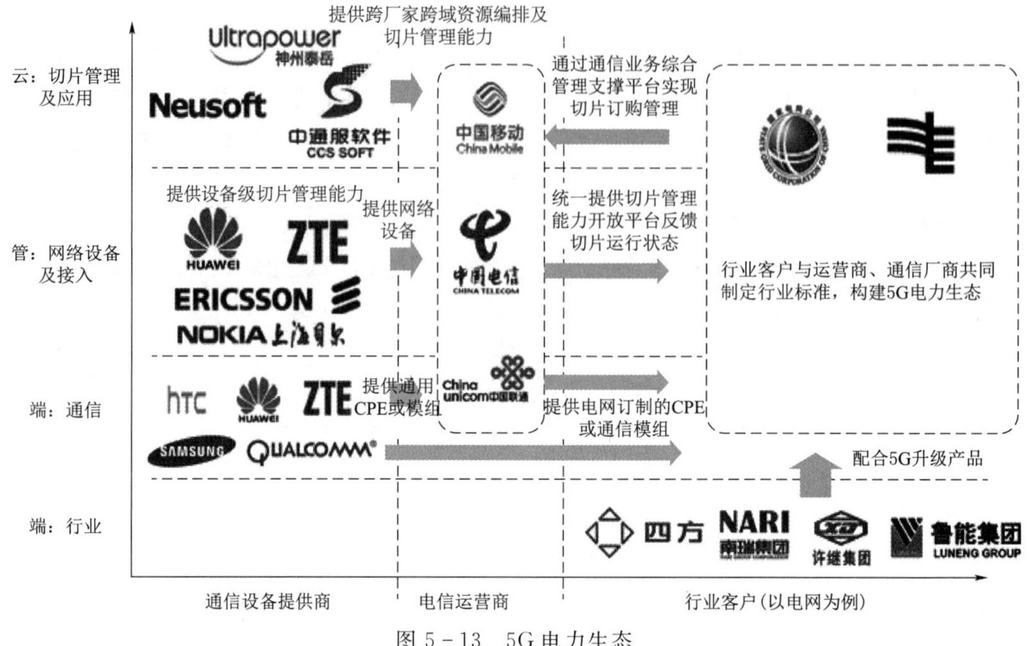

图 5－13　5G 电力生态

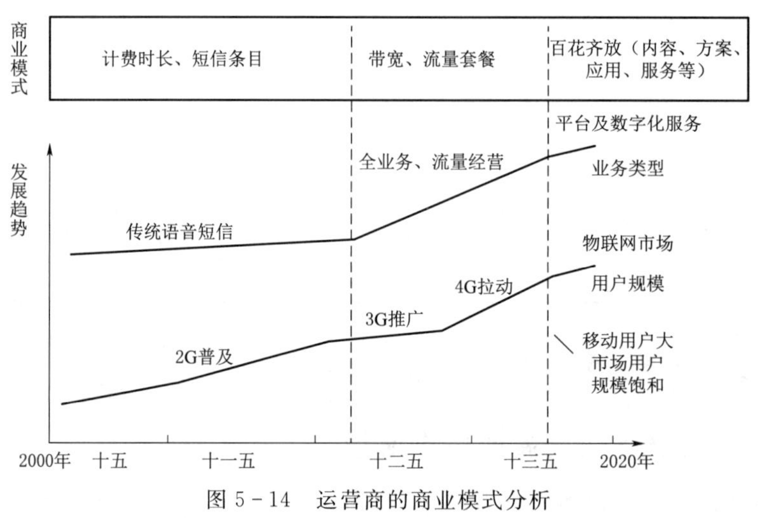

图 5－14　运营商的商业模式分析

1. *用户规模的维度*

用户规模的扩张在过去二十年间经历了 2G 普及、3G 推广、4G 拉动三个阶段。以国内某大型电信运营商为例，在“十五”期间，主要发展 2G，并聚焦高价值客户，做优网络覆盖，年净增客户超 3500 万户。“十一五”期间，2G 逐步普及到中低价值客户、发展农村客户，开始配套建设郊区农村覆盖，年净增客户超过 6500 万户。“十二五”期间，依靠 4G 的强势发展，“十二五”末 4G 年净增用户超过 1 亿户，同时也开展了全业务经营，大量拓展家庭客户数。“十三五”前期，4G 仍保持一定的增长势头，并得益于全业务经营的发展方略，家庭客户数仍保持一定的增长势头。但 2017 年以后，4G 用户已经基本饱和，家庭宽带用户的渗透率也到达一定瓶颈。以广东省为例，2017 年年底，4G 用户渗透率已接近100%，也就意味着广东省基本人手一台4G手机。而从家庭宽带用户上看，随着中国移动的迅速崛起，市场占有率已经与电信旗鼓相当，运营商想再迅速增加用户难度和代价将非常大。

电信业务用户规模发展如图5-15所示，目前电信业为进一步扩大用户规模，纷纷向物联网市场进军，均希望能借助物联网市场实现用户规模的第三次大爆发，使得电信业务的持续发展保持充足的动力。根据IDC（Internet Data Center，互联网数据中心）2015年11月报告、Cisco 2013年报告、Machina Research 2015年6月报告、McKinsey报告等发展战略，2020年全球市场连接规模将达到500亿，中国市场的连接数有望突破100亿，未来五年，智能交通、智慧城市等领域的连接数将呈现爆发式增长。

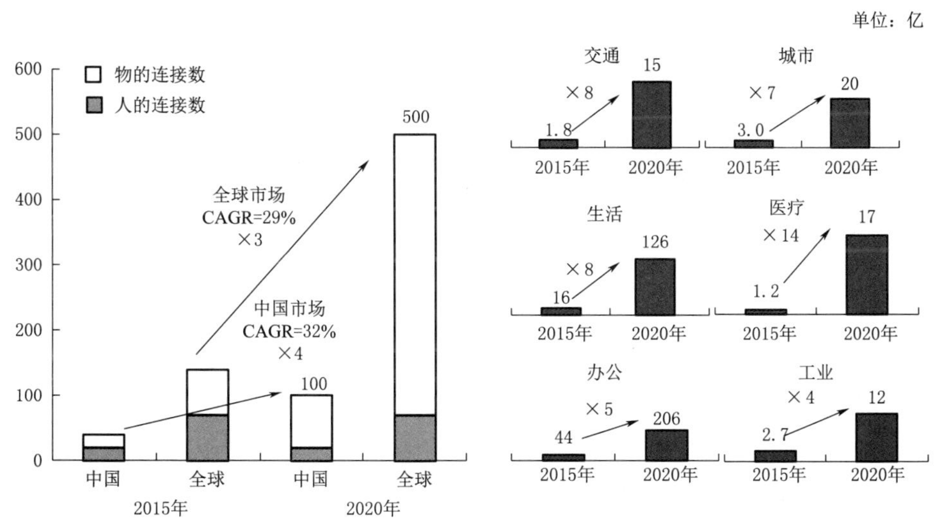

图5-15　电信业务用户规模发展

注释：

CAGR，Compound Annual Growth Rate，年复合增长率

2. 业务类型的维度

运营商主要经历了传统语音短信服务、全业务/流量经营、平台及服务三个阶段。这基本是与用户规模维度相对应的，在2013年前，2G、3G发展的时代，主要发展传统语音短信服务，享受着用户规模增长带来的人口红利。2014年进入4G时代，随着4G的渗透率逐步增加，DOU（Dataflow of Usage，平均每户每月上网流量）的迅速拉动，流量经营成为运营商移动通信的主要收入增长点。同时，在宽带中国战略下，光纤到户，家庭宽带也在同期得到了迅速的发展拉动。同时，在宽带中国战略下，光纤到户，家庭宽带也在同期得到了迅速的发展拉动。2018年之后，开始进入数字红利时代。物联网及ICT占比超过25%，云/大数据市场规模超过300亿，ICT、互联网应用等收入增量开始超过流量收入增量。业务类型发展如图5-16所示。

美日韩三国电信行业收入增幅如图5-17所示，从图中来看，4G红利一般只能维持3～4年，在4G推出后的收入增幅一般在3～4年后将迅速回落。

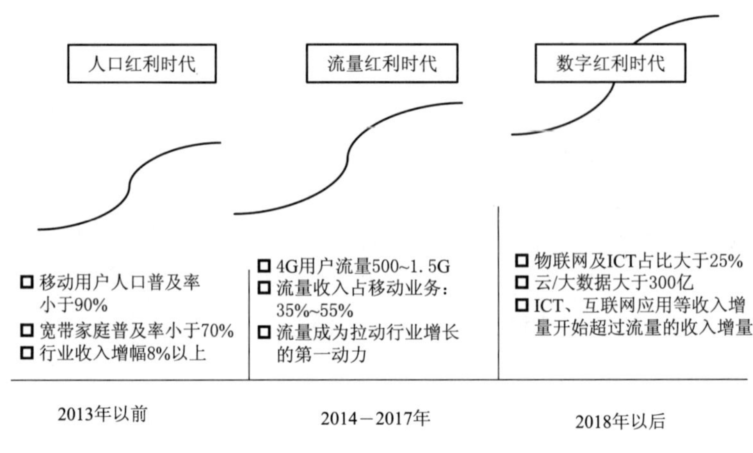

图 5-16　业务类型发展

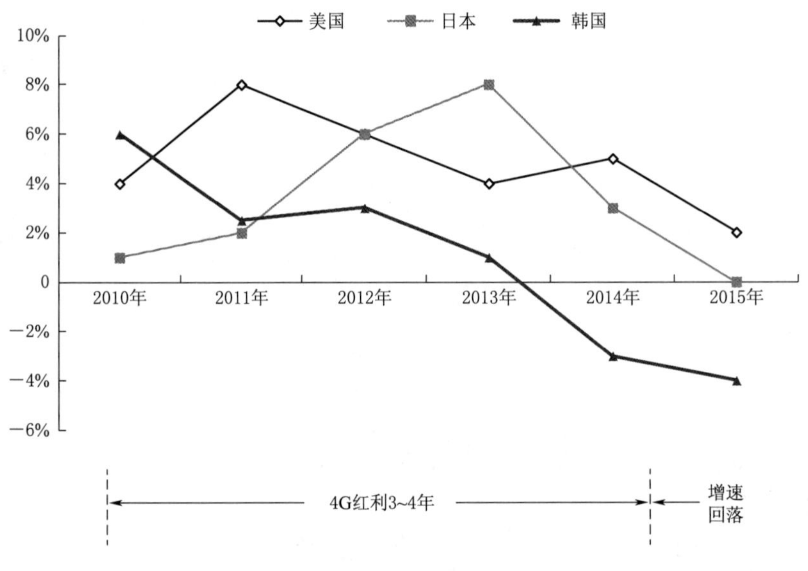

图 5-17　美日韩三国电信行业收入增幅

且 2017 年以后，4G 用户基本已经饱和，国内移动用户平均 DOU 已超 800MB，2019 年，广东、江苏、浙江等发达地区，已接近 5G。国内运营商已陆续推出不限量资费等套餐模式，4G 的红利已经消失。

在 4G 红利消失以后，运营商纷纷通过发展平台及数字化服务的方式来保持收入增长，其中一个主要的发展方向，便是利用固移融合，深度捆绑家庭宽带用户，同时发展视频内容服务，逐步渗透到智慧家庭等各种数字化服务中。2015—2016 年美国两大电信运营商 Verizon、AT&T 分别收购了美国在线、时代华纳等知名媒体，开始了电信+视频内容的布局。国际运营商动作见表 5-4。

表 5-4 国际运营商动作

运营商	时 间	动 作
AT&T	2016 年 10 月	以 854 亿美元收购时代华纳：旗下拥有 HBO、CNN、华纳兄弟等众多知名媒体内容品牌的老牌媒体集团
Verizon	2016 年 7 月	Verizon 以 48 亿美元收购雅虎
AT&T	2015 年 7 月	以 485 亿美元收购美国最大的卫星电视服务供应商 DirecTV，扩充后的 AT&T 超过了美国最大的有线公司 ComCast，成为全美有线行业的新大鳄
Verizon	2015 年 5 月	Verizon 以 44 亿美元收购美国在线，极大促进自己的无线视频和 OTT 业务

注释：

OTT，Over The Top，通过互联网向用户提供各种应用服务

2014—2017 年国内的电信运营商也开始了视频多媒体内容的布局。2014—2015 年中国移动自己成立新媒体公司（咪咕文化科技有限公司），针对移动互联网的视讯、音乐、动漫、阅读、游戏五大板块内容进行整合，形成自己特色的内容及生态。2017 年中国移动正式获得 IPTV 牌照后，大力开展了 IPTV 的建设，同时配套建设了内容分发网络（Content Delivery Network，CDN），并逐步探索着 CDN 内容运营的业务模式。中国电信在传统 IPTV 的业务基础上，在 2017 年进一步开始了制作内容的探索，推出视频直播客服（10000 直播）将提供行业首创的群组和专属服务相结合的服务模式，将直播客服和即时通信（Instant Messaging，IM）在线客服进行打通，快速、高效、个性化地解决客户问题。通过"万千视界"计划不断丰富服务内容，解决客户问题。

2018 年中国移动正式获得 IPTV 牌照后，大力开展了 IPTV 的建设，同时配套建设了内容分发网络（Content Delivery Network，CDN），并逐步探索着 CDN 内容运营的业务模式，见表 5-5。

表 5-5 国内运营商动作

运营商	时 间	动 作
中国移动	2014 年 11 月	中国移动面向移动互联网领域设立了咪咕文化科技有限公司
中国移动	2018 年 6 月	中国移动正式获得 IPTV 牌照
中国电信	2017 年 5 月	中国电信在 5.17 发布会正式推出视频直播客服（10000 直播）。"中国电信 10000 直播平台"由亿迅科技研发，该平台将助力中国电信全面服务升级，持续强化丰富 10000 号的服务能力

国内某运营商的视频服务布局如图 5-18 所示，可以看出，运营商对客户、业务类型进行了更细颗粒度的划分，针对个人、家庭、政企和其他的新业务，分为娱乐视频、个人通信视频、行业视频等多个维度，更精细化地提供了数字化服务产品。

总之，在 2017 年以后，运营商的用户红利、流量红利已基本消失，进入了更为互联网化、开放的数字化服务运营模式。运营商与互联网公司的边界更为模糊，业务相互竞合。

5.2.2.2 典型运营商 5G 商业模式的案例分析

进入 5G 时代，按照目前 3GPP 标准的推进计划，和各大厂家的产品研发进程，业界

普遍认为面向大带宽的 eMBB 是 2019—2021 年运营商的主要业务。以下举两个比较典型的案例作为参考。

1. 美国 Verizon，第一个 5G 固定宽带

2018 年 10 月，Verizon 在美国的休斯敦、印第安纳波利斯、洛杉矶和萨克拉门托的部分地区推出全球首个商用 5G 固定无线宽带服务 Verizon 5G Home。“5G Home”服务提供 300 Mbit/s 下载速率，峰值速度接近 1Gbit/s，Verizon 移动客户需每月支付 50 美元服务费，非 Verizon 移动客户则需要 70 美元。

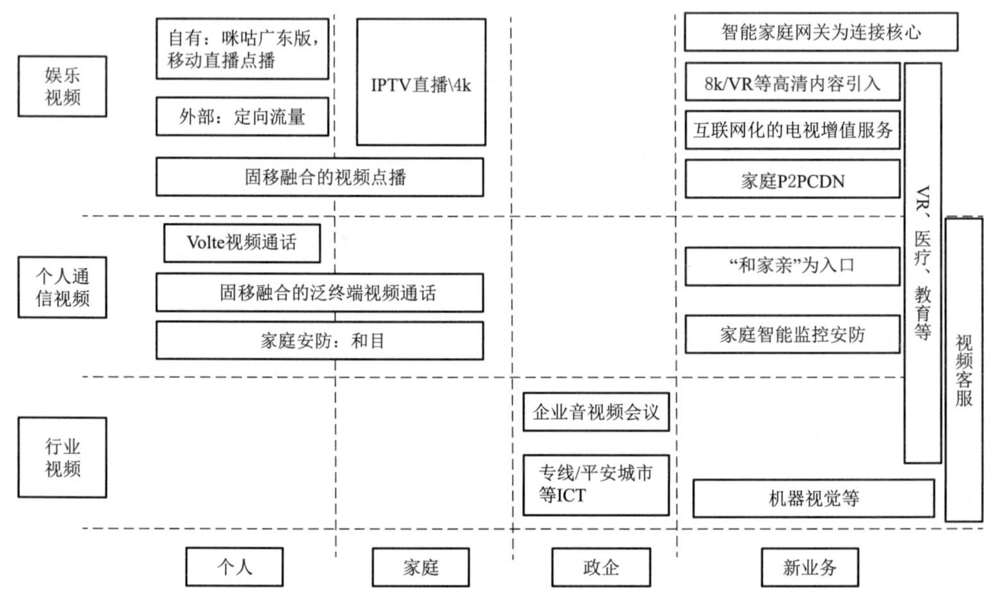

图 5－18　某运营商视频服务布局

消费者于推广早期将得到免费使用 Verizon 5G Home 三个月的优惠，还可获得三个月的免费 YouTube 电视，以及免费的 Apple TV 4K（价值 180 美元）或免费的 Google Chromecast Ultra（价值 70 美元）的设备。有分析师预测，Verizon 第一年内将实现约 10％的渗透率或者约 100 万的客户。

Verizon 5G Home 是用来代替目前的有线宽带服务。“5G Home”的套餐资费是以速率计费，不限流量，这也与现有的有线宽带套餐资费类似。5G 固定无线宽带是切入 5G 市场比较好的方式，消费者愿意接受更高速率的固定宽带。

2. 美国 AT&T，5G 按带宽速率档位收费，近似有线资费模式

美国电信运营商“巨头”AT&T 在 2019 年 4 月发布了 2019 年第一季度的财务业绩，在发布会上，AT&T 首席执行官 Randall Stephenson 表示，预计 AT&T 的 5G 资费或将要根据网络速率来定价，而不是再“延续”传统上的按照数据流量来划档。

“5G 移动通信的移动数据业务部分，将有望采用与目前有线固定宽带接入网络一样的价格策略”，Randall Stephenson 表示，比如，如果有一部分的 5G 移动通信用户愿意为 500 Mbit/s 的下行速率付费，那么 AT&T 就可以设置相应的 5G 套餐。而且“预计两三

年内，就有可能看到上述这样的情景”。Randall Stephenson 认为，5G 系统的容量非常大，这使得在未来，手机、平板、笔记本等设备，可以直接连接至 5G 基站，5G 时代肯定会迎来“区分不同速率”的 5G 资费套餐。此外，他还表示，5G 业务可以成为有线固定宽带接入的“替代品”，客户们的这一需求令人印象深刻；对于运营商们来说，可以简单理解为向普通用户及企业客户提供其所需的“5G 无线路由器”作为最后一公里的接入方式。

3. 芬兰 Elisa，第一个 5G 准套餐

芬兰的 Elisa 是第二家宣称“世界上第一个”推出 5G 网络的运营商，卡塔尔的 Ooredoo 早在其之前宣布了“世界上第一个”5G 网络，Elisa 不同之处是推出了 5G 准套餐。Elisa 的 5G 套餐约 50 欧元，提供无限量数据，600Mbit/s 下载速率，但没有兼容的终端可用，即其用户目前还是不能使用 5G 网络。

芬兰 Elisa 套餐的特色是通过细分速率定价，如图 5－19 所示，流量实现真正的不限量，区域内没有最高限量，也没有大量降速。用户对网络的感知只有网络速率，而没有背后的网络制式。Elisa 在推出 5G 套餐没有顾虑，只需在现有套餐体系上增加更高速率档次即可。

芬兰 Elisa 做到某区域真正的不限量，类似我们省内不限量，但欧盟还是限定最高用量，类似我们国内不限量。Elisa 除了通过速率定价，还通过数据容量来加以定价。

4. 中国联通

在国内运营商中，中国联通在 5G 的商业模式创新上提出了较多的构思，具有鲜明的代表性。2019 年 4 月 23 日至 25 日，中国联通在 2019 上海 5G 创新发展峰会暨中国联通全球产业链合作伙伴大会上发布了全新的 5G 品牌：“5G 让未来生长”。同时提出了一个非常具有前瞻性的“三联合”商业合作范式，即：联合应用开发、联合投资、联合运营。

具体到商业模式，联通提出三个大类，分别是：智能连接＋流量类产品、网络集成＋运营类产品服务以及开放平台＋应用类产品。

（1）智能连接＋流量类产品

这一模式最为大家所熟知，类似于“充话费送手机”。在 5G 早期仍将延续 4G 时代的标准模式，流量基于使用量定价。不过在 5G 时代，流量将进一步细分，比如可以划分为实时流量和非实时流量，或者可靠流量和非可靠流量。流量的价值有可能根据数据传输的质量、速度和可靠性，进行评估与定价。然而这一商业模式，仍旧没有跳出运营商的思维惯性。

（2）网络集成＋运营类产品服务

网络切片是一种按需组网的方式，可以让运营商在统一的基础设施上，切出多个虚拟的端到端网络，适配各种类型的业务应用。利用网络切片，构成了一种非常诱人的商业场景：面对复杂多样的行业用户，切片为运营商提供了一把万能钥匙，可以为用户定制各种特定的“专属”网络，让网络成为服务（Network as a Service，NaaS）。主要的网络切片提供的方式包括运营商托管整合应用、运营能力开放、与现有系统集成三种方式。由于合作伙伴有机会被赋予更深层面的网络运营权，由行业企业驱动的网络建设有可能出现，垂直领域用户将较早地参与到 5G 的应用场景规划之中。这种商业模式是从以前单纯的卖语音/流量转变为 5G 时代卖网络切片。

Saunalahti Huoleton Ultra

√ 订阅月度订阅价格中包含芬兰和欧盟/欧洲经济区国家之间的定期通话和消息

√ 高达600Mbit/s 4G移动宽带无门阶(3G网络速度范围为0.4至35Mbit/s，4G网络速率范围为5至600Mbit/s)

√ 在北欧国家和波罗的海国家（芬兰，瑞典，丹麦，挪威，爱沙尼亚，拉脱维亚和立陶宛）使用不受限制的网络互联网

√ 欧盟/欧洲经济区国家的20GB/mk包裹包括每月订阅费

√ 打开电话的费用为0.09欧元/分钟，消息为0.09欧元/个

√ 5G Ready-当Elisa的客户可以访问5G网络时，我们将在5G自动更新您的订阅，要使用5G网络，您需要一台可在2019年初进行当前估算的5G设备。

√ 芬兰境外芬兰的电话和短信根据国际价格表单独收取

√ 您可以随时终止订阅协议

√ 您可以订阅5组奖金

49.90€/月
+开业费3.90

加入购物篮

Saunalahti Huoleton Ultra

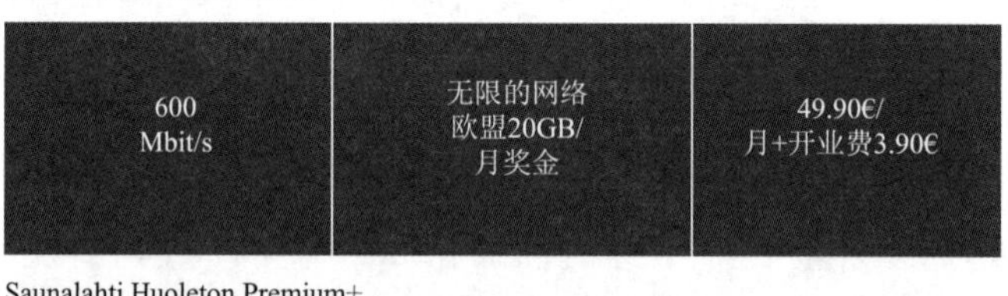

Saunalahti Huoleton Premium+

Saunalahti Huoleton Premium

图 5-19　芬兰 Elisa 分速率的套餐资费

（3）开放平台＋应用类产品

这种商业模式挑战最大，需要拉通整个产业链条。比如淘宝、Facebook、App Store 都可以认为是开放平台。开放平台上，应用的收费模式正在发生变化。过去软件和应用是以许可证的方式收费，而现在越来越多的应用采用订阅式收费。这些新型 SaaS（Software-as-a-Service，软件即服务）应用，通过更好地满足现有需求，激发新的需求和场景，体现价值。在这种模式中，模组、终端、平台、应用、服务等各类企业通力合作，针对联网设备和相关数据，基于开放平台开发或提供应用和服务，以供用户使用，并在

这个过程中完成商业闭环。虽然这一商业模式充满想象力，但开放平台模式下，价值创造与价值实现出现了分离。也就是说，创造价值的主体并不必然获得商业利益。

5. 小结

在几个先行的运营商所提出的理念中，普遍认为在未来2～3年内，5G资费模式主要有三种模式“5G替代有线接入模式”“极致无限量（类有线宽带）模式”“网络切片服务运营产品”。

（1）“5G替代有线接入模式”。主要以美国的主流运营商为代表，通过高频5G覆盖，面向高价值客户提供固定宽带业务，延续4G时代，视频内容服务的捆绑模式。该模式对于全业务布局仍处在初级阶段，有线宽带接入覆盖较弱，或处于光进铜退升级期的运营商具有较大意义。但对于前期已巨额投入光纤覆盖的运营商，不利于前期的投资保护，毕竟5G无线空口速率虽然提升，但与光纤还是无法比拟的。

（2）“极致无限量（类有线宽带）模式”。以芬兰为代表，利用5G大带宽能力，实现真正的不限流量，没有达量降速。在传统流量包的模式下，增加了速率的档次的定价方式，基本类似于目前的有线宽带的运营模式。

（3）“网络切片服务运营产品模式”。以中国为代表正在致力探索，围绕行业专网相关的服务指标及质量，通过网络能力开放给客户一个整体的网络切片服务及运营支撑。该类模式主要面向垂直行业，需要垂直行业客户提前介入到5G网络的规划建设中，目前该类模式仍处于探索阶段，而且不同的行业将有不同的诉求，并没有相对明确的细化方案。

5.2.2.2　5G未来整体商业模式发展趋势

实践验证，在个人用户大市场4G高渗透率的条件下，4G网络基本可以支撑标清、高清的视频业务应用，而5G产品由于网络的能力的极大提升，结合业界典型运营商5G的案例及发展思路，预计5G将逐步引入网络服务要素作为计费点，而随着根据不同的网络要素，运营商的商业模式将有更多的演变，未来将引入更多的2B的环节。

1. 网络服务要素模型及定义

网络服务包括网络服务内容、网络服务质量、网络服务时限三个层面，如图5-20所示。第一，网络服务内容：可以包括语音、Web浏览、视频、音频、文件下载、电子邮件等基础性应用，也包含各类行业特色应用，主要包括电力能源、交通、城市、工业控制、可穿戴、智慧家庭等物联网应用。第二，网络服务质量：是针对上述的服务内容，所能保障的带宽速率、网络延迟、抖动、安全隔离、客户响应时间等一系列的质量保障。第三，网络服务时限：可以是按照小时、天、月、年等方式计费。

2.5G未来商业模式的整体发展趋势

显然，上述三个维度可以产生非常多的套餐方式，但从上述先进运营商经验来看5G部署的初期，主要以“带宽＋流量”的方式为基础，在个人、家庭用户领域，主要将与“服务内容”相融合，主要聚焦在视频内容、个人可穿戴服务内容。在行业领域，主要将与“服务质量”相融合，主要聚焦于延迟、安全隔离等关键指标上。

（1）个人、家庭用户，聚焦“速率＋服务内容”

单纯以速率计费模式并不陌生，有线宽带早就以不同速率实现不同收费。目前也有极个别国家的运营商推出移动业务纯速率计费，例如芬兰的 Elisa、DNA 以及瑞士电信等。

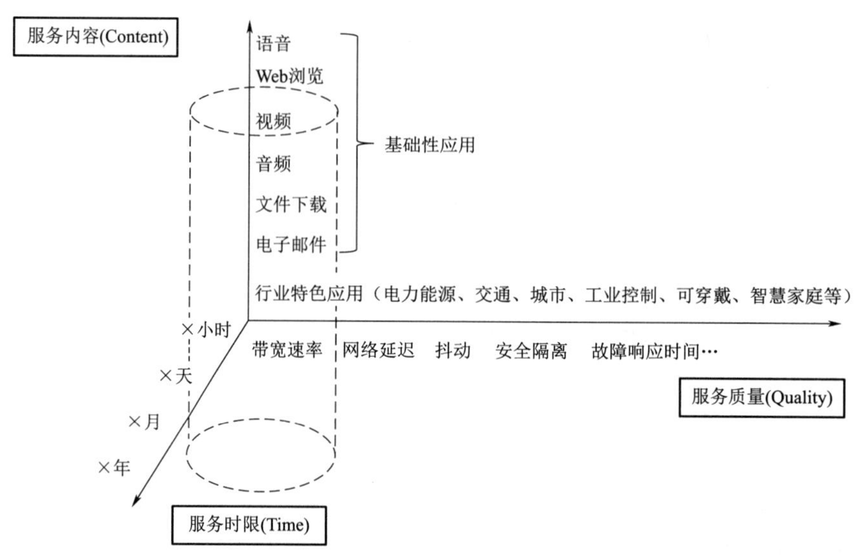

图 5-20　网络服务要素

对于大部分国家或地区，纯速率计费还需要一段转变过程。运营商的现有套餐与纯速率套餐依然有较大差距，纯速率套餐只能是非常高价的套餐。运营商需要吸引用户迁转，可以在商用初期尝试提供“速率＋流量”的付费方式，不同速率对应不同容量，通过大速率、大容量吸引用户迁转。

随着时间推移，AR/VR 等商业模式逐渐成熟，运营商可以加入 5G 专属内容，以“速率＋内容”的方式来实现差异化的资费。这种套餐可能捆绑特定的服务销售，用户只需购买相应服务即可，不用思考背后到底是什么套餐。用户购买 VR 设备、智能手表等就可以终身免流量。当然，在 5G 网络部署的初期，当网络容量未能完全支撑内容高质量服务时，运营商可以通过“服务时限”的方式，引导用户错峰使用 5G 网络。譬如对于直播类的内容，可以推出直播时段保障带宽的内容服务等。

（2）行业客户，聚焦“网络切片、服务质量”

行业客户与个人、家庭客户业务特点有明显差异。行业客户更强调与外部网络的安全隔离，实现专用网络，同时其接入终端类型多样，既有个人用户的终端，也有更多的物联网类终端，尤其在物联网领域，其业务模型与个人用户不一样，一般都相对稳定，在涉及控制领域，对时延要求较高。5G 网络的整体服务质量是行业客户更为关注的，也是运营商在 5G 时代网络能力开放过程中，与客户更多的交互的关注点。自然上述的交互将落地到不同的套餐服务中体现。

3. 运营主体的变化

5G 的需求扩张将来自许多垂直经济部门的大量专业应用，收费模型需要变得更加复杂，因为定价需要与所提供服务的特定特征相匹配，这意味着对某些服务将收取额外费用或使用非常不同的收费模式。运营主体的变化如图 5-21 所示。

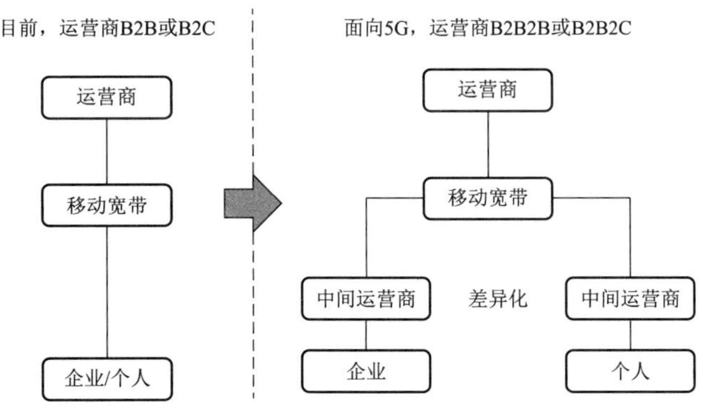

图 5-21　运营主体的变化

注释：

B2B，Business-to-Business，企业与企业之间通过专用网络或 Internet，进行数据信息的交换、传递，开展交易活动的商业模式

B2C，Business-to-Consumer，直接面向消费者销售产品和服务商业零售模式

B2B2B，Business To Business To Business，企业和企业通过电商企业的衔接进行贸易往来的电子商务模式

B2B2C，Business to Business to Customer，第一个 B 指广义的卖方（即成品、半成品、材料提供商等），第二个 B 指交易平台，即提供卖方与买方的联系平台，同时提供优质的附加服务，C 即指买方

新的收费模式将带来更多 B2B2C 的付费方式。运营商能针对各种不同客户需求提供定制网络连接服务，提供极致的个性化服务，这需要引入第三方中介来支撑服务，中介可以是 VR 平台、游戏平台、IOT 平台等。用户可以通过 B2C 方式向运营商购买网络费，再向中介购买服务，也可以通过 B2B2C 方式直接向中介购买融合服务，而服务将捆绑网络。

5.2.3　5G 智能电网的商业模式探讨

本节将聚焦到智能电网领域，深入探讨 5G 未来在电力行业所可能的商业模式。需要说明的是，由于目前 5G 的标准还没最终确定，整个产业尚未成熟，以下分析，仅供参考，后续随着产业的发展升级，商业模式有所改变。主要可以分为沿用现有流量计费、电力切片服务整体打包及特殊专项三大类。其中，前两者主要针对电力规模化覆盖应用，长期稳定运行的业务，而后者主要针对特殊场景下的专项解决方案应用。

基本模式 1：沿用现有的流量计费模式

适用在并不涉及电力生产控制，且目前运营商无线公网可以解决的业务场景。如配电网自动化（一遥、二遥）、计量自动化、电能计量、配变检测、充电桩以及温湿度传感等物联网应用等中低速采集类业务场景。该类业务当前采集频次较低，带宽流速在 100kbit/s 以内，DOU 一般在 MB 级别。该类业务目前运营商主要提供了 2G、4G、NB

等方式已成熟稳定运行，运营商无须做过大的网络改造，预计在 5G 正式商用的 2～3 年内，5G 产业成本未足以降低的情况下，从电网企业节省成本，将沿用成熟的“卡—流量”模式。

基本模式 2：按照电力切片服务整体打包，出售切片服务

该模式主要针对涉及电力生产控制，有严格的安全隔离要求，且现有无线公网难以解决的场景，主要为配电网差动保护、配电网自动化三遥、配电网 PMU、用电负荷需求侧响应（精准负控）、高级计量等。为满足上述业务的有效承载，运营商需要对 5G 网络基站覆盖、传输布局、核心网资源进行端到端的持续优化，具体体现为各种网络服务要素，且该类业务的 DOU 已不再是网络需要考虑的主要矛盾。在这种情况下，预计运营商将提供切片服务整体打包的方式作为计费方式。

（1）从安全的角度，需要运营商根据业务的分布完成网络端到端整体资源编排及优化工作。配电网差动保护、配电网自动化三遥、配电网 PMU、用电负荷需求侧响应（精准负控）业务涉及电力生产控制，属于生产控制Ⅰ区，与外部网络以及电力内部管理信息大区均需要做到物理隔离，且该类业务分布较广，需要运营商针对业务的分布，从基站、传输网、核心网整体进行端到端编排资源，这将极大增加网络服务的优化配置工作。

（2）从网络整体质量上看，该类业务对网络服务质量综合能力提出需求，并由于业务长期稳定运行的原因，需要对网络综合能力持续优化调整。除对带宽的基本要求外，差动保护、配电网 PMU、用电负荷需求侧响应都对网络时延提出了较高的要求，甚至对高精度的网络授时、确定性时延迟要求（要求时延抖动保持在一定的范围内）都提出了较高的要求。上述的需求均需要运营商持续对网络进行优化调整才可以达到。

（3）从网络承载能力的角度，该类业务有类视频的特征，稳定持续发送数据，DOU 已经超出现有 4G 的量级，而 5G 的网络能力将不再需要通过 DOU 的资费来控制业务对网络容量的冲击。

典型业务 1：配电网差动保护业务，采集频次 1200Hz，每隔 0.83ms 发送一次数据，实验室测试业务流速为 2.8Mbit/s 左右。则单个差动保护业务的 DOU 为 886GB。

典型业务 2：配电网 PMU，相关业务属于实时数据采集过程。其中，每个数据量应用层数据包大小约为 4B，另附带时标信息数据若干，则应用层总数据大小约 130B，实时业务采集的应用层速率约为 107 kbit/s，则单个 PMU 业务的 DOU 为 33GB。

典型业务 3：高级计量，若普通客户的用电信息采集频次（1 次/天）达到目前大客户专线的采集频次（1 次/15min），则集中器的平均流速将从目前的 10kbit/s 级提升至 2Mbit/s 级，DOU 将达到 600GB 以上，若后续整体提升至分钟级，则其 DOU 将到达 TB 以上。

针对此类模式，运营商一般以不同级别的网络切片服务向电网提供资费套餐，该套餐将包含该类切片对应的一批 5G 卡，对应的无线网、传输网、核心网端到端切片资源，以及网络切片所对应的带宽、时延、安全隔离、网络授时、抖动、通道可用性、SLA 保障等服务内容。同时运营商需通过开放网络能力，把网络资源、相关状态实时地反馈给电网企业，作为网络服务的内容之一。值得指出的是，对于电力行业，其内部有较强的通信管理诉求和管理能力，因此网络资源及状态的反馈将作为切片服务的内容之一，但

对于其他中小型企业，本身并没有足够的通信管理能力，网络资源及状态监测可作为运营商的一项增值服务为中小型企业提供托管服务。

基本模式3：特殊专项服务，5G+平台/应用的方式，提供整体解决方案

该模式不是全网规模化部署，只在特殊场景下，在一定的时间内使用的业务，典型如重大安防保障、变电站综合业务接入、应急通信、无人机巡检、机器人巡检等。由于该类场景一般不会有全网规模覆盖、长期稳定运行的需求，运营商将提供专项服务。此类专项服务，往往不仅包含5G网络的管道能力，还需要包括各种资源增值服务，如提供特定频谱资源、移动边缘计算（MEC）以及运营商所能提供的增值应用等。运营商将作为5G的专项服务产品，提供标准化、定制化两种解决方案。对于标准化方案，可以按使用次数的方式进行服务付费，对于定制化方案，可以采用一事一议的方式，根据方案所使用到的网络要素及功能要求进行产品总体集成。

典型业务1：重大安防保障。在该情况下，由于涉及国家安全及社会稳定，要求在一定的时间范围内，5G提供专用频谱给电力使用，但此场景出现概率较低。

典型业务2：应急通信。一般只在应急抢修的场景使用。运营商需要把MEC部署在电力的应急通信车中，实现用户面的本地卸载，实现应急现场的多路高清视频回传、高清语音集群通信，并利用MEC进行一定的视频、图片非结构化处理和压缩，以支持卫星回传。在较大的灾害现场，甚至还需利用5G无线relay的方式，自组网扩大覆盖范围。

典型业务3：无人机巡检。运营商可以利用5G+MEC的方式提供网联无人机的整体解决方案，例如利用5G解决无人机飞控信息传递，实现远程无人机遥控；通过5G网联的方式，进一步扩大无人机巡线范围至10km以上；通过5G实现高清视频实时回传、高清图片的数据回传；同时利用MEC为电网提供视频图像压缩、结构化处理、智能标签及快速检索等基础能力，甚至可以提供树障、鸟障、输电线路垂弧、线损、雷击等基于视频、图像分析的上层应用。

5.2.4 电网与电信运营商5G资源共建共享

对于运营商而言，在2/3/4G未能彻底退网的前提下，5G的部署意味着频谱跨度更大，异构的无线网络部署将对运营商的组网带来极大挑战。未来运营商的移动通信网将非常复杂，对于资源的需求，突出表现在以下三方面：

（1）无线侧超密集、高低频混合组网对无线基站建设提出更大挑战。主要体现为天线密集，既要考虑2/4G天线，也要考虑5G天线，同时5G天线采用Massive MIMO后，天线阵子将实现更大的集成，总体质量有所提升，这对杆塔承重、垂直水平隔离的空间各方面提出更高要求。

（2）传输侧采用C-RAN（Cloud-Radio Access Network，基于云计算的无线接入网构架）方式进行前传，将对末端接入的光缆管道产生更大的资源消耗。

（3）核心网、基站BBU采用云化方式部署，同时，为满足uRLLC业务的承载，5G核心网的用户面将更多地采用下沉部署方式，这将产生更多的边缘DC的部署需求。DC则意味着更大的功耗和机房的需求。

5G作为国家的基础设施，不可能仅仅依靠运营商单方面投入，将需要更多的行业参

与，除了业务层面的参与，还包括资源方面的投入，尤其对于拥有较多基础资源的电力行业，通过资源互换可以进一步降低5G的使用成本。同为运营商，电网企业从事的电力能源的运营，电信运营商从事的是通信基础设施的运营，因此电网企业与电信运营商企业之间的资源互换是一件值得思考的事情。对两类企业资源的思考我们可以首先构建一个资源类型的体系模型，具体见表5-6。

表5-6　资源类型体系模型

资源模型	属性	电网企业	电信运营商企业
网络资源物理实体	个性	变电站、配电房	通信机楼、IDC（Internet Data Center，互联网数据中心）、各类汇聚接入机房
	共性	铁塔、管道、光纤、机房	
网络服务能力	个性	授权的行业专用频谱：230MHz（7M）、1.8GHz（5M）； 传输电路资源，丰富的SDH、MSTP电路资源，少量OTN资源	授权的2/3/4/5G运营频谱； 传输及网络资源，以面向大带宽颗粒的PTN、OTN、IP网资源为主； IDC数据中心带宽机架等
	共性	网络频谱、传输电路	
用户资源	个性	2C：家庭用电用户、电动汽车等新能源接入用户； 2B：各大垂直行业，包括党政军、金融银行、酒店、工业园区、卖场等	2C：移动手机个人用户、家庭宽带用户； 2B：各大垂直行业，包括党政军、金融银行、酒店、工业园区、卖场等
数据资源	个性	1. 市场化数据：用户电压、电流、功耗等用电信息；用户电费缴纳信息等； 2. 电力内部运行数据：电网各系统运行状态数据、分布式能源、各类巡检监控、动环、各类传感器感知信息等	1. 市场化数据：手机流量、短信、语音时长、接入带宽、套餐费用等； 2. 运营商内部运行数据：网络各环节的运行状态，如带宽、时延、抖动，服务器资源cpu、内存利用率等，以及各类巡检监控、动环等

注释：

SDH，Synchronous Digital Hierarchy，同步数字体系

MSTP，Multi-Service Transfer Platform，多业务传送平台

PTN，Packet Transport Network，分组传送网

OTN，Optical Transport Network，光传送网

资源模型可以分为网络物理实体资源、网络服务能力资源、用户资源、数据资源四大部分，按照资源的属性，可以分为电网企业与运营商类似的资源，称之为共性，但同时两者之间有差异化的，称之为个性。

（1）网络物理实体资源。主要包括铁塔资源、管道资源、光纤资源、机房资源，对于电力企业，主要的物业是变电站、配电房；对于电信运营商企业，主要是通信机楼、IDC、各类汇聚接入机房。

（2）网络服务能力资源。主要包括频谱资源、传输电路资源。对于电力而言，首先提供的网络服务是提供电力能源，其次，对于通信网络资源，特色资源包括电力专网的专用频谱资源（如230M、1.8G）以及其丰富的MSTP、SDH资源；对于电信运营商，

其网络主要提供的是带宽、流量及内容服务，其特色网络资源主要体现在授权的专用频谱，通信网络运营商更多的是拥有更大颗粒的PTN、IP网资源。

（3）用户资源。电力用户、运营商的移动通信用户、物联网用户等。

（4）数据资源。电力用户能量状态资源、工业能源企业的能耗数据、电动汽车的充电能耗数据等，运营商拥有大量移动通信用户、家庭宽带用户、企业信息化使用数据等。

第6章 基于专利的企业技术创新力评价

为加快国家创新体系建设，增强企业创新能力，确立企业在技术创新中的优势地位，一方面需要真实测度和反映企业的技术创新能力，另一方面需要对企业的创新活动和技术创新能力进行动态监测和评价。

基于专利的企业技术创新力评价主要基于可以集中反映创新成果的专利技术，从创新活跃度、创新集中度、创新开放度、创新价值度四个维度全面反映电力信通领域5G通信的企业技术创新力的现状及变化趋势。在建立基于专利的企业技术创新力评价指标体系以及评价模型的基础上，整体上对5G通信领域的申请人进行了企业技术创新力评价。为确保评价结果的科学性和合理性，5G通信领域的申请人按照属性不同，分为了供电企业、电力科研院、高等院校和非供电企业，利用同一评价模型和同一评价标准，对不同属性的申请人开展了技术创新力评价。通过技术创新力评价全面了解5G通信领域各申请人的技术创新实力。

以电力信通领域5G通信已申请专利为数据基础，从多维度进行近两年公开专利对比分析、全球专利分析和中国专利分析，在全面了解5G通信领域的专利布局现状、趋势、热点布局国家/区域、优势申请人、优势技术、专利质量和运营现状的基础上，从区域、申请人、技术等视角映射创新活跃度、创新集中度、创新开放度和创新价值度。

6.1 基于专利的企业技术创新力评价指标体系

6.1.1 评价指标体系构建原则

围绕企业高质量发展的特征和内涵，按照科学性与完备性、层次性与单义性、可计算与可操作性、动态性以及可通用性等原则，构建一套衡量企业技术创新力的指标体系。从众多的专利指标中选取便于度量、较为灵敏的重点指标（创新活跃度、创新集中度、创新开放度、创新价值度），以专利数据为基础构建一套适合衡量企业创新发展、高质量发展要求的科学合理评价指标体系。

6.1.2 评价指标体系框架

评价企业技术创新力的指标体系中，一级指标为总指数，即企业技术创新力指标。二级指标分别对应四个构成元素，分别为创新活跃度指标、创新集中度指标、创新开放度指标、创新价值度指标，其下设置4～6个具体的三级指标，予以支撑。

1. 创新活跃度指标

该指标是衡量申请人的科技创新活跃度，从资源投入活跃度和成果产出活跃度两个方面进行衡量。创新活跃度指标分别采用专利申请数量、专利申请活跃度、授权专利发明人数活跃度、国外同族专利占比、专利授权率、有效专利数量六个三级指标来衡量。

2. 创新集中度指标

本指标是衡量申请人在某领域的科技创新的集聚程度，从资源投入的集聚和成果产出的集聚两个方面衡量。创新集中度指标分别采用核心技术集中度、专利占有率、发明人集中度、发明专利占比四个三级指标来衡量。

3. 创新开放度指标

本指标是衡量申请人的开放合作的程度，从科技成果产出源头和科技成果开放应用两个方面衡量。创新开放度指标分别采用合作申请专利占比、专利许可数、专利转让数、专利质押数四个三级指标来衡量。

4. 创新价值度指标

本指标是衡量申请人的科技成果的价值实现，从已实现价值和未来潜在价值两个方面衡量。创新价值度指标分别采用高价值专利占比、专利平均被引次数、获奖专利数量和授权专利平均权利要求项数四个三级指标来衡量。

上述基于专利的企业技术创新力评价模型的二级指标的数据构成、评价标准及分值分配在附录 A 中进行 L 更加详细说明。

6.2　基于专利的企业技术创新力评价结果

6.2.1　电力 5G 通信技术领域企业技术创新力排名

表 6-1　　电力 5G 通信技术领域企业技术创新力排名

申请人名称	技术创新力指数	排名	申请人名称	技术创新力指数	排名
努比亚技术有限公司	77.5	1	交互数字专利控股公司	74.0	6
国网山东省电力公司电力科学研究院	76.9	2	维沃移动通信有限公司	73.2	7
华为技术有限公司	74.1	3	英特尔公司	71.9	8
高通股份有限公司	74.0	4	索尼公司	71.5	9
无锡欧力达新能源电力科技有限公司	74.0	5	北京邮电大学	71.3	10

6.2.2　电力 5G 通信技术领域供电企业技术创新力排名

表 6-2　　电力 5G 通信技术领域供电企业技术创新力排名

申请人名称	技术创新力指数	排名
国网福建省电力有限公司	70.8	1
广东电网有限责任公司	67.0	2
国网四川省电力公司广元供电公司	65.3	3
国网上海市电力公司	63.8	4

续表

申请人名称	技术创新力指数	排名
广州供电局有限公司	63.3	5
深圳供电局有限公司	61.6	6
贵州电网有限责任公司	61.0	7
国网冀北电力有限公司唐山供电公司	58.3	8
国网天津市电力公司	51.8	9
国网河北省电力有限公司沧州供电分公司	51.2	10

6.2.3 电力5G通信技术领域科研院所创新力排名

表6-3　电力5G通信技术领域科研院所创新力排名

申请人名称	技术创新力指数	排名
国网山东省电力公司电力科学研究院	76.9	1
全球能源互联网研究院	71.0	2
广东电网有限责任公司电力科学研究院	70.7	3
国网电力科学研究院武汉南瑞有限责任公司	69.5	4
国网浙江省电力有限公司电力科学研究院	69.4	5
中国电力科学研究院有限公司	68.6	6
国网山西省电力公司电力科学研究院	64.7	7
国网江苏省电力有限公司电力科学研究院	62.2	8
南方电网科学研究院有限责任公司	60.6	9
云南电网有限责任公司电力科学研究院	60.0	10

6.2.4 电力5G通信技术领域高校创新力排名

表6-4　电力5G通信技术领域高校创新力排名

申请人名称	技术创新力指数	排名	申请人名称	技术创新力指数	排名
北京邮电大学	71.3	1	东南大学	63.3	6
南京邮电大学	71.3	2	电子科技大学	62.2	7
西安电子科技大学	67.8	3	东北电力大学	56.4	8
华北电力大学	64.6	4	南京信息工程大学	54.7	9
吉林大学	63.5	5	复旦大学	47.4	10

6.2.5 电力5G通信技术领域非供电企业技术创新力排名

表6-5　电力5G通信技术领域非供电企业技术创新力排名

申请人名称	技术创新力指数	排名	申请人名称	技术创新力指数	排名
努比亚技术有限公司	77.5	1	高通股份有限公司	74.0	3
华为技术有限公司	74.1	2	无锡欧力达新能源电力科技有限公司	74.0	4

续表

申请人名称	技术创新力指数	排名	申请人名称	技术创新力指数	排名
交互数字专利控股公司	74.0	5	索尼公司	71.5	8
维沃移动通信有限公司	73.2	6	合肥安力电力工程有限公司	70.6	9
英特尔公司	71.9	7	国网通用航空有限公司	69.0	10

6.3 电力5G通信技术领域专利分析

6.3.1 近两年公开专利对比分析

本节重点从全球主要国家/地区专利公开量、居于排名榜上前10位的专利申请人和居于排名榜上前10位的细分技术分支三个维度对比2019年和2018年的变化。

6.3.1.1 专利公开量变化对比分析

如图6-1所示，在七国两组织范围内看公开量整体变化，2019年的专利公开量增长率相对于2018年的专利公开量增长率环比降低了25个百分点，2018年专利公开量的增长率为63.5%，2019年专利公开量的增长率为38.5%。

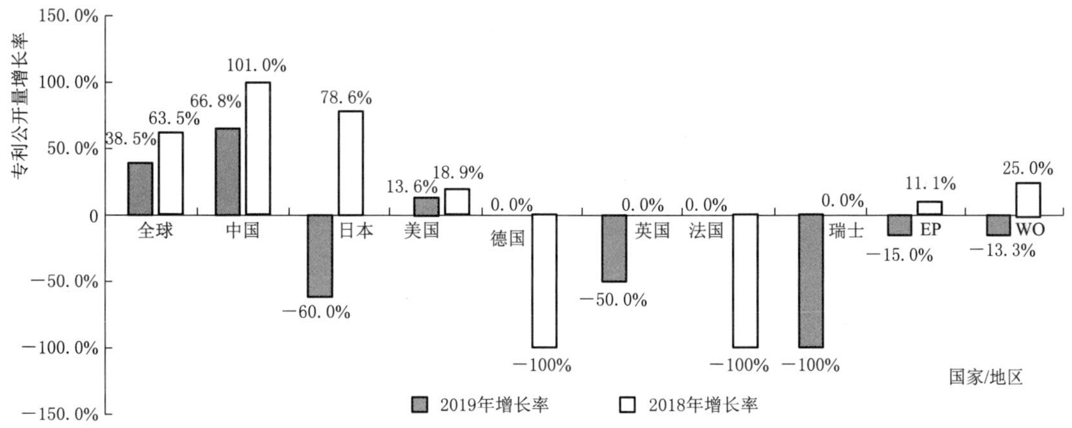

图6-1 七国两组织专利公开量对比图（2018年度和2019年度）

各个国家/地区的公开量增长率的变化不同。2019年相对于2018年的专利公开量增长率升高的国家/地区包括美国、英国和EP，专利公开量增长率无变化或降低的国家/地区包括中国、日本、德国、法国、瑞士和WO。

采用2019年的专利公开量增长率相对于2018年的专利公开量增长率的变化表征全球以及主要国家/地区在5G通信技术领域近两年的创新活跃度的变化。在全球范围内，2019年的创新活跃度较2018年的创新活跃度低。聚焦至重要国家/地区，2019年的创新活跃度较2018年的创新活跃度高的国家/地区包括中国、美国，2019年的创新活跃度较2018年的创新活跃度低的国家/地区包括日本、德国、英国、法国、瑞士、EP和WO。

6.3.1.2 申请人变化对比分析

如图6-2所示，2019年居于排名榜上的核心5G企业相较2018年变化不大，部分具体的供电企业和排名有所变化，并且有一半企业为新上榜企业。

图 6-2 全球申请人排名榜对比图（2018 年度和 2019 年度）

同时居于 2019 年和 2018 年排名榜上的供电企业包括国家电网有限公司、三星电子、华为公司、软银公司。2019 年新晋级至排名榜上的供电企业包括广东电网有限责任公司、国网河北省电力有限公司、广东惠州供电局、上海乐研电气有限公司、杭州电力设备制造有限公司、杭州博联智能科技股份有限公司。2019 年和 2018 年排名榜上均未出现高等院校。采用 2019 年的申请人相对于 2018 年的申请人的变化，从申请人的维度表征创新集中度的变化。整体上来看，2019 年相对于 2018 年，在 5G 通信技术领域的技术集中度整体上变化较大，超过 6 家企业为新上榜企业，同时排名靠前的核心企业排名也有较大调整。

6.3.1.3 细分技术分支变化对比分析

如图 6-3 所示，同时位于 2019 年排名榜和 2018 年排名榜上的技术点包括 H02J13/00（5G 通信技术应用在“对网络情况提供远距离指示的电路装置；对配电网络中的开关装置进行远距离控制的电路装置”）、H04W72/04（5G 通信技术应用在“无线资源分配”）、H04N7/18（5G 通信技术应用在“用于数字视频信号编码，解码，压缩或解压缩”）和 H04W52/02（5G 通信技术应用在“功率节省装置”）。2019 年居于排名榜的新增技术点包括 H04W4/80（5G 通信技术应用在“短距离通信的业务，近场通信”）、G05B19/042（5G 通信技术应用在“数字处理的程序控制系统”）、H04W4/70（5G 通信技术应用在“无线的机器与机器之间通信的业务”）、G01R31/08（5G 通信技术应用在“探测电缆、传输线或网络中的故障”）和 G01R31/00（5G 通信技术应用在“电性能的测试装置；电故障的探测装置；以所进行的测试在其他位置未提供为特征的电测试装置”）。

采用 2019 年的优势技术点相对于 2018 年的优势技术点的变化，从技术点的维度表征创新集中度的变化。从以上数据可以看出，2019 年相对于 2018 年的创新集中度整体上变化较大，但 IPC 分类号 H02J13/00、H04W72/04、H04N7/18 和 H04W52/02 的对应技术点仍是研究热点。

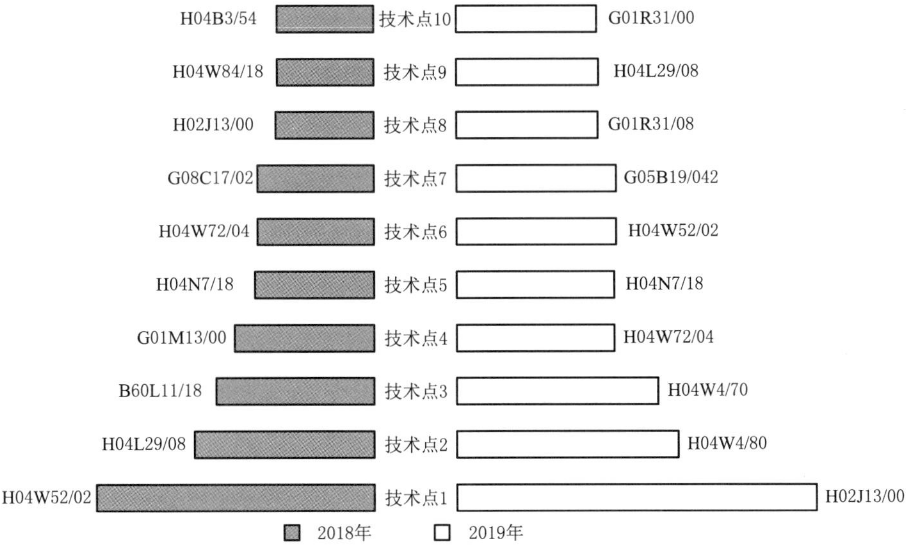

图6-3 技术点排名榜对比图（2018年度和2019年度）

6.3.2 全球专利分析

本章节重点从总体情况、全球地域布局、全球申请人、国外申请人和技术主题五个维度展开分析。

拟通过总体情况分析洞察5G通信技术领域在全球已申请专利的整体情况（已储备的专利情况）以及当前的专利申请活跃度，以揭示全球申请人在全球的创新集中度和创新活跃度。

通过全球地域布局分析洞察5G通信技术领域在全球的“布局红海”和“布局蓝海”，以从地域的维度揭示创新集中度。

通过全球申请人和国外申请人分析洞察5G通信技术的专利主要持有者，主要持有者持有的专利申请总量，以及在专利申请总量上占有优势的申请人的当前专利申请活跃情况，以从申请人的维度揭示创新集中度和创新活跃度。

通过技术主题分析洞察5G通信技术的技术布局热点和热点技术的专利申请活跃度，以从技术的维度揭示创新集中度和创新活跃度。

6.3.2.1 总体情况分析

以电力信通领域5G通信技术为检索边界，获取七国两组织的专利数据，总体情况分析涉及含有中国专利申请总量的七国两组织数据以及不包含中国专利申请总量的国外专利数据。

如图6-4所示，近20年，5G通信技术领域在七国两组织的专利申请总量2500余件。其中，包含中国的专利申请总量1400余件，不包含中国的专利申请总量为1100余件。

5G通信技术的发展大致可分为三个阶段：第一阶段（2001—2003年），萌芽期，该阶段的年度专利申请量在 10 件左右；第二阶段（2004—2016 年），缓慢增长期，该阶段的平均年度专利申请量为 100 件；第三阶段（2017 年至今），快速发展期，该阶段的年度专利申请量不断增加，2019 年的年申请量突破 550 件。

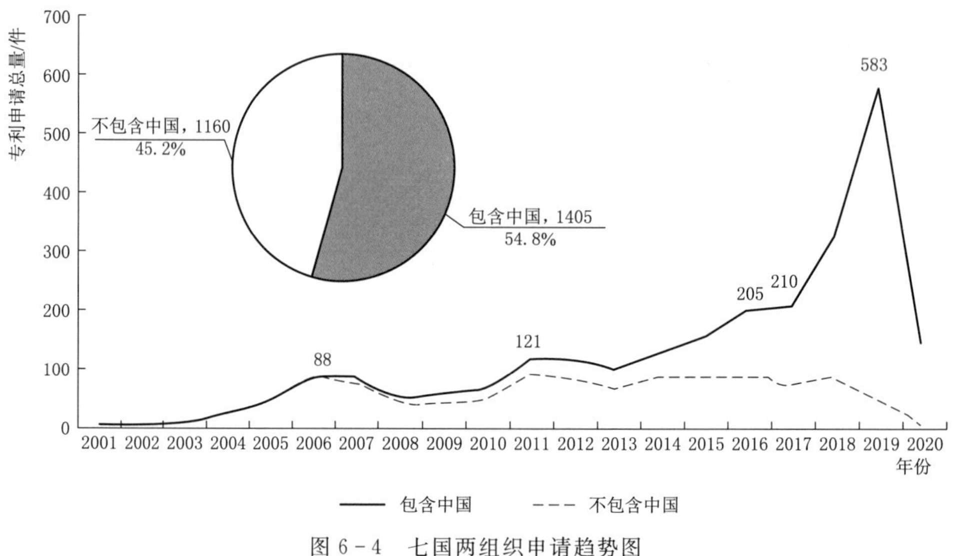

图 6-4　七国两组织申请趋势图

2013 年之后，其他国家（不包含中国）专利申请平缓的前提下，全球专利申请增速显著，中国为专利申请的主要贡献国。2013 年之前，包含中国的专利申请趋势和不包含中国的专利申请趋势基本一致。在该阶段整体上略有增长，但是增速不明显。也就是说，中国在该阶段对于全球的专利申请增长贡献并不明显。2013 年之后，中国是驱动全球在 5G 通信技术领域创新活跃度增高的主要动力源。采用专利申请活跃度表征全球在 5G 通信技术领域的创新活跃度，从以上数据可以看出，全球申请人在 5G 通信技术领域的创新活跃度较高。

6.3.2.2　全球地域布局分析

如图 6-5 所示，近 20 年，5G 通信技术领域全球市场主体在七国两组织范围内的专利申请总量 2500 余件，在中国市场的专利申请总量占据在七国两组织专利申请总量的 55.3%。在美国的专利申请总量虽然仅次于在中国的专利申请总量，但是，美国的专利申请总量仅为 509 件，与中国的专利申请总量相差一个数量级。在日本和 WO 的专利申请总量分别位居第三和第四，专利申请总量的差距不大，分别为 254 件和 217 件。在 EP 地区的专利申请总量位居第五，与位居第四的 WO 专利申请总量相差百余件。在英国、德国、法国和瑞士的专利申请总量显著减少，在 10 件左右。

从以上的数据可以看出，中国是 5G 技术的“布局红海”，美国和日本次之，法国、英国和瑞士是 5G 技术的“布局蓝海”。采用在各个国家/地区的专利布局数量表征全球在 5G 技术领域的创新集中度，2013 年之后，在中国专利申请增速显著的情况下，中国的创新集中度也表现突出，美国和日本的创新集中度与中国的差距较大。2009 年之后，在中国的专利申请增速显著的情况下，在中国的创新集中度较高，在美国和日本的创新集中度基本相当，但与在中国的创新集中度差距较大。

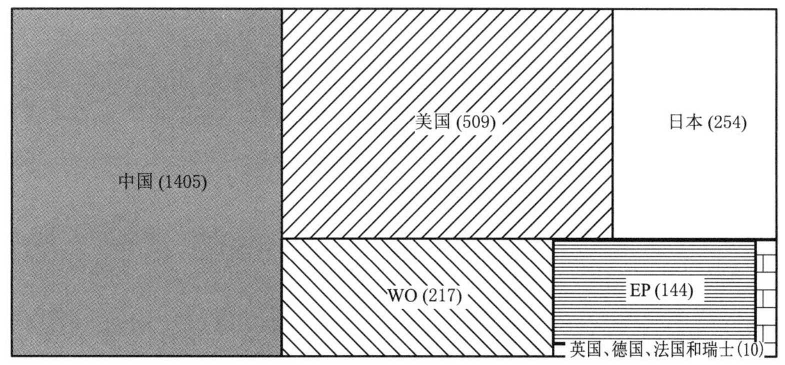

图6-5 七国两组织专利地域分布图

6.3.2.3 申请人分析

1. 全球申请人分析

如图6-6所示，从地域上看，居于排名榜上的申请人中3个为中国申请人，3个为日本申请人，2个美国申请人，1个韩国申请人，可见，在七国两组织范围内，中国、美国、日本、韩国申请人的专利申请总量成绩显著。

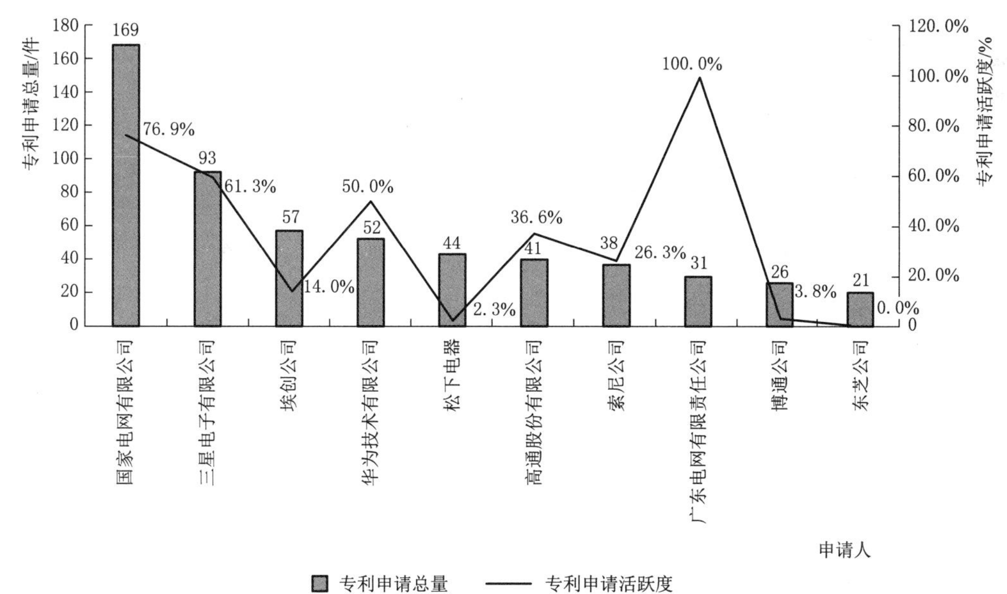

图6-6 全球申请人申请量及活跃度分布图

从申请量来看，居于排名榜上的中国申请人国家电网有限公司，以169件的专利申请总量居于排名榜的榜首。居于排名榜上的三星电子，以93件的专利申请总量居于排名榜的第二名，与第一名的国家电网有限公司专利申请总量相差 76 件。居于排名榜上的埃创公司，以 57 件的专利申请总量居于排名榜的第三名，与居于第二名的三星电子有限公司的专利申请总量相差 36 件。

从申请活跃度来看，居于排名榜上的中国申请人近五年的专利申请活跃度的均值为 75.6%，其中，申请总量位于第八名的广东电网有限责任公司的专利申请活跃度为 100.0%；居于排名榜上的美国申请人近五年的专利申请活跃度的均值为 20.2%，居于排名榜上的日本申请人近五年的专利申请活跃度的均值为 9.5%；居于排名榜上的韩国申请人近五年的专利申请活跃度为 61.3%。

采用居于排名榜上的申请人的专利申请总量，从申请主体（创新主体）的维度揭示创新集中度，采用居于排名榜上的申请人近五年的专利申请活跃度揭示优势创新主体的当前创新活跃度。从以上的数据可以看出，在中国专利申请总量相对于其他国家/地区的专利申请总量表现突出的情况下，5G 通信技术专利集中在中国专利申请人的数量相对于其他国家/地区专利申请人的数量较多，中国专利申请人的创新活跃度整体上表现较好。

2. 国外申请人分析

如图 6 - 7 所示，从地域上看，居于排名榜上的外国申请人 6 家来自日本（松下电器、索尼公司、东芝公司、NTT DOCOMO 公司、三菱电机株式会社、软银公司），有 2 家来自美国（高通股份有限公司、埃创公司），来自韩国的 1 家公司（三星电子）、来自新加坡 1 家（博通公司）。

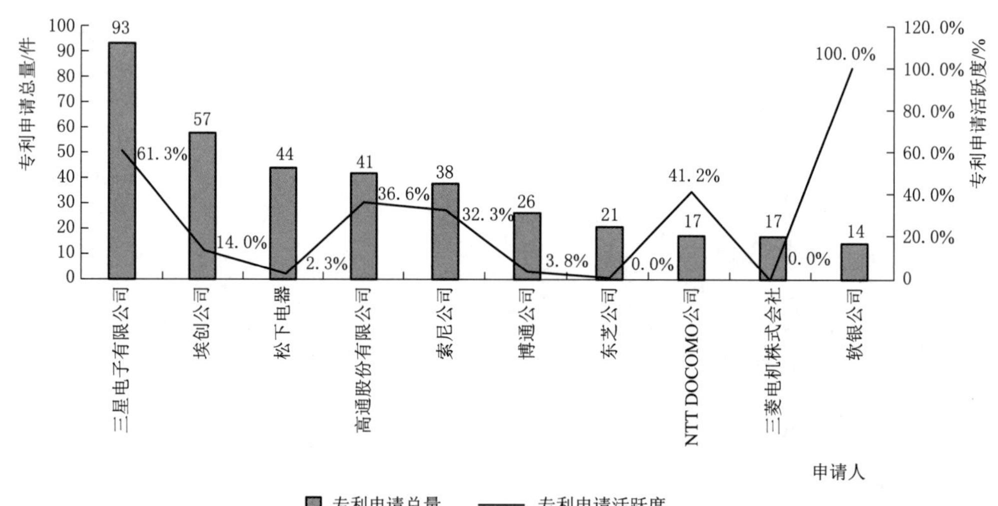

图 6 - 7　国外申请人申请量及活跃度分布图

三星电子有限公司以 93 件的专利申请总量居于榜首。埃创公司的专利申请总量（57 件）居于第二名。松下电器的专利申请总量（44 件）居于第三名。其他榜上申请人的专利申请总量基本分布在 10～41 件。从创新活跃度指标上看，软银公司活跃度为 100.0%，三星电子活跃度为 61.3%，NTT DOCOMO 公司活跃度为 41.2%，其他申请人活跃度介于0～37%。整体上来看，外国申请人中，日本申请人的创新集中度最高。整体创新活跃度相对较低。

6.3.2.4 技术主题分析

采用国际分类号IPC（聚焦至小组）表征5G通信技术的细分技术分支。首先，从专利申请总量排名前10的细分技术分支近20年的专利申请态势，洞察未来专利申请的趋势。其次，从各细分技术分支对应的专利申请总量和专利申请活跃度两个维度，对比不同细分技术分支之间的差异。

如图6-8以及表6-6所示，从时间轴（横向）看各细分技术分支的专利申请变化可知：

5G通信技术每一IPC分类号对应的细分技术分支的专利申请量随着时间的推移均呈现出增长的态势。其中，专利申请总量位于榜首的分类号H02J13/00（对网络情况提供远距离指示的电路装置；对配电网络中的开关装置进行远距离控制的电路装置）的专利申请起步于2006年，自2012年开始至今呈现出持续增长的态势，而且专利申请的增长速度较快，尤其是2019年数量激增。

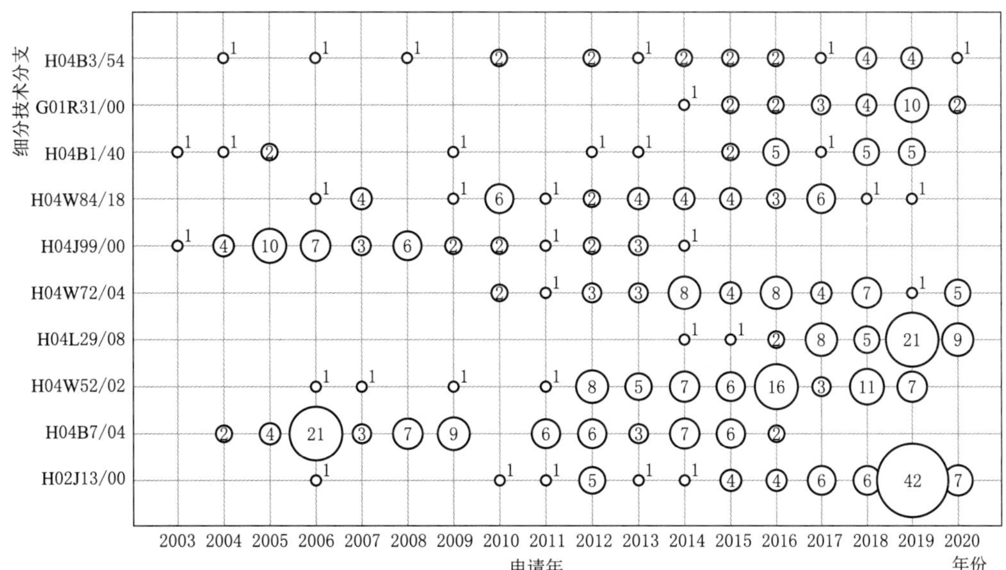

图6-8 细分技术分支的专利申请趋势图

表6-6 IPC含义及专利申请量

IPC	含　　义	专利申请量
H02J13/00	对网络情况提供远距离指示的电路装置；对配电网络中的开关装置进行远距离控制的电路装置	79
H04B7/04	无线电传输系统，使用两个或多个空间独立的天线	75
H04W52/02	功率节省装置	69
H04L29/08	传输控制规程，例如数据链级控制规程	46

续表

IPC	含　义	专利申请量
H04J99/00	多路复用通信中其他各组中不包括的技术主题	42
H04W72/04	无线资源分配	42
H04W84/18	自组网络，例如，特定网络或传感器网络	39
H04B1/40	电通信技术传输电路	25
H04B3/54	通过电力配电线传输的系统	24
G01R31/00	电性能的测试装置；电故障的探测装置；以所进行的测试在其他位置未提供为特征的电测试装置	24

专利申请总量位于第二的分类号 H04B7/04（无线电传输系统，使用两个或多个空间独立的天线）的专利申请起步于 2004 年，在 2006 年激增后，至今也呈现出缓慢增长的态势，但是，专利申请的总量及增长速度较 H02J13/00 略低。

专利申请量位于第三的分类号 H04W52/02（功率节省装置）的专利申请起步于 2006 年，申请量 2014 年以来呈增长态势。

对比不同 IPC 对应的年度专利申请量的变化，以洞察不同细分技术分支的发展差异，可知：专利申请总量排名前三的 H02J13/00、H04B7/04 和 H04W52/02 无论从总的申请量还是近几年的活跃程度来看都处于领先地位，预估未来还会呈现出持续增长的趋势。

如图 6-9 所示，居于排名榜上的细分技术分支的专利申请总量大体可以划分为三个梯队。分别是专利申请总量超过 60 件的第一梯队、专利申请总量处于 35～50 的第二梯队，以及专利申请总量不足 30 的第三梯队。

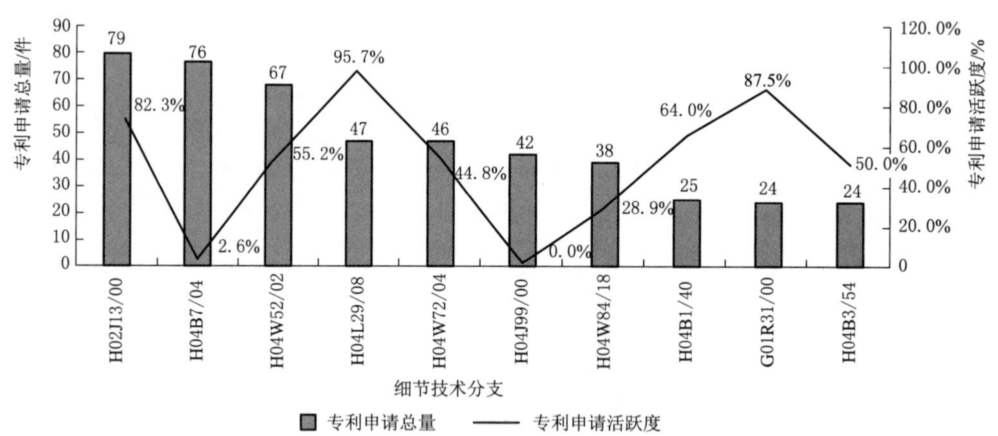

图 6-9　细分技术分支的专利申请总量及活跃度分布图

处于第一梯队的细分技术分支的数量为 3 个，具体涉及 H02J13/00（对网络情况提供远距离指示的电路装置；对配电网络中的开关装置进行远距离控制的电路装置）、H04B7/04（无线电传输系统，使用两个或多个空间独立的天线）和 H04W52/02（功率节省装置），对应的专利申请总量分别是 79、76 和 67 件。

处于第二梯队的细分技术分支的数量为4个，具体涉及H04L29/08（传输控制规程，例如数据链级控制规程）、H04W72/04（无线资源分配）、H04J99/00（多路复用通信中其他各组中不包括的技术主题）和H04W84/18（自组网络，例如特定网络或传感器网络），对应的专利申请总量分别是47、46、42和38件。

处于第三梯队的细分技术分支的数量为3个，分别是H04B1/40（电路）、H04B3/54（通过电力配电线传输的系统）以及G01R31/00（电性能的测试装置；电故障的探测装置；以所进行的测试在其他位置未提供为特征的电测试装置），对应的专利申请总量分别是25、24和24件。

从专利申请活跃度看各细分技术分支的差异可知：

处于第一梯队、第二梯队、第三梯队的细分技术分支的专利申请活跃度均值分别是46.7%、44.8%和67.2%。专利申请总量处于第三梯队的细分技术分支的专利申请活跃度最高，专利申请总量处于第一梯队的细分技术分支的专利申请活跃度次之，专利申请总量处于第二梯队的细分技术分支的专利申请活跃度最低。第一梯队中“对网络情况提供远距离指示的电路装置；对配电网络中的开关装置进行远距离控制的电路装置”技术分支的专利申请活跃度较高，为82.3%；第二梯队中“传输控制规程，例如数据链级控制规程”技术分支的专利申请活跃度较高，为95.7%；第三梯队中“电性能的测试装置；电故障的探测装置；以所进行的测试在其他位置未提供为特征的电测试装置”技术分支的专利申请活跃度较高，为87.5%。

从以上数据可以看出，5G通信技术应用中分类号H02J13/00（对网络情况提供远距离指示的电路装置；对配电网络中的开关装置进行远距离控制的电路装置）技术分支是当前的布局热点，即在上述技术点的创新集中度较高且相对于其他技术点的当前布局活跃度也具有一定的优势。

6.3.3　中国专利分析

本节重点从总体情况、申请人、技术主题、专利质量和专利运用五个维度开展分析。

通过总体情况分析洞察5G通信技术在中国已申请专利的整体情况以及当前的专利申请活跃度，重点揭示全球申请人在中国的创新集中度和创新活跃度。

通过申请人分析洞察5G通信技术的专利主要持有者，主要持有者的专利申请总量，以及在专利申请总量上占有优势的申请人的当前专利申请活跃度情况，从申请人的维度揭示创新集中度和创新活跃度。

通过技术主题分析洞察5G通信技术的技术布局热点和热点技术的专利申请活跃度，从技术的维度揭示创新集中度和创新活跃度。

通过专利质量分析洞察创新价值度，并进一步通过高质量专利的优势申请人分析以洞察高质量专利的主要持有者，通过专利运营分析洞察创新开放度。

6.3.3.1　总体情况分析

以电力信通领域5G通信技术为检索边界，获取在中国申请的专利数据，总体情况分析涉及总体（包括发明和实用新型）申请趋势、发明专利的申请趋势和实用新型专利的申请趋势。

如图 6 - 10 所示，近 20 年，电力信通领域 5G 通信技术领域全球市场主体在中国的专利申请总量为 1400 余件。

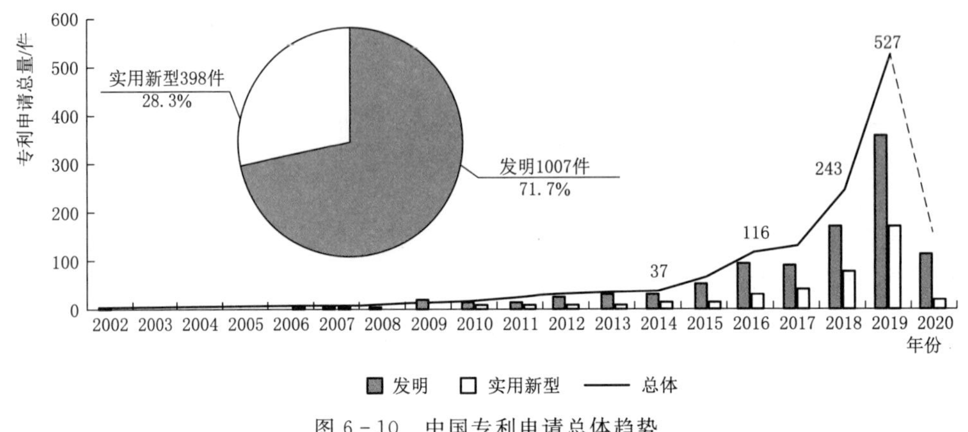

图 6 - 10　中国专利申请总体趋势

从专利申请趋势看，总体上可以划分为三个阶段，分别是萌芽期（2001—2007 年）、缓慢增长期（2007—2014 年）和快速增长期（2014 年至今）。自 2014 年之后，专利申请呈现出快速增长态势，在上述三个阶段，均以发明专利申请为主，实用新型专利申请数量少且增长速度慢。需要指出，虽然自 2019 年至今呈现出趋于平稳后的下降态势，但是该现象是由专利申请后的公开滞后性导致，也就是说该态势为一种假性态势。采用中国专利申请活跃度表征中国在 5G 通信技术领域的创新活跃度，从以上数据可以看出，当前中国在 5G 通信技术领域的创新活跃度较高。

6.3.3.2　申请人分析

1. 申请人综合分析

如图 6 - 11 所示，在专利申请总量方面，国家电网有限公司居于榜首，专利申请总量为 169 件，专利申请总量遥遥领先其他申请人。广东电网有限责任公司居于第二名，专利申请总量为 31 件。其他申请人的专利申请总量在 20 件以下。

在专利申请活跃度方面，将专利申请活跃度高于 90%定义为第一梯队，位于 70%和 90%之间的定义为第二梯队，低于 70%的定义为第三梯队。位于第一梯队的专利申请人的数量为 3 个，具体为广东电网有限责任公司、国网河北省电力有限公司、国网信息通信产业集团有限公司。位于第二梯队的专利申请人的数量为 3 个，具体为国家电网有限公司、中国电力科学研究院有限公司和南方电网科学研究院有限公司。位于第三梯队的专利申请人的数量为 4 个，具体为国网山东电力公司电力科学研究院、华北电力大学、索尼公司和高通股份有限公司。在申请人属性方面，7 个申请人属于供电企业和电力科研院，1 个申请人为高等院校，2 个申请人为国外申请人。

采用居于排名榜上的申请人的专利申请总量，从申请人（创新主体）的维度揭示创新集中度，采用居于排名榜上的申请人近五年的专利申请活跃度揭示申请人的当前创新活跃度。整体上看，5G 通信技术在供电企业和电力科研院集中度相对于其他属性的申请人的集中度高，供电企业和电力科研院整体的创新活跃度也相对较高。从以上的数据可以看出，5G技术领域的专利申请人的创新活跃度比较高，5G通信技术在供电企业和电力科研院集中度相对于其他属性的申请人的集中度高，供电企业和电力科研院整体的创新活跃度也相对较高。

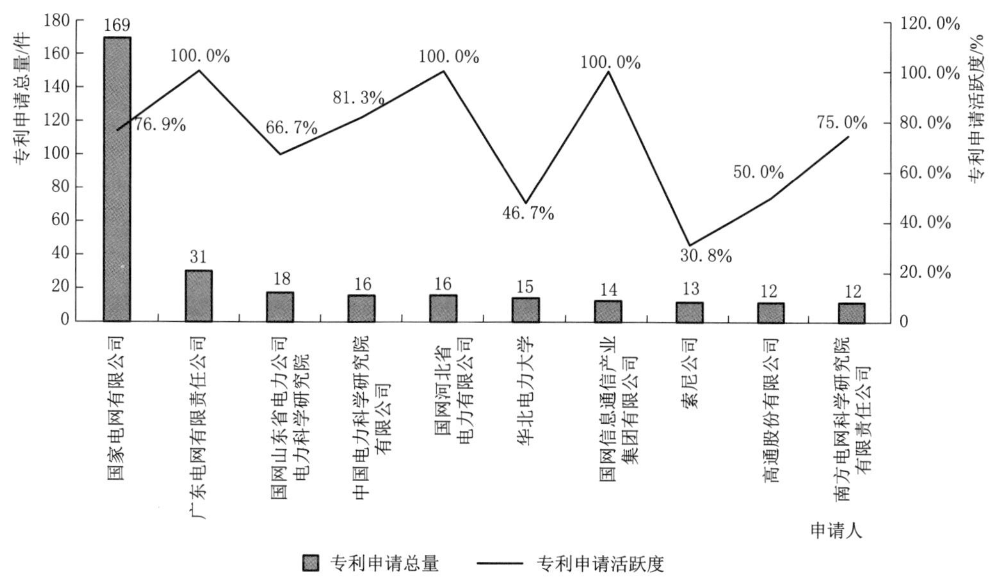

图6-11 申请人在中国的申请量及申请活跃度分布图

2. 国外申请人分析

整体上来看，在中国进行专利申请（布局）的国外申请人的数量较少，且在中国已进行专利申请的国外申请人的专利申请数量较少。

如图6-12所示，在专利申请总量方面，高通股份有限公司的专利申请总量居于榜首，专利申请总量12件。索尼公司的专利申请总量11件，位居第二位，三星电子有限公司和瑞典爱立信有限公司的专利申请总量均为6件，位居第三位。专利申请总量位于其后的其他申请主体的专利申请总量多数分布在3件。在申请人所属国别方面，5个创新主体来自美国，其他5个创新主体所属国别为日本、韩国、瑞典和芬兰等地区。

在专利申请活跃度方面，诺基亚公司最高达到100%，韩国三星电子有限公司的专利申请活跃度为83.3%。美国英特尔公司、台湾地区的联发科股份有限公司和ABB技术公司的专利申请活跃度为66.7%。美国高通股份有限公司的专利申请活跃度均为50%。其他申请人的专利申请活跃度均低于40%。美国德克萨斯仪器股份有限公司的专利申请活跃度为零。

从以上的数据可以看出，国外申请人在中国的专利申请总量相对于中国本土申请在中国的专利申请总量有一定的差距，在专利申请总量方面未形成集中优势。但韩国三星电子有限公司、美国英特尔公司和芬兰诺基亚公司近五年在5G通信技术领域的创新活跃度相对较高。整体上来看，国外申请人在中国的创新集中度以及创新活跃度相对于中国本土申请人在中国的创新集中度和创新活跃度均较低。

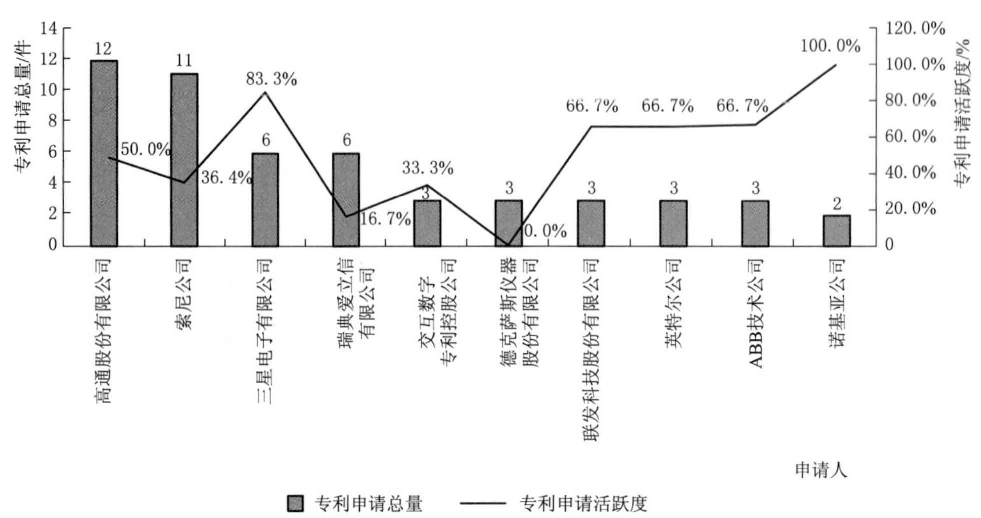

图 6-12　国外申请人在中国的申请量及申请活跃度分布图

3. 供电企业分析

如图 6-13 所示，从专利申请总量看，国家电网有限公司以 169 件的专利申请总量居于榜首。广东电网公司以 31 件的专利申请总量居于第二名。国网河北省电力有限公司以 16 件的专利申请总量居于第三名。国家电网有限公司的专利申请总量遥遥领先于其他供电企业，其他供电企业的专利申请总量虽有差距，但是差距较小。

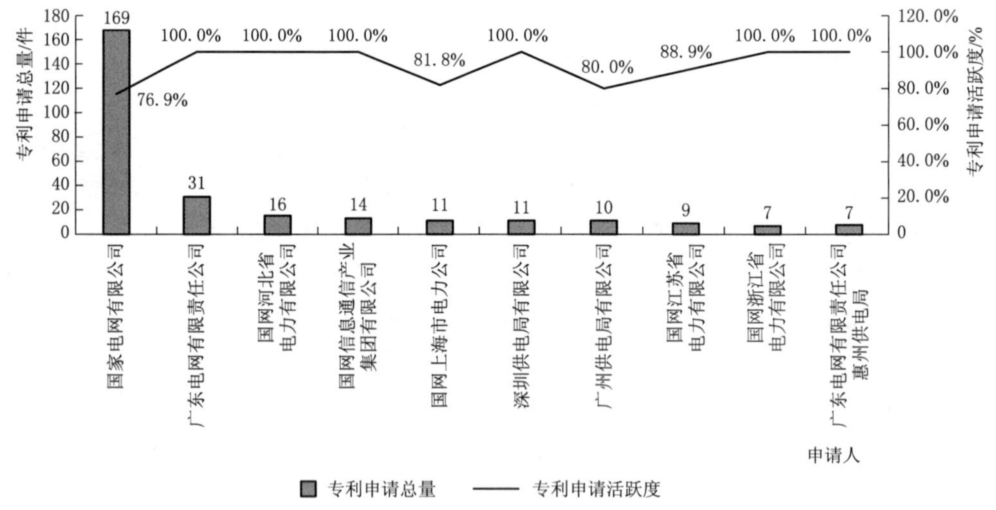

图 6-13　供电企业申请量及申请活跃度分布图

居于排名榜上的供电企业的专利申请活跃度的均值为 92.8%。其中，专利申请活跃度高于均值的申请人包括广东电网有限责任公司（100.0%）、国网河北省电力公司

(100.0%)、国网浙江省电力有限公司(100.0%)、国网信息通信产业集团有限公司(100.0%)、广东电网公司惠州供电局(100.0%)和深圳供电局公司(100.0%)。专利申请活跃度低于均值的申请人包括国家电网有限公司(76.9%)、国网上海市电力公司(81.8%)、广州供电局公司(80.0%)、国网江苏省电力有限公司(88.9%)。采用居于排名榜上的供电企业的专利申请总量，从申请人(创新主体)的维度揭示创新集中度，采用居于排名榜上的供电企业的专利申请活跃度揭示供电企业的当前创新活跃度。整体上来看，供电企业在中国的创新集中度相对较高，供电企业整体的创新活跃度也较高。

4. 非供电企业分析

如图6-14所示，国内非供电企业申请人持有的专利申请总量与供电企业申请人持有的专利申请总量相比，差距显著，居于排名榜上的非供电企业申请人持有的专利申请总量均在15件以内。在专利申请总量方面，索尼公司居于榜首，专利申请总量为13件。高通股份有限公司紧随其后，专利申请总量为12件。山东鲁能智能技术有限公司居于第三名，专利申请总量为11件。

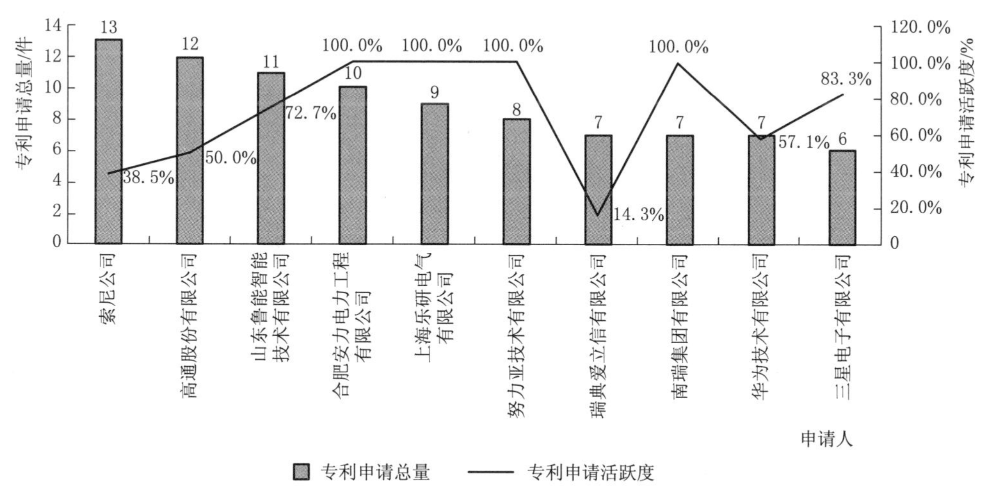

图6-14 非供电企业申请量及申请活跃度分布图

在专利申请活跃度方面，将专利申请活跃度高于90%定义为第一梯队，位于80%和90%之间的定义为第二梯队，低于80%的定义为第三梯队。其中，位于第一梯队的专利申请人的数量为4个，位于第二梯队1个，位于第三梯队的专利申请人的数量5个。专利申请活跃度位于第一梯队的申请人包括合肥安力电力工程公司(100%)、上海乐研电气有限公司(100%)、努比亚技术有限公司(100%)、南瑞集团有限公司(100%)。位于第二梯队的申请人为三星电子有限公司，其余5个申请人活跃度均低于80%。

从以上的数据可以看出，非供电企业申请人在中国的专利申请总量相对于供电企业申请人在中国的专利申请总量差距显著，非供电企业申请人近五年在5G通信技术领域的创新活跃度与供电企业申请人相比存在小幅差距。

5. 电力科研院分析

如图6-15所示，在专利申请总量方面，与其他类型的申请人相比，电科院申请人持有的专利申请总量与网内申请人持有的专利申请总量相比差距显著，略高于高校申请人持有的专利申请总量，略低于网外申请人持有的专利申请总量。国网山东省电力公司电力科学研究院居于榜首，专利申请总量为 18 件。排名在后的中国电力科学研究院有限公司申请量为 16 件、南方电网科学研究院有限责任公司申请量为 12 件，其他电科院申请量均少于 10 件。

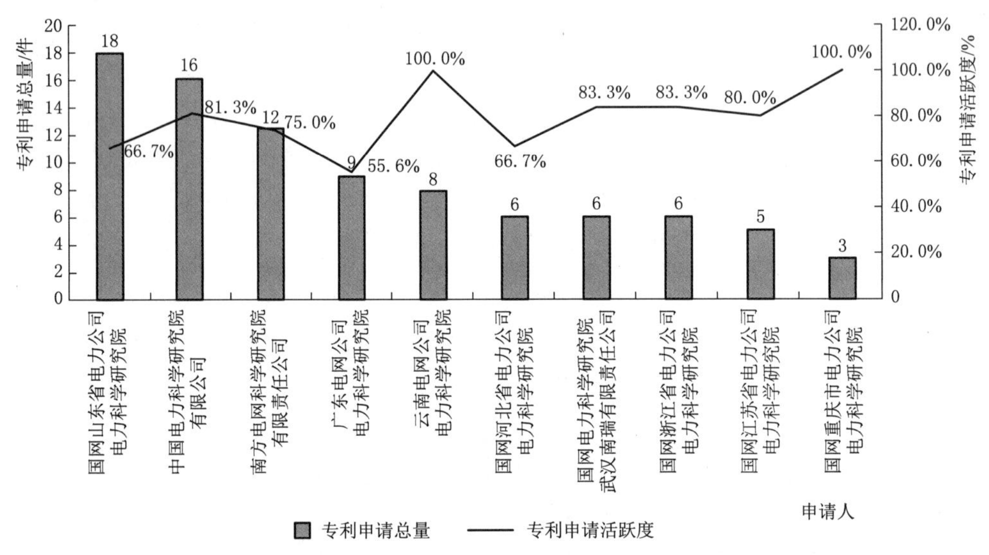

图 6-15　电力科研院申请量及申请活跃度分布图

在专利申请活跃度方面，将专利申请活跃度高于 90%定义为第一梯队，介于 80%～90%的定义为第二梯队，低于 80%的定义为第三梯队。位于第一梯队的专利申请人的数量为 2 个，具体为云南电网有限责任公司电力科学研究院和国网重庆市电力公司电力科学研究院。第二梯队包括中国电力科学研究院有限公司、国网江苏省电力公司电力科学研究院、国网电力科学研究院武汉南瑞公司和国网浙江省电力有限公司电力科学研究院，其余电科院则属于第三梯队。电科院申请人在中国的专利申请总量方面未形成集中优势，电科院申请人近五年在 5G 技术领域的创新活跃度相对较高。

6. 高等院校分析

如图 6-16 所示，与其他类型的申请人相比，高校申请人持有的专利申请总量与网内申请人以及网外申请人持有的专利申请总量相比，差距明显。居于排名榜上的高校各申请人持有的专利申请总量基本上分布在 10 件左右。在专利申请总量方面，华北电力大学居于榜首，专利申请总量为 15 件。北京邮电大学居于第二名，专利申请总量为 11 件。电子科技大学居于第三名，专利申请总量为 7 件。

在专利申请活跃度方面，将专利申请活跃度高于 80%定义为第一梯队，位于 60%和 80%之间的定义为第二梯队，低于 60%的定义为第三梯队。位于第一梯队的专利申请人的数量为 4 个，具体为重庆邮电大学、复旦大学、上海电力大学和东南大学。位于第二梯队的专利申请人的数量为 3 个，具体为东北电力大学、西安电子科技大学和北京邮电大学。位于第三梯队的专利申请人的数量为3个，具体为华北电力大学、电子科技大学、吉林大学。

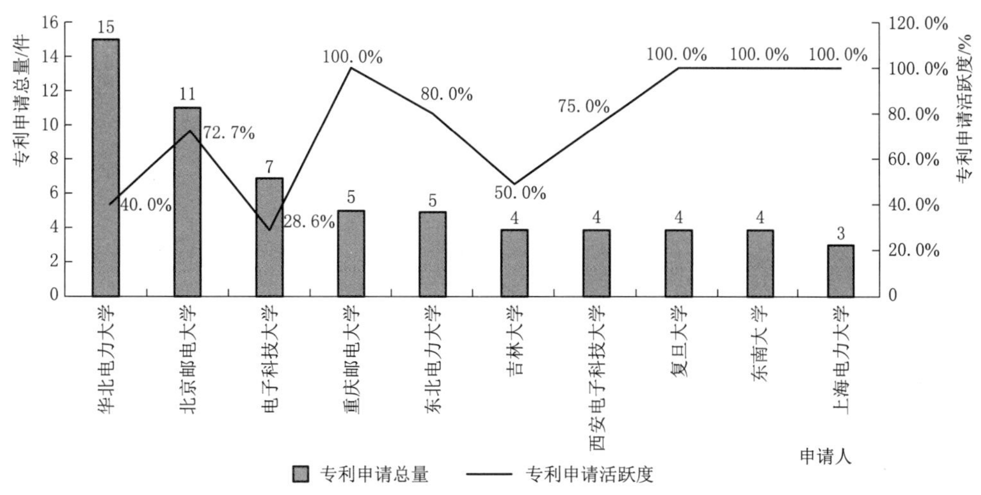

图6-16　高等院校申请量及申请活跃度分布图

从以上的数据可以看出，高校申请人在中国的专利申请总量相对于网内申请人在中国的专利申请总量差距明显，高校申请人近五年在5G通信技术领域的创新活跃度与其他类型的申请人相比，差距不显著。整体上来看，高等院校在中国的创新集中度相对于供电企业在中国的创新集中度较低，高等院校在中国的创新集中度相对于非供电企业在中国的创新集中度略高。高等院校在中国的创新集中度与电力科研院在中国的创新集中度基本持平。高等院校的创新活跃度较供电企业略低，但较非供电企业和电力科研院略高。

6.3.3.3 技术主题分析

1. 技术分支分析

采用国际分类号IPC（聚焦至小组）表征5G通信技术领域的细分技术分支。首先，从专利申请总量排名前10的细分技术分支近20年的专利申请态势，洞察未来专利申请的趋势。其次，从各细分技术分支对应的专利申请总量和专利申请活跃度两个维度，对比不同细分技术分支之间的发展差异。

如图6-17及表6-7所示，从时间轴（横向）看各细分技术分支的专利申请变化可知：

5G通信技术每一IPC分类号对应的细分技术分支的专利申请量在2016年以前申请较少，而2016年后均呈现出增长的态势。其中，专利申请总量位于榜首的H02J13/00（对网络情况提供远距离指示的电路装置；对配电网络中的开关装置进行远距离控制的电路装置）的专利申请起步于2006年，自2012年开始至今呈现出持续增长的态势，而且专利申请的增长速度较快，尤其是2019年数量激增至42件。

专利申请总量位于第二的H04L29/08（传输控制规程，例如数据链级控制规程）的专利申请起步于2014年，在2016年开始呈现出快速增长的态势，但是，专利申请的总量及增长速度较 H02J13/00 略低。

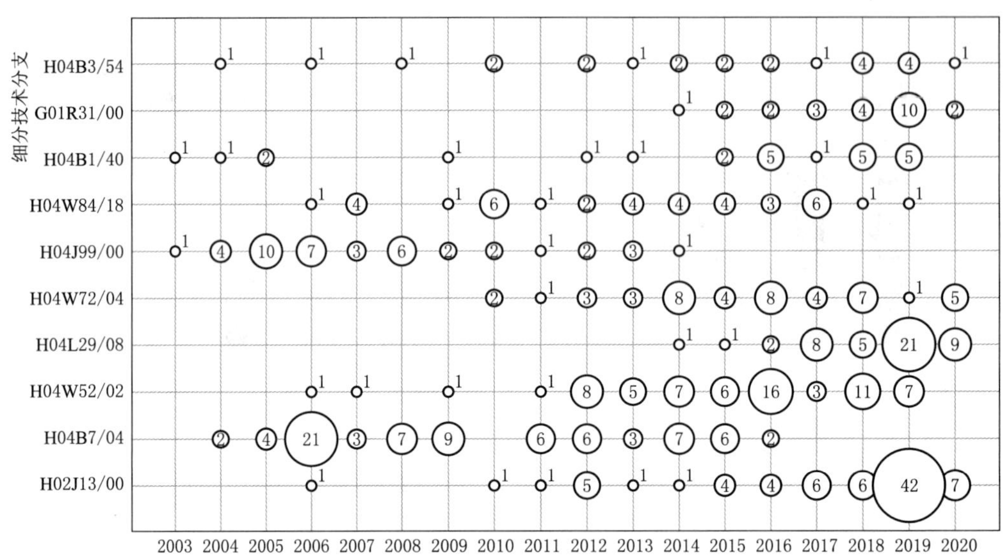

图 6-17　中国专利细分技术分支的申请总量及活跃度分布图

表 6-7　　IPC 含义及专利申请量

IPC	含　　义	专利申请量
H02J13/00	对网络情况提供远距离指示的电路装置；对配电网络中的开关装置进行远距离控制的电路装置	78
H04L29/08	传输控制规程，例如数据链级控制规程	41
G01R31/00	电性能的测试装置；电故障的探测装置；以所进行的测试在其他位置未提供为特征的电测试装置	24
G08C17/02	用无线电线路的信号装置	22
H04B3/54	通过电力配电线传输的系统	20
H04B1/40	电通信技术传输电路	20
H04N7/18	图像通信的闭路电视系统，即电视信号不广播的系统	19
H04L12/24	用于数据交换网络维护或管理的装置	17
G01R31/08	探测电缆、传输线或网络中的故障	17
H04L29/06	以协议为特征的数字信息的传输	16

专利申请量位于第三的 G01R31/00（电性能的测试装置；电故障的探测装置；以所进行的测试在其他位置未提供为特征的电测试装置）的专利申请起步于 2014 年，申请量 2019 年以来呈小幅增长。

对比不同 IPC 对应的年度专利申请量的变化，以洞察不同细分技术分支的发展差异，可知：专利申请总量排名前三的 H02J13/00、H04L29/08 和 G01R31/00 无论从总的申请量还是近几年的活跃程度来看都处于领先地位，预估未来还会呈现出持续增长的趋势。

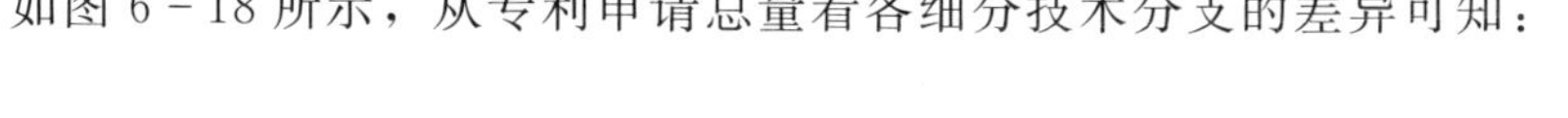

如图 6－18 所示，从专利申请总量看各细分技术分支的差异可知：

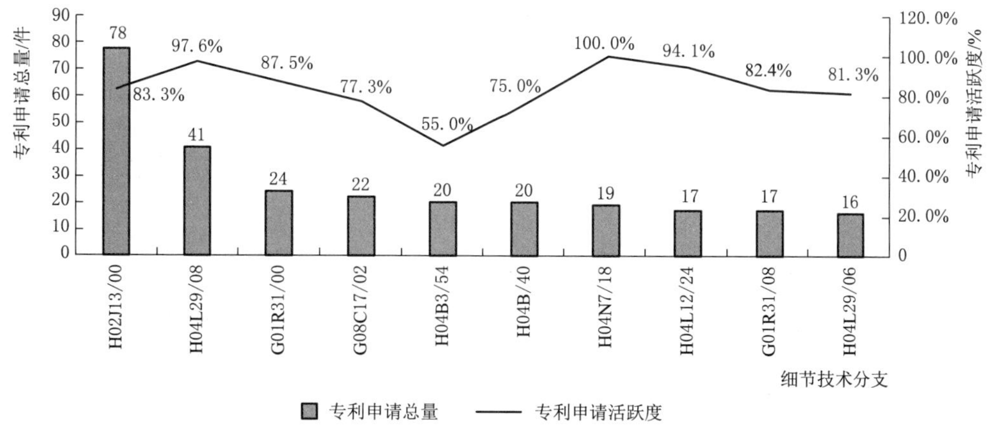

图 6－18　细分技术分支的专利申请总量及活跃度分布图

居于排名榜上的细分技术分支的中国专利申请总量大体可以划分为三个梯队。分别是专利申请总量超过 60 件的第一梯队、专利申请总量处于 35～50 件的第二梯队，以及专利申请总量不足 30 件的第三梯队。

处于第一梯队的细分技术分支的数量为 1 个，具体涉及 H02J13/00（对网络情况提供远距离指示的电路装置；对配电网络中的开关装置进行远距离控制的电路装置），对应申请量为 78 件。处于第二梯队的细分技术分支的数量为 1 个，具体涉及 H04L29/08（传输控制规程，例如数据链级控制规程）对应的专利申请量为 41 件。处于第三梯队的细分技术分支的数量为 8 个，申请量介于 16～24 件。

从专利申请活跃度看各细分技术分支的差异可知：

处于第一梯队的细分技术分支的专利申请活跃度均值、处于第二梯队的细分技术分支的专利申请活跃度均值、处于第三梯队的细分技术分支的专利申请活跃度均值分别是 83.3%、97.6%和 81.6%，各梯队中均表现出较高活跃度。

从以上数据可以看出，5G 技术应用中 H02J13/00（对网络情况提供远距离指示的电路装置；对配电网络中的开关装置进行远距离控制的电路装置）技术分支是当前的布局热点，即在上述技术点的创新集中度较高，而且相对于其他技术点的当前布局活跃度也具有一定的优势。

2. 5G 通信技术关键词词云分析

如图 6－19 所示，对 5G 通信技术近 5 年（2015—2020 年）的高频关键词进行分析，可以发现服务器、控制器、传感器、物联网以及无线网络等是核心的关键词。在电力行业涉及 5G 通信技术的主要应用载体为机器人、太阳能电池板、变电站、输电线路、充电桩、配电网等电力设备。5G 通信技术涉及的主要性能指标包括可靠性、工作效率、稳定性等。针对电网相关设备结合物联网、互联网的 5G 通信技术可以高速稳定的实现多个场景下的数据传输。

6.3.3.4　专利质量分析

高质量专利是企业重要的战略性无形资产，是企业创新成果价值的重要载体，通常围绕某一特定技术形成彼此联系、相互配套的技术，经过申请获得授权的专利集合。高质量专利应当在空间布局、技术布局、时间布局或地域布局等多个维度有所体现。

采用用于评价专利质量的综合指标体系评价专利质量，该综合指标体系从技术价值、法律价值、市场价值、战略价值和经济价值五个维度对专利进行综合评价，获得每一专利的综合评价分值。以星级表示专利的质量高低。其中，5 星级代表质量最高，1 星级代表质量最低。将 4 星级及以上定义为高质量的专利，将 1 星至 2.5 星的专利定义为低质量专利。

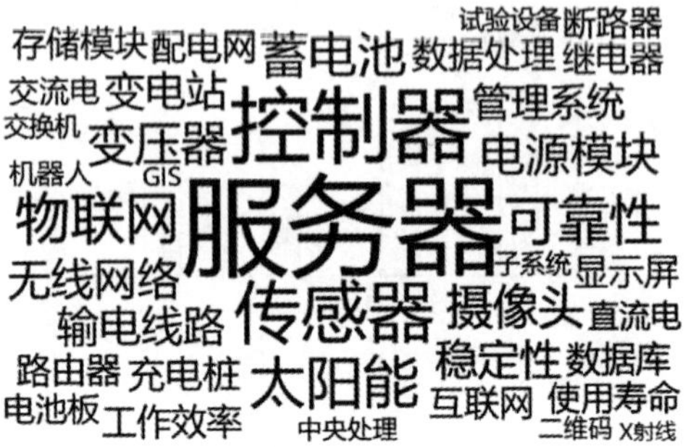

图 6－19　5G 通信技术近 5 年（2015—2020 年）高频关键词词云图

通过专利质量分析，企业可以在了解整个行业技术环境、竞争对手信息、专利热点、专利价值分布等信息的基础上，一方面识别竞争对手的重要专利布局，发现战略机遇，识别专利风险，另一方面也可以结合自身的经营战略和诉求，更高效地进行专利规划和布局，积累高质量的专利组合资产，提升企业的核心竞争力。

如图 6－20 所示，5G 通信技术专利质量表现一般。高质量专利（4 星及以上的专利）占比仅为 6.9%，而且上述的高质量专利中，5 星级专利仅占 1.3%。如果将 1 星至 2.5 星的专利定义为低质量专利，84.9%的专利为低质量专利。

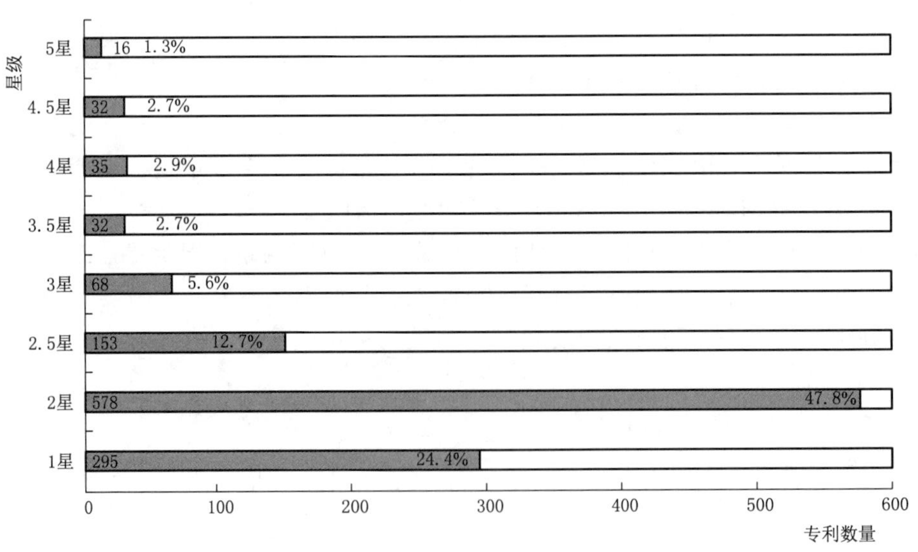

图 6－20　专利质量分布图

可以采用专利质量表征中国在 5G 通信技术领域的创新价值度，从以上数据可以看出，当前中国在 5G 通信技术领域的创新价值度不高。

如图6-21所示，对上述6.9%的高质量专利的申请人进行分析，结果如下：

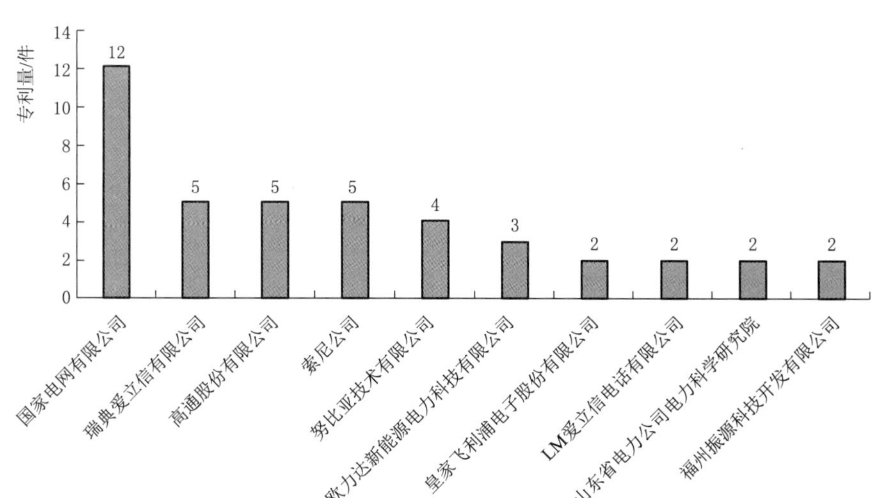

图6-21 5G通信技术高质量专利中申请人分布图

国家电网有限公司在高质量专利方面表现突出，其拥有的高质量专利数量（12件）领先于其他创新主体，国外申请人索尼公司、瑞典爱立信有限公司和高通股份有限公司紧随其后，高质量专利量均为5件。从创新主体的类型看，高质量专利持有人中供电企业2家，外国通信相关企业5家，国内非供电企业3家，无高校及科研院所申请人上榜。中国在5G技术领域的创新价值度整体表现一般的大环境下，国内非供电企业申请人的创新价值度表现突出。

6.3.3.5 专利运营分析

专利运营分析的目的是洞察该领域的申请人对专利显性价值（显性价值即为市场主体利用专利实际获得的现金流）的实现路径，以及不同的显性价值实现路径下优势申请人和不同类型的申请人选择的路径的区别。通过上述分析，为电力通信领域申请人在专利运营方面提供借鉴。

通过初步分析发现，专利转让是申请人最为热衷的专利价值实现路径，申请人对专利许可和专利质押路径的热衷度基本一致。居于专利转让排名榜上的申请人主要为供电企业和电力科研院。居于专利质押排名榜上的申请人主要为非供电企业。居于专利许可排名榜上的申请人主要为非电网企业、高等院校和个人。

1. 专利转让分析

如图6-22所示，供电企业、非供电企业申请人和高校是实施专利转让路径的主要市场主体。按照专利转让数量由高至低对市场主体进行排名，排名前10的市场主体中，30%为供电企业申请人，60%为非供电企业申请人，10%为高校申请人。

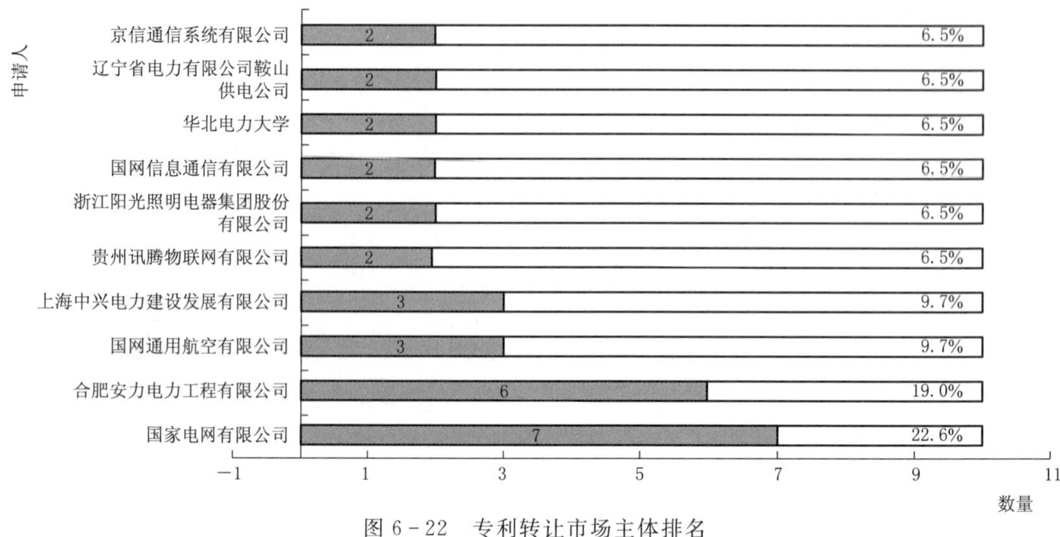

图 6－22　专利转让市场主体排名

网内申请人中，国家电网有限公司的专利转让 7 件，居于榜首。虽然国家电网有限公司的专利转让数量居于榜首，但相对于国家电网有限公司的专利拥有量，专利转让数量占比较少。位于国家电网有限公司之后的其他市场主体的专利转让数量由高至低，可以分为两个梯队，位于第一梯队（大于 5 件）的申请人包括 1 个，具体是合肥安力电力工程有限公司。位于第二梯队（不足 5 件）的申请人包括 8 个，分别是国网通用航空有限公司、上海中兴电力建设发展有限公司、贵州讯腾物联网有限公司、浙江阳光照明电器集团股份有限公司、国网信息通信有限公司、华北电力大学、辽宁省电力有限公司鞍山供电公司和京信通信系统有限公司。采用专利转让表征中国在 5G 技术领域的创新开放度，从以上数据可以看出，目前中国在 5G 通信技术领域的创新开放度表现一般。

2. 专利质押分析

专利质押的数量相对于专利转让的数量较少，截止到现在，专利质押的数量仅为 3 件，见表 6－8。出质人分别是弘浩明传科技（北京）股份有限公司和杭州国控电力科技有限公司。出质人主要集中在非供电企业。

表 6－8　　专利质押情况列表

出质人	出质专利数量	出质时间
弘浩明传科技（北京）股份有限公司	1	2013 年
杭州国控电力科技有限公司	2	2019 年

3. 专利许可分析

专利许可情况列表见表 6－9。

表 6－9　　专利许可情况列表

许可人	数量	被许可人	许可时间
无锡欧力达新能源电力科技有限公司	3	南京中储新能源有限公司	2014 年
国网山东省电力公司电力科学研究院	2	国网智能科技股份有限公司	2019 年

专利许可的数量相对于专利转让的数量较少，与专利质押的专利数量相当，截止到现在，专利许可的数量仅为5件。许可人无锡欧力达新能源电力科技有限公司以普通许可方式许可给被许可人南京中储新能源有限公司3件专利；国网山东省电力公司电力科学研究院以独占许可的方式许可给受让人国网智能科技股份有限公司，许可时间分别为2014年和2019年。

6.3.4 专利分析结论

6.3.4.1 基于近两年对比分析的结论

在全球范围内看整体变化，整体专利公开量增长率呈下降趋势，2019年的专利公开量增长率与2018年相比下降了25个百分点，2019年的创新活跃度均较2018年的创新活跃度低。在5G通信技术领域的相关技术集中度上，2019年相对于2018年的创新集中度在整体上有一定的出入，H02J13/00、H04W72/04、H04N7/18和H04W52/02技术点仍是研究热点。

6.3.4.2 基于全球专利分析的结论

在全球范围内，5G通信技术在电力信通领域已经累计申请了2500余件专利，经历了萌芽期和缓慢增长期，当前处于快速增长期。当前除中国外的其他国家/地区的专利申请增速放缓，而中国的专利申请增速显著，2013年之后，中国是驱动全球在5G技术领域创新活跃度增高的主要动力源。中国的创新集中度也表现突出，美国和日本的创新集中度随后，但与中国的差距较大。

5G通信技术的专利集中在中国专利申请人的数量相对于其他国家/地区专利申请人的数量较多，中国专利申请人的创新活跃度相对较高。国外申请人的申请量和活跃度表明，美国和日本申请人的数量表现突出，这两个国家的专利申请人数量相对于其他国家/地区专利申请人的数量较多，韩国相对于其他国家/地区的专利申请人的创新活跃度较高。5G技术中H02J13/00（对网络情况提供远距离指示的电路装置；对配电网络中的开关装置进行远距离控制的电路装置）技术分支是当前的布局热点，即在上述技术点的创新集中度较高，而且相对于其他技术点的当前布局活跃度也具有一定的优势。

6.3.4.3 基于中国专利分析的结论

在中国范围内，5G通信技术已经累计申请了约1400件专利，当前中国在5G技术领域的创新活跃度表现突出。居于排名榜前10位的申请人有七成属于供电企业申请人，在供电企业申请人的集中度相对于其他专利申请人的集中度高，供电企业专利申请人整体的创新活跃度也相对较高。

国外专利申请人TOP10排名榜上的5个创新主体来自美国，其他创新主体所属国别为日本、韩国、瑞典和芬兰。国外申请人在中国的专利申请总量相对于中国本土申请在中国的专利申请总量差距显著，韩国三星电子有限公司、美国英特尔和芬兰诺基亚近五年在5G通信技术领域的创新活跃度相对较高。

在中国范围内，5G通信技术中H02J13/00（对网络情况提供远距离指示的电路装置；对配电网络中的开关装置进行远距离控制的电路装置）技术分支是当前的布局热点，即在上述技术点的创新集中度较高，相对于其他技术点的当前布局活跃度也具有一定的优势。

从专利质量看，5G 技术领域的专利质量表现一般。高质量专利占比仅为 6.9%。持有高质量专利的申请人主要是非供电企业申请人，国家电网有限公司高质量专利 12 件，位居榜首。采用专利质量表征中国在 5G 技术领域的创新价值度，当前中国在 5G 通信技术领域的创新价值度表现一般。从专利运营来看，专利转让是申请人最为热衷的专利价值实现路径，申请人对专利许可和专利质押路径的热衷度不高，采用专利转让表征中国在 5G 技术领域的创新开放度，目前中国在 5G 技术领域的创新开放度表现不佳。

第 7 章 新技术产品及应用解决方案

7.1 5G 共享铁塔

7.1.1 产品介绍

加快 5G 网络部署已成为国家战略，随着行业需求呈现爆发式增长，政府鼓励各行业基础设施资源开放共享。建设能源互联网企业，一方面要求发挥电网公司“共享型”企业的优势，挖掘公司资产的商业运营潜力，另一方面要求加快推进电力无线专网建设，构建泛在电力物联网。供电公司的电力杆塔数量多、分布特征与 5G 基站高度契合，电力杆塔共享共建成为建设 5G 基站的最优选择。利用电力杆塔部署运营商基站，形成成熟的商业模式和建设运维流程，为解决 5G 基站部署难题提供突破口，也为电网公司挖掘了新的业务增长点。同时充分利用中国铁塔公司站址资源，实现无线专网的快速部署和高质量覆盖。

电力杆塔与 5G 基站共享共建需要突破的关键技术具体包括：改造杆塔、一体化超宽频基站、电磁干扰计算模型、解决设备与环境间干扰问题、整合电力和通信安全规范形成安装运行规程、围绕建维模式开展创新研究制定共享及租赁实施操作方案。

7.1.2 功能特点

(1) 电力杆塔改造研究。在可共享的各类输配电杆塔中，选取技术难度较高的架空输电线路钢管杆进行载荷分析，根据杆塔整体受力和局部受力分析结果进行铁塔改造加固研究。整合电力和通信安全运行规范，满足双方对安全的严格要求，形成《共享杆塔安装运行规程（试行）》。围绕建维模式开展创新研究制定共享及租赁实施操作方案，中国铁塔公司负责塔上设备巡视、塔下设备的巡视和检修，依据巡检情况向电力公司提出上塔作业需求，电力公司负责塔身检修、基站物业维系。

(2) 基站创新，研制一体化超宽频基站。利用 4G/5G 共享站点资源，SA/NSA 融合基站最大容量 BBU，支持多频多模多架构形式，打造极简站点；射频天线一体化设计，抗电磁干扰能力更强；7mm 超低功耗基站芯片，打造业内功耗最低 5G AAU，降低电力引入难度，有效降低基站供电成本；创新基站设计与制造工艺，大幅降低基站体积与自重，在共享电力杆塔时，将挂载通信设备对杆塔的机构影响降到最小，为其他设备预留共享挂载空间。

（3）防雷接地。土壤电阻率一般在100Ω·m以下，输电线路的工频接地电阻不宜大于10Ω，为满足通信设备防雷接地要求，工频接地电阻不宜大于5Ω。为了减小对周边地形的破坏，降低政策处理难度，采用镀铜圆钢垂直接地的形式对接地网进行改造。同时采用分段接地的方式，提升整体防雷水平，满足各方防雷接地标准。

7.1.3 应用成效

据预测，未来5G基站数量将是目前的4～5倍，未来我国85%的5G新增基站将会利用社会资源解决。践行“创新、协调、绿色、开放、共享”的发展理念，通过铁塔共享，解决基站选址难题，降低网络基础设施建设成本，减少公共设备对土地资源的占用。同时，提升网络覆盖质量，助力5G商业化部署和“网络强国”发展战略落地。例如某市电力无线专网规划建设5G基站580座（已完成建设460座），其中200座可利用自有物业，剩余380座均需要租用铁塔公司站址资源，方可达到预期覆盖效果，至2020年，该省电力公司预计将租赁站址2400处。随着物联网不断发展，各行业感知终端将达数百万个，需要大量站址资源进行部署。

7.2 5G MEC边缘计算解决方案

7.2.1 方案介绍

立足于云计算、边缘计算、终端设备（云、边、端）推出的5G MEC（Multi - Access Edge Computing，移动边缘计算）解决方案以及包括5G边缘计算网关、MEC/边缘云、边缘计算管理平台在内的一系列产品，通过将运营商5G核心网（5GC）的用户功能（UPF）下沉到网络边缘，根据不同应用的具体需求灵活选择MEC的部署位置，将应用数据本地分流至边缘MEC处理，同时为第三方应用提供开放的平台与管理能力，从而可为运营商或垂直行业用户提供高效、实时、安全的边缘计算网络服务。伴随着5G网络大规模的建设，用户在5G场景下的高速交互能力得以大幅提升，从而促使了在网络边缘的大量应用需求，即在靠近用户的本地位置上进行计算与存储，以满足超高带宽、极低时延、万物互联的极致用户体验，5G移动边缘计算应运而生。

5G MEC解决方案系统架构如图7－1所示，主要由5G边缘计算网关（FlexEGW）、边缘计算平台（MEP）及边缘计算管理平台（MEPM）组成：①5G边缘计算网关（FlexEGW）：主要提供设备连接、数据接入、协议转换等功能；②边缘计算平台（MEP）：主要实现管理平台针对应用、资源、流量、域名等模块的微服务代理，提供计算、存储和网络服务，实现本地业务分流及能力交付；③边缘计算管理平台（MEPM）：主要实现边缘计算与5G核心网的协调联动、边缘计算平台的发现、边缘网络拓扑发现、第三方能力平台开放及应用部署以及对应用、资源、流量、域名等策略的生命周期管理等功能。

5G MEC解决方案充分发挥运营商网络资源优势，依据目标客户的不同需求特点进行分级部署，MEP节点通常部署在接入机房与汇聚机房部分，MEPM节点作为管理节点通常部署在核心DC或云化部署在大网内，如图7－2所示。结合5G边缘计算网关，可为不同垂直行业客户提供预测维护、生产检测、交通检测、制造控制、环保检测等现场场景的交付。

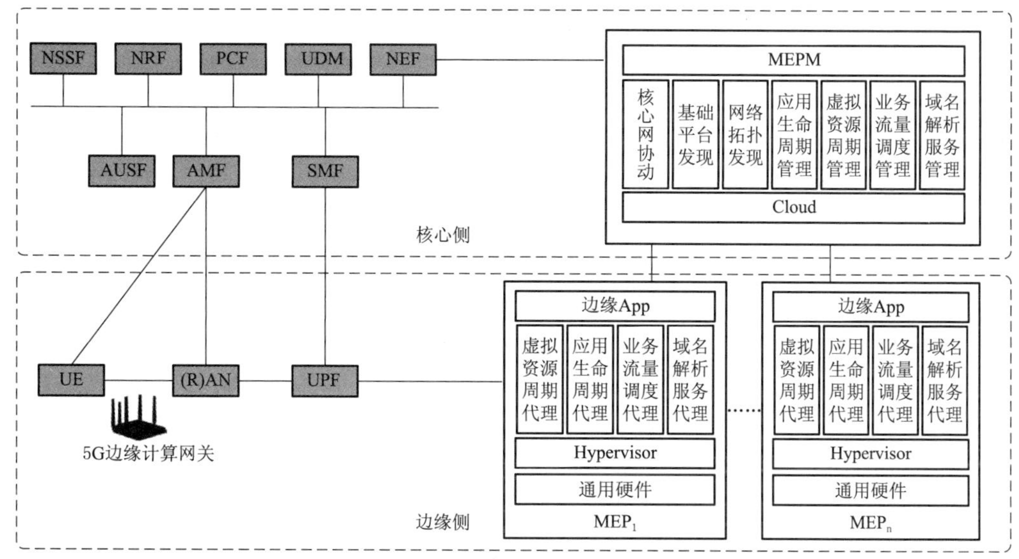

图 7-1　5G MEC 解决方案系统架构图

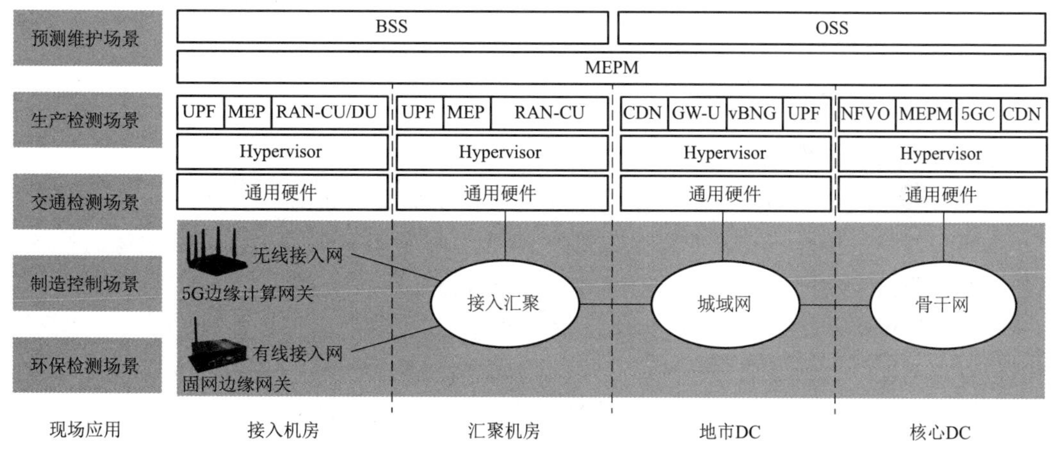

图 7-2　5G MEC 解决方案部署方式图

7.2.2　功能特点

1. 5G MEC 解决方案的六大特性

（1）开放的垂直行业能力。支持多协议接入及转换，具备完善的工业属性和广泛的物联网接入能力，如 PLC、串口协议设备、CNC、OPCUA/DA、电力规约协议设备等。

（2）协同的边云网络。平台搭配网关，应用下沉边缘，本地数据清洗，云端深度学习，打造云边协同的完整生态。

（3）高性能的本地分流及转发。结合 UPF，边缘节点具备高性能边缘运算及转发能力，本地转发性能可达网卡限速。

（4）轻量的应用容器部署。边缘节点支持海量应用的容器化部署，占用资源少，部署安装简单灵活，弹性扩缩。

（5）灵活的数据接口开放。支持以 HTTP、MQTT 等方式向企业数据中心、生产管理系统、物联网平台提供数据接口。

（6）智能的 QOS（Quality of Service，服务质量保障）。基于不同应用对于业务的差异化需求，支持定制化 QOS 服务，保障终端客户的用户体验。

2. 边缘计算管理平台（MEPM）的三大功能

（1）边缘计算平台虚拟资源周期管理功能。边缘平台接入认证实现符合 ETSI（European Telecommunications Standards Institute，欧洲电信标准化协会）标准的 Mx2 接口标准的服务认证机制；实现边缘节点接口配置与微服务管理、管理边缘节点的物理接口与平台自身的微服务，如本地 DNS 服务、虚拟资源管理代理服务、应用生命周期代理服务等；边缘节点接口分流配置实现 5G 核心网 UPF 下发流量的双向交互与分发。

（2）边缘应用生命周期管理功能。边缘应用部署实现边缘应用的实例化、支持 KVM、Docker 等方式，边缘应用流量策略配置实现应用流量的部署，将边缘应用的业务流量下发至边缘计算平台，边缘应用 DNS 策略配置实现边缘计算平台 DNS 调度策略，保证业务下发。

（3）5G 核心网协调联动功能。将边缘计算应用注册为 5G 核心网内的应用功能，实现协调联动。

7.2.3 应用成效

1. 助力工业机器人远程控制

5G MEC 解决方案助力于某工业机器人远程控制场景，如图 7-3 所示，利用 5G 边缘计算的超低延迟特性，实时控制车间内的 AGV 小车路线导航与调度、机械臂的控制抓取与数据采集以及故障的快速定位与处理，大幅提高了生产效率。①5G 边缘计算网关接入 AGV 小车及机械臂，实现协议转换、数据采集；②边缘计算平台本地分流，实现本地实时控制与调度，数据处理与清洗；③云边协同，远端云数据中心进行 PLC 编程与深度模型学习，通过 VPN 可信传输，协同 MEC 共同实现远程控制。

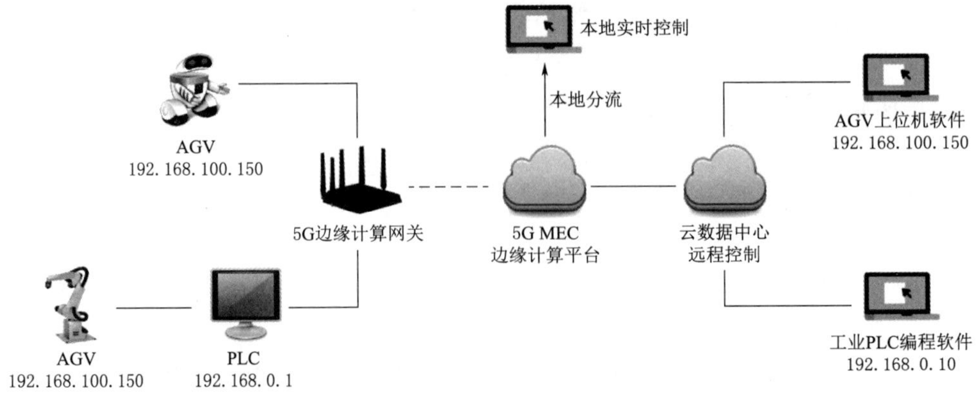

图 7-3　5G MEC 解决方案助力工业机器人远程控制

2.5G视频接入及瑕疵缺陷检测

5G MEC解决方案检测场景如图7-4所示。通过在变电站现场部署边缘计算网关，将现场的各类高清摄像头进行接入，网关中部署视频接入管理服务，支持视频接入、视频编解码、视频流压缩、按需推送与实时直播操作。同时支持机器视觉算法的叠加，可在任意摄像头的接入视频流上叠加机器视觉算法，根据视频流或图像画面进行视觉研判，目前已支持闯入（轨迹）识别、身份识别、工装（安全帽/穿着）识别、开关相位识别、外破（大型车辆、施工机械）识别、绝缘子缺陷识别、导线舞动/悬弧/覆盖识别等十余种机器视觉配置。

图7-4 5G MEC解决方案检测场景

3.5G MEC电力应用解决方案

5G MEC电力应用解决方案如图7-5所示。面向配变电台区、变电站、中低压输电线路，推出基于5G边缘计算网关，结合MEC及AI技术的低时延电能质量管理解决方案，为传统电网赋能，有力支撑了各种能源接入和综合管理，大幅提高了能源利用效率。

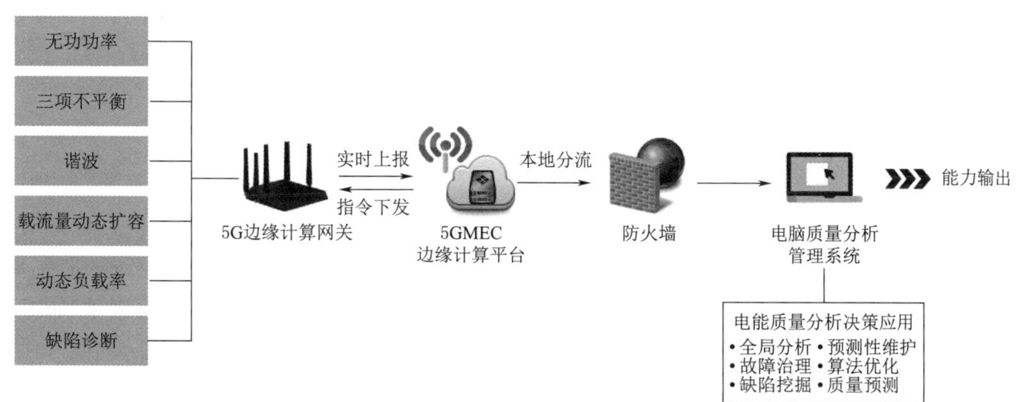

图7-5 5G MEC电力应用解决方案

①基于 5G 边缘计算网关，采用容器化及微服务架构，对低压配电网设施信息进行全采集；②基于 5G MEC 边缘计算平台，实现台区电能质量信息的本地分流；③通过在 MEC 平台中部署电力物联网，提供多源电能质量本地分析与决策，实现低时延智能业务响应及控制业务调度，同时平台提供指定数据流的定制化数据，实现数据融合共享。

7.3 智慧光伏发电站 5G 通信解决方案

7.3.1 方案介绍

某发电企业的新能源智能场站首次应用 5G 通信，光伏诊断、机器人智能巡检和无人机自动巡航三个场景功能在 2018 年底投入运行，实现了智能场站巡检设备的远程“五遥”功能。之前新能源场站日常巡检主要依靠人工巡检，巡检程序复杂、巡检周期长、现场环境恶劣、工作量巨大、巡检效率低，因此人工巡检难度大。该电站位于泄洪区，采用架空式建设，光伏板距离地面 7m 高，建设规模 100.6mW，场区总面积约 $4km^2$，距离省会城市生产运营中心 57.2km。该电站具有光伏板离地高，场区面积大，与生产运营中心距离远等特点。

基于新能源场站分散、地处偏僻、场站规模小、无法统一管理的特性，提升作业效率，减少人为干预，降低人工成本是该新能源发电站急需解决的难题，需要充分利用人工智能和数据挖掘技术，实现新能源场站智能化、智慧化。通过全量数据编码标准化采集、高频数据上报，进行状态监测、运维及远程控制操作，从故障机理、在线监测、数据采集、信号分析、故障库建立等方面进行全面研究。利用 5G 通信技术为厂区配备智能全景视频监视系统，部署可灵活移动的视频综合监视装备，对厂区设备运行状态、温湿度环境等在线监测，并进行视频、图像回传，云端同步采用 AI 技术进行分析识别，提取设备运行状态、开关资源状态等数据信息，避免了繁琐的人工巡检作业，提高了生产安全和效率。

7.3.2 功能特点

智慧光伏发电站 5G 通信解决方案是能源行业应用 5G 技术的重要突破，打造了无线、无人、互联、互动的智慧新能源场站，该解决方案具有以下特点：①带宽 100Mbit/s，时延小于 50ms，可靠性 99.999%；②时延小于 50ms；③通道可用性：大于 98%；④可靠性：可靠性 99.9%；⑤隔离要求属于电网Ⅲ区业务，与Ⅰ、Ⅱ区实现物理隔离。

7.3.3 应用成效

通过 5G 超大带宽、超低时延、超高可靠的网络，成功实现了无人机巡检、机器人巡检、智能安防、单兵作业四个智慧能源应用场景。①在无人机巡检、机器人巡检场景中，通过部署在省会城市集控中心的一体化平台，远程操控位于电站的无人机、机器人进行巡检作业，电站现场无人机、机器人巡检视频图像实时高清回传至集控中心，实现了数据传输从有线到无线，设备操控从现场到远程的转变；②在智能安防场景中，通过全景高清摄像头，实现场站实时监控及综合环控；③在单兵作业场景中，通过智能穿戴设备的音视频和人员定位功能，实现集控中心专家对电站现场维检人员远程作业指导。

7.4 “数字新基建”能源互联网5G系统解决方案

7.4.1 方案介绍

5G网络为能源互联网业务提供高安全、高可靠、低时延的端到端电力专网服务。2020年，国家电网有限公司提出“数字新基建”建设规划，加快发展“5G+能源互联网”。利用5G大速率、高可靠、低时延、广连接等技术优势，聚焦输变电智能运维、电网精准负控和能源互联网创新业务应用。

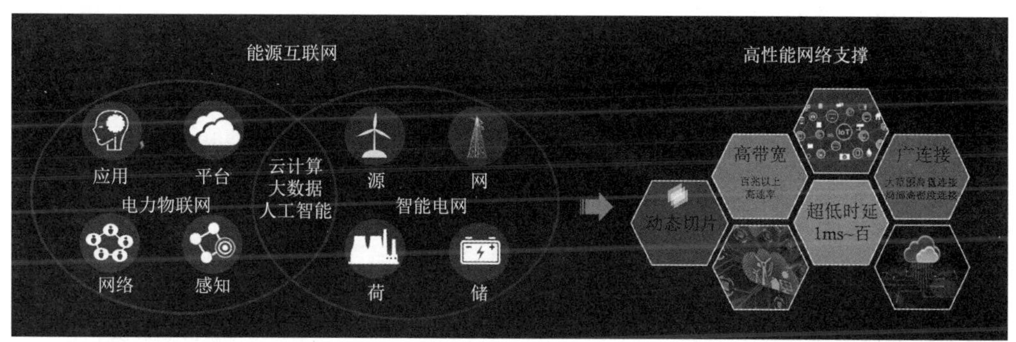

图7-6　能源互联网的高性能网络支撑

电力通信网是支撑智能电网发展的重要基础设施，为智能电网与各类能源服务平台提供安全、可靠、高效的信息传送通道。电力行业面临点多面广、末端连接难、运维难度大、光纤专网成本高、4G公网承载能力弱等行业痛点，如图7-7所示。智能电网的业务场景需要电网公司采用全新的技术或业务来应对。目前电网主要的通信方式为公网GPRS/3G/4G、运营商宽带、PLC、各类现场总线类通信等，通信方案在应对越来越丰富的智能配电网业务时显现的弊端越来越明显，越来越不能满足电网末端连接需求。智能配电网技术的高速发展，给目前电网特别是配电网的调度、控制和管理带来巨大挑战，众多的业务场景对网络时延、带宽、可靠性等方面有着明确的要求，具体业务场景对网络的要求见表7-1。

由此可见，通信是智能电网快速发展的关键因素，而具备大连接、大带宽、低时延等技术特征的5G技术十分契合智能电网的通信需求。在智能配电通信接入网中，通过5G网络发挥其超大规模连接、超低时延的优势，承载智能电网的终端与网络的交互，满足电网不同安全区的业务需求，5G网络切片架构如图7-8所示。

表7-1　具体业务场景对网络的具体要求

名　称	时　延	带　宽	终端数量	可靠性
同步向量测量（PMU）	控制：小于10ms 遥测：小于500ms	不大于10Mbit/s	每平方公里数十个	99.999%

续表

名　称	时　延	带　宽	终端数量	可靠性
智能配网自动化	小于 10ms 精度 10μs	不大于 2Mbit/s	每平方公里数十个	99.999%
分布式能源调控	控制：小于 1s 采集：小于 3s	大于 2Mbit/s	千万级	控制：99.999% 采集：99.9%
精准负荷控制	小于 50ms	小于 2Mbit/s	千万级	99.999%
智能巡检	小于 100ms	4～10Mbit/s	局部区域 1～2 个	99.9%
计量抄表	小于 200ms	大于 2Mbit/s	千万级	99.9%

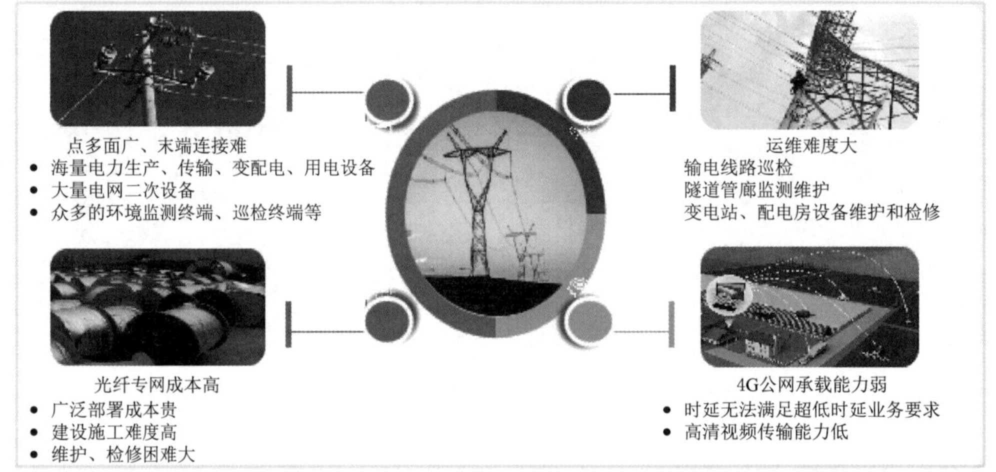

图 7-7　电力产业链环节目前面临的痛点

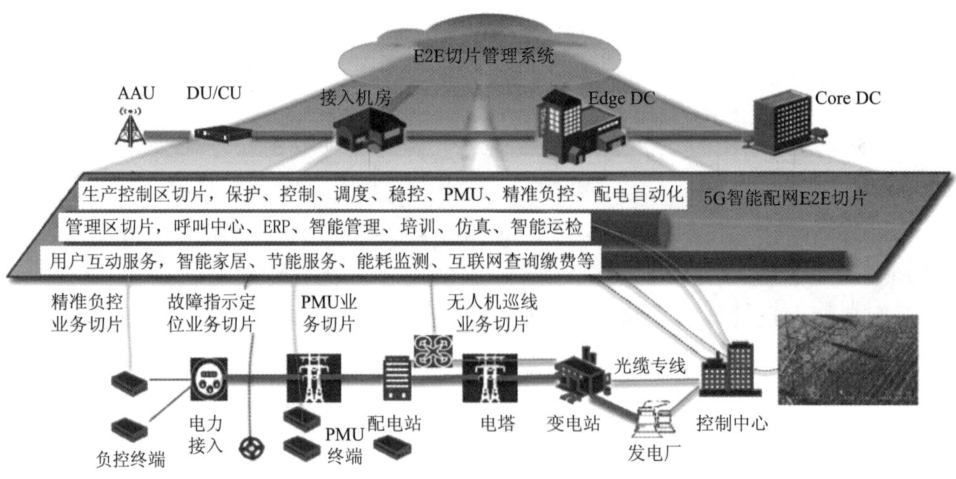

图 7-8　E2E 切片管理系统

7.4.2 功能特点

5G智能电网具有高安全、高可靠、低时延、实时、可控、灵活、经济等特点。①部署灵活。5G网络可为差动保护、精准控制等电力核心业务提供10ms以内的超低时延传输、小于1μs的精确授时功能，相比较于光纤通信，具有很强的灵活性。②传输可靠。电网业务对通信网络的可靠性要求高，随着5G切片和TSN等技术的成熟商用，将为电网关键业务提供99.999%的可靠性保障。③安全隔离。5G为电网不同安全区业务（如管理区、生产区）提供物理、逻辑资源等层次的隔离，实现安全分区、专网专用；通过5G切片，可实现端到端的安全通信，同时结合MEC本地分流，保障电网数据安全。④能力开放。电力企业可利用公网运营商提供的网络切片定制、规划部署、运行监控等功能，可利用公网运营商开放给用户的各类数据、通信终端或模组采集的各类数据，更好地支撑智能电网运维管理。

7.4.3 应用成效

目前产品供应商与通信运营商、电网公司、科研院所等已经展开密切合作，进行战略合作，共同探索提供电力行业的5G解决方案，应用场景包括“5G差动保护”应用、5G电力低时延业务应用、5G电力采集业务应用、5G电力大带宽业务应用等。目前已在电力5G行业标准、专利、行业终端、3GPP标准研究、电力业务验证等方面取得实质性进展和成果。5G智能电网关键技术和产品如图7-9所示。

①5G智能电网业务试点。完成5G变电站巡逻机器人、5G输电线路两栖机器人、5G智慧工地视频监控业务；完成PMU、配电网自动化、计量自动化、智能配电房等业务和主站的对接。②5G PMU业务验证。完成5G网络传输PMU数据的技术可行性验证，验证5G网络通道的速率、时延等性能指标，满足PMU连接的要求。③5G电力业务研究。对差动保护、PLC、精准负荷控制、远程运维等业务进行验证；对基于5G切片的通道安全、保护类业务时延等进行测试工作。④5G差动保护试点。验证了CPE的接口、对时、协议、性能；验证5G网络上下行带宽、时延（9ms）、系统丢包率（0丢包）、授时精度（小于500ns）等；验证了5G端到端的切片隔离、自愈、抵御风险能力等。

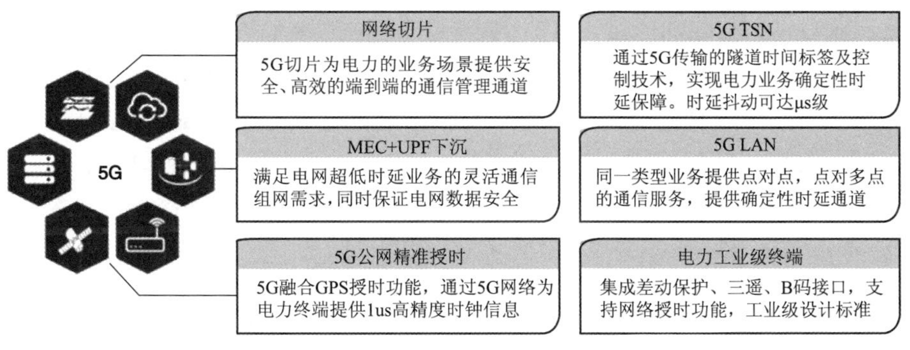

图7-9 5G智能电网关键技术和产品

7.5 5G 智能配电网同步相量测量（PMU）解决方案

7.5.1 方案介绍

电力同步相量测量装置使用以太网接入 5G TUE 终端，将所测的电压电流基波正序相量、三相电压基波相量、三相电流基波相量、频率、频率变化率、开关状态信号、幅值、发电机功角等数据实时、快速传输到 WAMS 主站系统，同时利用 5G 网络的精准授时功能为测量装置提供高精度的时钟同步信息。其同步相量测量架构图如图 7－10 所示。

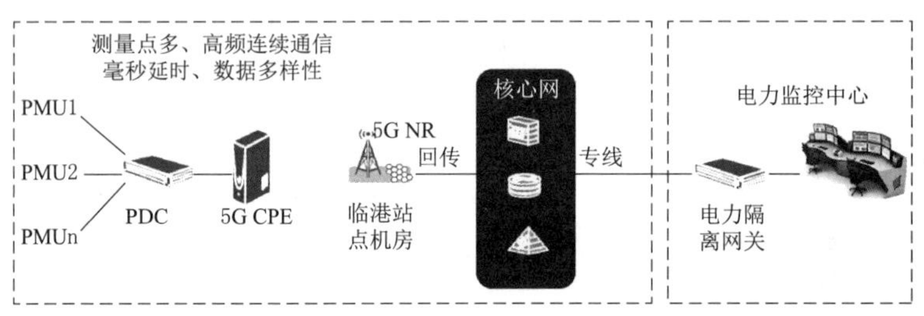

图 7－10 5G 智能配电网同步相量测量架构图

7.5.2 功能特点

①代替了传统光纤的接入，实现了灵活部署，减少施工和维护成本；②5G 网络可以提供精准授时功能，与光纤方式相比，有效节省 PMU 终端部署的实际成本；③5G 低时延为 PMU 数据实现快速回传提供了安全通道。

7.5.3 应用成效

2018 年，依托国家重点研发计划“智能电网技术与装备”中的重点专项“智能配电网微型同步相量测量应用技术研究”课题项目，某供厂商在某市临港开展配电网同步相量测量（PMU）的示范应用。2019 年 2 月，在临港现场真实 5G 网络下进行了外场测试，结果表明 5G 网络可满足配电网通信频次高、时延小、数据多样等方面的要求。该项目成功申请了工业互联网联盟（AII）第一个基于 5G 的测试床。该示范项目验证了 5G 低时延高可靠特性在智能电网中的应用，为 5G 在智能电网领域的推广提供了依据，在保障安全的前提下，降低了电力通信网络建设难度和成本。同时也为配电网末端设备的推广提供了保障，推进了能源互联网的发展。该项目创新性强，试点范围新能源元素多，为业内首个，示范意义大，验证 5G 在电网的应用，为探索 5G＋智能电网 PMU 业务大规模实施提供了技术准备。该项目荣获 2019 年 ICT 年度“最佳行业创新应用奖”。

7.6 基于 5G 的电力场站陆空一体化巡检解决方案

7.6.1 方案介绍

传统变电站巡检机器人传统巡检方式需要人工在现场实施，巡检频次和时间受到制约，且巡检拍摄的视频需要人工拷贝回传进行分析，效率低、速度慢。并且存在WiFi覆盖范围小，AP间通信简短；通信带宽小，视频清晰度低；通信时延大，机器人操控不敏捷等问题。同时，单一利用巡检机器人只能在地面进行二维巡检，无法对变电站周边环境、变电站内部设施及接入变电站的输电线路进行统一、全面感知。另外，随着巡检终端的红外、4K/8K视频的逐步应用，未来巡检远端视频类数据传输量巨大，传统4G无线网络已不能适应远程、实时、高效传输的需求。针对以上痛点，需要通过搭载小型化、便携式5G CPE（MU5001）终端，在变电站内按照预设路线完成变电站主设备巡检任务，实现定时定点、循环式巡检。无人机、机器人通过5G CPE接入5G网络切片，连接控制主站，将巡检现场视频数据回传至主站监控系统，通过监控大屏可以查看远程视频和数据。5G电力场站陆空一体化巡检监控大屏如图7-11所示。

图7-11　5G电力场站陆空一体化巡检监控大屏

7.6.2　功能特点

实现在5G巡检机器人行驶过程中对设备表计进行刻度识别，提供高清视频监控、环境声音录波、环境信息智能检测、精确红外测温、远程遥控指挥与应急处理、自动绕障、自主充电等功能，并将机载工控机控制和采集数据通过5G网络回传到变电站控制中心，实现真正无人化、自动化巡检。同时，结合5G无人机对变电站及周边环境、输变电设施进行三维立体巡检。利用5G高带宽、低时延的优势特性，代替无人机与机器人原来的WiFi功能，有效增强无人机与机器人的远程控制能力，避免了WiFi信号不稳定、覆盖范围小等缺点。将巡检现场环境数据、高清（4K）视频回传至控制中心，确保机器人能在任何地形条件下稳定地完成巡检任务，适应未来变电站巡检的高要求。

7.6.3　应用成效

2019年5月15日，厂商与某市电力公司基于5G电力领域展开合作，在某110kV变电站东江路沿线区域，成功完成全国首个基于5G网络的无人机、无人车陆空一体化电力设施立体巡检。本次输电线路巡检采用无人机、无人车搭载高清摄像头和小型CPE方式，利用5G网络超高带宽、超低时延的优势，实现无人机、无人车巡检高清影像流畅回传至电力监控中心，监控人员可在后台远程实时控制高清摄像头状态，支撑故障巡检的远程专家决策。

本次输电线路巡检验证了5G设备数据传输毫秒级时延。Gbit/s以上传输带宽特性，能够将包括8K高清视频在内的多路监控信号实时回传，可有效地支撑电力远程精细化自主巡检、AI实时缺陷识别等电力巡检应用需求。同时，此次巡检设备首次搭载了小型CPE设备，打破了CPE单独部署带来的应用限制，实现了真正意义上的全线路无人智能巡检，使得5G在电力行业大规模商用成为现实，为后续5G在电力行业生产区的进一步深度合作打下了坚实基础。

7.7 5G电力业务通信管理支撑平台

7.7.1 方案介绍

5G电力业务通信管理支撑平台结合电网需求，实现公网数据卡和通信终端的统一管理，首次完成了5G网络切片全流程贯穿验证。对接三大运营商物联云平台和通信终端，完成对卡台账（流量、资费、套餐）及通信设备台账（状态、性能、位置）的数据采集，实现卡级资费和全生命周期的精细化管控，实现对通信终端的实时监测和远程控制功能。

结合电网业务特性，实现全业务需求、切片规划、切片订购、成员管理、性能监控的全流程闭环管理，最终实现切片可管、卡台账清晰、资费透明、终端可控。创新实现对接三大运营商，实现卡的统筹管理；结合电力企业卡管理流程，实现卡全生命周期管理的电子化流程，完成精细化管理前移；推行电力企业标准，对接各类通信终端，实现对终端的监测；在通信终端入网前进行检测以验证功能和可靠性；融合卡和终端数据，建立数据模型实现通信故障预测和分析。

7.7.2 功能特点

目前电力行业使用无线公网主要存在SIM卡管理粗放、大流量业务SIM卡资费高、业务终端不在线故障未定位、缺乏运营商评价、无法形成持续良性改进等问题。5G电力业务通信管理支撑平台偏向于用户侧管理的应用，与5G切片管理平台对接，通过调用切片管理平台相关开放能力，屏蔽网络配置细节，使用户更加专注于核心生产业务，同时为用户提供详细的网络性能指标，实现网络实时监控。对电力内部：该平台作为通信管理的开放平台，为电力各类业务平台提供切片管理服务及终端状态、流量状态等信息，实现电力终端通信的可管可控。对电力外部：该平台与运营商物联云平台和通信终端对接，通过应用层交互的方式，获取终端、业务、网络等状态信息，并在此基础上提供基于大数据的扩展应用。该平台可实现如下功能：①与5G切片管理平台对接，实现5G切片可视化、规划、订购功能；②与物联云平台对接，实现卡台账、流量、业务资费、在线状态信息的监测管理；③与通信终端对接，实现终端台账、状态、性能指标的监测管理。

该平台主要包括数据采集控制、系统管理域、应用域、统一接口服务四项功能模块。有别于以往的移动通信网络发展模式，依托5G网络能力开放和切片技术，未来该平台将为电网企业提供更丰富的、更多元化、更灵活的网络切片服务管理能力，同时平台自身也以更开放的架构，向电力内部业务提供支撑服务，具体包括以下几个方面：

（1）数据采集控制。主要实现接口层的适配，实现与中国移动接口、无线终端的统计接口之间的数据采集控制。

(2) 系统管理。主要包括用户管理、权限管理、日志管理、组织架构管理等通用功能。

(3) 应用域。包括接入设备管理、连接管理、5G网络切片管理、统计分析四项基础应用和扩展应用。接入设备管理、连接管理主要实现电力通信终端状态、性能、台账、卡号、流量、业务资费、在线状态信息的监测管理。5G网络切片管理分为两类，一类是状态监测型，主要包括对运营商网络的业务切片属性、切片资源视图、切片负荷运行状态的监测；另一类是控制管理型，包括根据电力企业的需求订购网络切片，选择网络切片类型、容量、性能及相关覆盖范围，可根据电力企业的需求调整切片的功能、业务属性、资源分配，调整不同业务之间切片隔离程度（如物理隔离、逻辑隔离），并可以给予电力企业自行进行切片上下线管理的权限。统计分析主要包括终端、业务运行、SIM卡状态、网络切片及故障告警的基础分析。扩展应用包括无线通信大屏展示、区域隐患预警、终端预警分析、智能监控。

(4) 统一接口服务域。主要实现本支撑系统与其他电力业务系统的对接，以微服务的方式向各类系统提供通信终端、状态、网络的相关数据服务。针对海量公网卡和通信终端，对周数据、月数据进行分析，数据量一般为千万至亿级，面对海量的数据处理，对平台的稳定性提出极高要求，故引入微服务架构构建平台，将服务粒度切分划小，功能性针对强（高内聚），高度解耦，同时可根据业务实际情况精准使用资源，避免资源的浪费；采用内存数据库，以应对海量数据的存储、处理及展现。

7.7.3 应用成效

目前该平台已在某电力公网无线监控系统、某供电局基于5G技术的智能电网应用及电力无线综合管理平台、某电力信通科技公司公网通信资源管理平台服务、某电网公网通信资源实时监控系统等多个项目中落地。

该平台创新性地实现对无线公网卡、通信终端、5G切片的管控，支撑智能电网业务接入、承载、安全及端到端的自主管控，提高对业务综合展现和分析决策的能力，提升了企业的管理水平，进而提高企业的业务运作效率。以健全智能化网络运维手段，实现网络业务的集约化承载，提升网络安全运维水平，节省网络运营费用，打造精细化网络管理能力，进一步促进智能电网的数据共享及业务发展，实现管理的精益化和集约化，切实减少人工工作量，提高了工作效率，带来直接的经济效益。依托信息化手段，将促进公司管理方式的转变，实现优化流程、提高效率和优化资源配置，缩短作业时间，降低成本。通过运营监控，发现并解决问题，提升工作效率，提高数据准确性，提升客户服务水平和客户满意度，提升电网企业的社会品牌价值，可以带来间接的经济效益。

第 8 章 电力 5G 技术产业发展建议

当前智能电网的快速发展对电力通信网络提出了更高的要求，具有更高安全性、实时性、灵活性以及更加自主可控的 5G 网络能够形成差异化、安全可靠的专网服务，实现信息流、能源流、业务流的贯通，有效提升效率和降低成本，促进电力行业数字经济跨越式发展。但是 5G 在电力行业的应用尚处于起步阶段，未来需要在提升 5G 在电力行业的安全性和适配性、推进电力 5G 基础设施建设、深化 5G 与电力行业的融合程度、提升 5G 在电力行业的应用水平等方面持续加强建设。

8.1 运营商和电力企业推进电力 5G 应用的安全性和适配性

2019 年 5G 技术正式实现商用，发展历程较短，对于 5G 技术与垂直应用领域的融合发展而言仍需要考虑安全性和适配性，在此基础上要注重探索适用于智能电网业务的 5G 切片服务模式。

首先，5G 应用于电力行业的安全性需要研究验证。5G 在智能电网的应用场景分为 eMBB、mMTC、uRLLC 三个方向，智能分布式配电自动化、快速精准负荷控制、分布式能源供应、信息采集与视频应用四大通用型应用和若干类创新型应用，由此产生的需求呈现多样化的特点。对于 5G 在电力行业领域的网络切片，首要问题是如何做到网络切片之间的安全隔离。运营商和电力企业需要进一步加强 5G 电力网络切片场景的安全架构设计，提供不同终端的安全差异化保护。如图 8－1 所示，加强切片的安全隔离，从终端、

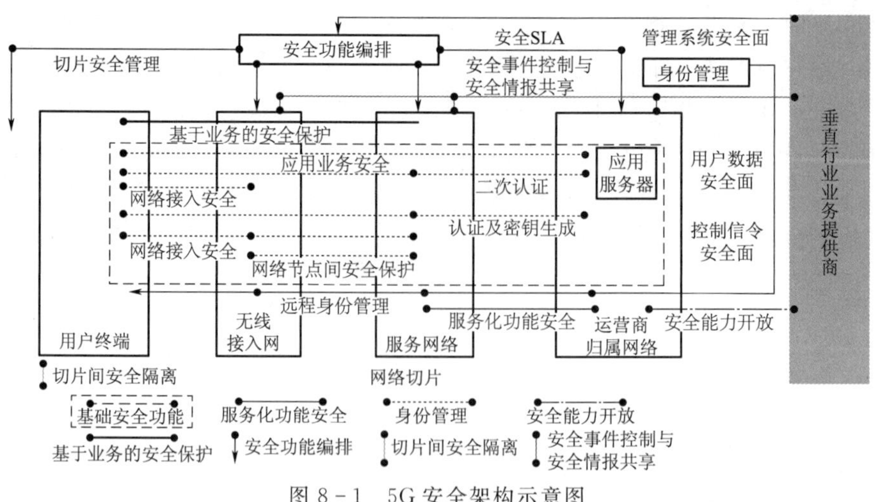

图 8－1　5G 安全架构示意图

接入网、核心网、承载网等各个子域以及终端与切片网络的网元交互、安全协议等方面加强隔离，提供满足电力行业多场景差异化的整体解决方案。

其次，5G与电力业务的适配性需要在更大范围内测试验证。目前5G与智能电网的融合研究及验证工作已经得到了越来越多的关注，但现有测试验证场景仍较局限，需要推动5G+智能电网相关业务在更大范围内开展测试验证。同时，在满足融合应用的安全性和适配性的条件下，运营商应持续探索电网切片服务模式。智能电网业务不同于其他垂直应用行业，不仅需要提供端到端的质量协同和保障方案，还需要保证各区业务隔离及独立运维管理。

8.2 电网企业加强与通信行业基础设施资源的高度整合

相较于4G技术，5G技术使用频段更高，基站密度更大，将是4G基站的4～5倍，5G若想实现大范围覆盖，除去土地问题，还将面临建设周期、选址征地、投入资金等问题。为了节约资金、土地成本，电网与通信行业基础设施资源通过高度整合利用，进行电力共享基站建设，有利于进一步扩大5G建设、加快5G商用。

电力共享基站能够为5G铺建基础设施提供更为便利的条件，如变电站站址通过相应改造后，可为5G基站提供必要的基站室外站址、室内机房环境等空间设施，在共建共享的基础上大大提高5G网络建设速度及建设效果，租赁电力机柜及电源可以为基站提供不间断电源保障，同一单管塔挂设多种天线可以实现资源高度整合利用。在电力行业与5G技术融合发展的过程中，建立电力共享基站是电力行业为5G建设提供的便利条件，为5G基站建设节约了大量土地、管道、传输、电力等资源，降低了5G网络部署成本，提升了5G网络覆盖质量和进度。与此同时，5G基础设施的加速铺建以及5G技术的飞速提升，对于垂直应用行业之一的电力行业而言具有非常重要的意义，建立电力共享基站是电力行业在运用新型通信技术的同时为技术发展做出的力所能及的贡献。

8.3 全面深化5G与电力行业融合应用构建产业新生态

作为新兴的通信技术，随着5G在全球范围内网络覆盖的不断增强，其商业化应用正在不断加速。5G在电力通信技术的应用将成为电网安全、稳定和经济运行的重要支撑。充分发挥5G应用对电力行业转型升级的赋能作用，提升5G应用的供给能力，不断完善5G产业链，解决5G电力安全芯片、电力通信终端、电网控制类业务安全接入性能等问题，将5G通信技术与电力应用有机结合，完善应用生态，形成完整的电力5G产业上下游链条。

全面深化5G与电力产业的融合应用，赋能产业的数字化智能化转型升级。全力推进eMBB、mMTC、uRLLC三大应用场景与电力行业的融合发展，支撑源、网、荷、储全面协同互动，满足电力行业多场景差异化的需求，大力拓展5G在电力行业应用范围，持续丰富5G技术应用场景，加快新形态5G电力通信终端的普及，助力产业转型升级；抓好重点项目建设，开展“5G+智能电网”的试点示范工作，攻克一批重大关键技术与核心装备，大力推动 5G 与云计算、大数据、人工智能等前沿科技的深度融合，提升“5G+智能电网”应用水平，进一步做好电力行业数字化、网络化、智能化过程中的资源优化配置。

电力企业还应加强与国内外 5G 龙头骨干企业的合作，支持电力领域、5G 通信领域的骨干企业与相关科研院所联合组建产业联盟，在标准制定、技术研发、测试验证及试点应用等方面开展深度合作，增强在电力 5G 应用领域的国际话语权。

8.4 电力企业加快推进 5G 在用户需求侧的典型应用

推进 5G 在用户侧负荷高精度预测与描绘功能的实现。利用 5G 网络应用场景中海量机器通信（mMTC）拥有大容量高密度连接的特性，发挥 5G 在空间上支持海量感知设备部署的优势，逐步改变用户生活用电习惯，使用电作息变得透明客观，不仅让用户可以直观获知家里的智能家电实时耗能情况，还可以结合人工智能计算分析，进行负荷预测，模拟未来用电情况。

加快 5G 对于需求侧实时调度应用的推广。当前集中式电网电力供应在高峰期发生时段性短缺现象时有发生，传统的电力调度主要是通过电力供给侧入手。然而，伴随着分布式新能源装机容量的大规模并网（如图 8-2 中国智能电网应用市场空间和发展潜力示意图可见，分布式新能源综合服务最具发展潜力）以及特高压远程输电的距离增大，电力供给侧能源调度的安全稳定性难度增大。在智能电网时代，用电侧将成为电力市场参与的主力军。加快推进 5G 网络的广泛部署，发挥 5G 高可靠低时延通信（uRLLC）网络能力，避免需求侧参与实时调度的通信延迟，通过 5G 技术让需求侧快速响应上级调频的指令，从而在根本上解决应急状态下电力供需实时平衡问题，稳定电网频率波动。随着 5G 在电力领域的广泛应用，未来用电负荷需求侧响应将是用户、售电商、增量配电运营商、储能及微电网运营商等多方参与，并能够对用户负荷实施更加精细化的控制。

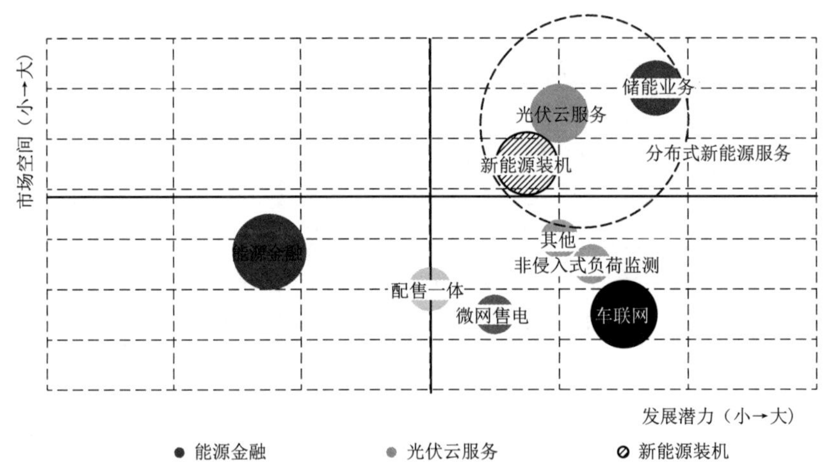

图 8-2 中国智能电网应用市场空间和发展潜力示意图
（数据来源：赛迪顾问，2020 年 7 月）

附录 A 基于专利的企业技术创新力评价思路和方法

A1 研究思路

A1.1 基于专利的企业技术创新力评价研究思路

构建一套衡量企业技术创新力的指标体系。围绕企业高质量发展的特征和内涵，按照科学性与完备性、层次性与单义性、可计算与可操作性、动态性以及可通用性等原则，从众多的专利指标中选取便于度量、较为灵敏的重点指标（如创新活跃度、创新集中度、创新开放度、创新价值度），以专利数据为基础构建一套适合衡量企业创新发展、高质量发展要求的科学合理评价指标体系。

A1.2 电力 5G 技术领域专利分析研究思路

（1）在 5G 技术领域内，制定技术分解表。技术分解表中包括不同梯队，每一梯队下对应多个技术分支。对每一技术分支做深入研究，以明确检索边界。

（2）基于技术分解表所确定的检索边界制定检索策略，确定检索要素（如关键词和/或分类号）。并通过科技文献、专利文献、网络咨询等渠道扩展检索要素。基于检索策略将扩展后的检索要素进行逻辑运算，最终形成 5G 技术领域的检索式。

（3）选择多个专利信息检索平台，利用检索式从专利信息检索平台上采集、清洗数据。清洗数据包括同族合并、申请号合并、申请人名称规范、去除噪声等，最终形成用于专利分析的专利数据集合。

（4）基于专利数据集合，开展企业技术创新力评价，并在全球和中国范围内从多个维度展开专利分析。

A2 研究方法

A2.1 基于专利的企业技术创新力评价研究方法

A2.1.1 基于专利的企业技术创新力评价指标选取原则

评价企业技术创新力的指标体系的建立原则是围绕企业高质量发展的特征和内涵，

从众多的专利指标中选取便于度量、较为灵敏的重点指标来构建，即需遵循科学性与完备性、层次性与单义性、可计算与可操作性、相对稳定性与绝对动态性相结合以及可通用性等原则。

1. 科学性与完备性原则

科学性原则指的是指标的选取和指标体系的建立应科学规范。包括指标的选取、权重系数的确定、数据的选取等必须以科学理论为依据，即必须优先满足科学性原则。根据这一原则，指标概念必须清晰明确，且在具有一定的、具体的科学含义的同时，设置的指标必须以客观存在的事实为基础，这样才能客观反映其所标识、度量的系统的发展特性。完备性原则，企业技术创新力评价指标体系作为一个整体，所选取指标的范围应尽可能涵盖企业高质量发展的概念与特征的主要方面和特点，不能只对高质量发展的某个方面进行评价，防止以偏概全。

2. 层次性与单义性原则

专利对企业技术创新力的支撑是一项复杂的系统工程，具有一定的层次结构，这是复杂大系统的一个重要特性。因此，专利支撑企业技术创新力发展的指标体系所选择的指标应具有也应体现出这种层次结构，以便于对指标体系的理解。同时，专利对于企业技术创新力发展的各支撑要素之间存在着错综复杂的联系，指标的含义也往往相互包容，这样就会使系统的某个方面重复计算，使评价结果失真。所以，专利支撑企业技术创新力发展的指标体系所选取的每个指标必须有明确的含义，且指标与指标之间不能相互涵盖和交叉，以保证特征描述和评价结果的可靠性。

3. 可计算与可操作性原则

专利支撑企业技术创新力发展的评价是通过对评价指标体系中各指标反映出的信息，并采用一定运算方法计算出来的。这样所选取的指标必须可以计算或有明确的取值方法，这是评价指标选择的基本方法，特征描述指标无需遵循这一原则。同时，专利支撑企业技术创新力发展的指标体系的可操作性原则具有两层含义，具体如下：①所选取的指标越多，意味着评价工作量越大，所消耗的资源（人力、物力、财力等）和时间也越多，技术要求也越高。可操作性原则要求在保证完备性原则的条件下，尽可能选择有代表性的综合性指标，去除代表性不强、敏感性差的指标；②度量指标的所有数据易于获取和表述，并且各指标之间具有可比性。

4. 相对稳定性与绝对动态性相结合的原则

专利支撑企业技术创新力发展的指标体系的构建过程包括评价指标体系的建立、实施和调整三个阶段。为保证这三个阶段上的延续性，又能比较不同阶段的具体情况，要求评价指标体系具有相对的稳定性或相对一致性。但同时，由于专利支撑企业技术创新力发展的动态性特征，应在评价指标体系实施一段时间后不断修正这一体系，以满足未来企业技术创新力发展的要求；另一方面，应根据专家意见并结合公众参与的反馈信息补充，以完善专利支撑企业技术创新力发展的指标体系。

5. 通用性原则

由于专利可按照其不同的属性特点和维度划分，其对于企业技术创新力发展的支撑作用应聚焦在企业层面。因此，设计评价指标体系时，必须考虑在该层面和维度的通用性。

A2.1.2　基于专利的企业技术创新力评价指标体系结构

表 A2-1　　指　标　体　系

一级指标	二级指标	三级指标	指　标　含　义	计算方法	影响力
企业技术创新力指数	创新活跃度	专利申请数量	申请人目前已经申请的专利总量，越高代表科技成果产出的数量越多、基数越大，是影响专利申请活跃度、授权专利发明人数活跃度、国外同族专利占比、专利授权率和有效专利数量的基础性指标	/	5+
		专利申请活跃度	申请人近五年专利申请数量，越高代表科技成果产出的速度越高、创新越活跃	近五年专利申请量	5+
		授权专利发明人数活跃度	申请人近年授权专利的发明人数量与总授权专利的发明人数量的比值，越高代表近年的人力资源投入越多、创新越活跃	近五年授权专利发明人数量/总授权专利发明人数量	5+
		国外同族专利占比	申请人国外布局专利数量与总布局专利数量的比值，越高代表向其他地域布局越活跃	国外申请专利数量/总专利申请数量	4+
		专利授权率	申请人专利授权的比率，越高代表有效的科技成果产出的比率越高、创新越活跃	授权专利数/审结专利数	3+
		有效专利数量	申请人拥有的有效专利总量，越多代表有效的科技成果产出的数量越多、创新越活跃	从已公开的专利数量中统计已授权且当前有效的专利总量	3+
	创新集中度	核心技术集中度	申请人核心技术对应的专利申请量与专利申请总量的比值，越高代表申请人越专注于某一技术的创新	该领域位于榜首的IPC对应的专利数量/申请人自身专利申请总量	5+
		专利占有率	申请人在某领域的核心技术专利总数除以本领域所有申请人在某领域核心技术的专利总数，可以判断在此领域的影响力，越大则代表影响力越大、在此领域的创新越集中	位于榜首的IPC对应的专利数量/该IPC下所有申请人的专利数量	5+
		发明人集中度	申请人、发明人人均专利数量，越高则代表越集中	发明人数量/专利申请总数	4+
		发明专利占比	发明专利的数量与专利申请总数量的比值，越高则代表产出的专利类型越集中、创新集中度相对越高	发明专利数量/专利申请总数	3+
	创新开放度	合作申请专利占比	合作申请专利数量与专利申请总数的比值，越高则代表合作申请越活跃、科技成果的产出源头越开放	申请人数大于或等于2的专利数量/专利申请总数	5+
		专利许可数	申请人所拥有的专利中，发生过许可和正在许可的专利数量，越高则代表科技成果的应用越开放	发生过许可和正在许可的专利数量	5+
		专利转让数	申请人所拥有的有效专利中，发生过转让和已经转让的专利数量，越高则代表科技成果的应用越开放	发生过转让和正在转让的专利数量	5+
		专利质押数	申请人所拥有的有效专利中，发生过质押和正在质押的专利数量，越高则代表科技成果的应用越开放	发生过质押和正在质押的专利数量	5+
	创新价值度	高价值专利占比	申请人高价值专利数量与专利总数量的比值，越高则代表科技创新成果的质量越高、创新价值度越高	4星及以上专利数量/专利总量	5+

续表

一级指标	二级指标	三级指标	指　标　含　义	计算方法	影响力
企业技术创新力指数	创新价值度	专利平均被引次数	申请人所拥有专利的被引证总次数与专利数量的比值，越高则代表对于后续技术的影响力越大、创新价值度越高	被引证总次数/专利总数	5+
		获奖专利数量	申请人所拥有的专利中获得过中国专利奖的数量	获奖专利总数	4+
		授权专利平均权利要求项数	申请人授权专利权利要求总项数与授权专利数量的比值，越高则代表单件专利的权利布局越完备、创新价值度越高	授权专利权利要求总项数/授权专利数量	4+

一级指数为总指数，即企业技术创新力指数。二级指数分别对应四个构成元素的指数，分别为创新活跃度指数、创新集中度指数、创新开放度指数、创新价值度指数；其下设置 4～6 个具体的核心指标，予以支撑。

A2.1.3　基于专利的企业技术创新力评价指标计算方法

表 A2－2　　指标体系及权重列表

一级指标	二级指标	权重	三级指标	指标代码	指标权重
技术创新力指数	创新活跃度 *A*	0.3	专利申请数量	*A*1	0.4
			专利申请活跃度	*A*2	0.2
			授权专利发明人数活跃度	*A*3	0.1
			国外同族专利占比	*A*4	0.1
			专利授权率	*A*5	0.1
			有效专利数量	*A*6	0.1
	创新集中度 *B*	0.15	核心技术集中度	*B*1	0.3
			专利占有率	*B*2	0.3
			发明人集中度	*B*3	0.2
			发明专利占比	*B*4	0.2
	创新开放度 *C*	0.15	合作申请专利占比	*C*1	0.1
			专利许可数	*C*2	0.3
			专利转让数	*C*3	0.3
			专利质押数	*C*4	0.3
	创新价值度 *D*	0.4	高价值专利占比	*D*1	0.3
			专利平均被引次数	*D*2	0.3
			获奖专利数量	*D*3	0.2
			授权专利平均权利要求项数	*D*4	0.2

如上文所述，企业技术创新力评价体系（即“F”）由创新活跃度（即“$F(A)$”）、创新集中度（即“$F(B)$”）、创新开放度（即“$F(C)$”）、创新价值度（即“$F(D)$”）四个二级指标，专利申请数量、专利申请活跃度、授权发明人数活跃度、国外同族专利占比、专利授权率、有效专利数量、核心技术集中度、专利占有率、发明人集中度、发明专利占比、合作申请专利占比、专利许可数、专利转让数、专利质押数、高价值专利占比、专利平均被引次数、获奖专利数量、授权专利平均权利要求项数 18 个三级指标构成，经过专家根据各指标影响力大小和各指标实际值多次讨论和实证得出各二级指标和三级指标权重与计算方法，具体计算规则如下：

$$F=0.3\times F(A)+0.15\times F(B)+0.15\times F(C)+0.4\times F(D)$$

其中　$F(A)=0.4\times$专利申请数量$+0.2\times$专利申请活跃度$+0.1\times$授权专利发明人数活跃度$+0.1\times$国外同族专利占比$+0.1\times$专利授权率$+0.1\times$有效专利数量；

$F(B)=0.3\times$核心技术集中度$+0.3\times$专利占有率$+0.2\times$发明人集中度$+0.2\times$发明专利占比；

$F(C)=0.1\times$合作申请专利占比$+0.3\times$专利许可数$+0.3\times$专利转让数$+0.3\times$专利质押数；

$F(D)=0.3\times$高价值专利占比$+0.3\times$专利平均被引次数$+0.2\times$获奖专利数量$+0.2\times$专授权专利平均权利要求项数。

各指标的最终得分根据各申请人在本技术领域专利的具体指标值进行打分。

A2.2　电力 5G 技术领域专利分析研究方法

A2.2.1　确定研究对象

为了全面、客观、准确地确定本报告的研究对象，首先通过查阅科技文献、技术调研等多种途径充分了解电力信息通信领域关于 5G 的技术发展现状及发展方向，同时通过与行业内专家的沟通和交流，确定了本报告的研究对象及具体的研究范围为：电力信通领域 5G 技术。

A2.2.2　数据检索

A2.2.2.1　检索策略

为了确保专利数据的完整、准确，尽量避免或者减少系统误差和人为误差，本报告采用如下检索策略：

（1）以商业专利数据库为专利检索数据库，同时以各局官网为辅助数据库。

（2）采用分类号和关键词制定 5G 技术的检索策略，并进一步采用申请人和发明人对检索式进行查全率和查准率的验证。

A2.2.2.2 技术分解表

表 A2-3 5G 技术分解表

一级	二级	一级	二级
电力 5G 通信技术	5G 切片技术	电力 5G 通信技术	设备到设备通信
	大规模天线阵列技术		空口技术
	增强型机器类型通信		

A2.2.3 数据清洗

通过检索式获取基础专利数据以后，需要通过阅读专利的标题、摘要等方法，将重复的以及与本报告无关的数据（噪声数据）去除，得到较为适宜的专利数据集合，以此作为本报告的数据基础。

A3 企业技术创新力排名第 1～50 名

表 A3-1 电力 5G 通信技术领域企业技术创新力第 1～50 名

申请人名称	综合创新指数	排名
努比亚技术有限公司	77.5	1
国网山东省电力公司电力科学研究院	76.9	2
华为技术有限公司	74.1	3
高通股份有限公司	74.0	4
无锡欧力达新能源电力科技有限公司	74.0	5
交互数字专利控股公司	74.0	6
维沃移动通信有限公司	73.2	7
英特尔公司	71.9	8
索尼公司	71.5	9
北京邮电大学	71.3	10
南京邮电大学	71.3	11
全球能源互联网研究院	71.0	12
国网福建省电力有限公司	70.8	13
广东电网有限责任公司电力科学研究院	70.7	14
合肥安力电力工程有限公司	70.6	15
国网电力科学研究院武汉南瑞有限责任公司	69.5	16
国网浙江省电力有限公司电力科学研究院	69.4	17
国网通用航空有限公司	69.0	18

续表

申请人名称	综合创新指数	排名
瑞典爱立信有限公司	68.8	19
珠海格力电器股份有限公司	68.6	20
中国电力科学研究院有限公司	68.6	21
西安电子科技大学	67.8	22
上海中兴电力建设发展有限公司	67.6	23
广东电网有限责任公司	67.0	24
杭州博联智能科技股份有限公司	65.8	25
上海乐研电气有限公司	65.4	26
国网四川省电力公司广元供电公司	65.3	27
国网山西省电力公司电力科学研究院	64.7	28
华北电力大学	64.6	29
中兴通讯股份有限公司	63.8	30
国网上海市电力公司	63.8	31
吉林大学	63.5	32
东南大学	63.3	33
广州供电局有限公司	63.3	34
深圳市共进电子股份有限公司	63.0	35
国网江苏省电力有限公司电力科学研究院	62.2	36
电子科技大学	62.2	37
深圳供电局有限公司	61.6	38
杭州国控电力科技有限公司	61.3	39
得克萨斯仪器股份有限公司	61.3	40
贵州电网有限责任公司	61.0	41
南方电网科学研究院有限责任公司	60.6	42
河北荣毅通信有限公司	60.3	43
云南电网有限责任公司电力科学研究院	60.0	44
重庆世纪之光科技实业有限公司	59.2	45
成都天卓泰科技有限公司	59.0	46
珠海铠湾智电科技有限公司	58.9	47
OPPO广东移动通信有限公司	58.6	48
云南电力技术有限责任公司	58.3	49
国网冀北电力有限公司唐山供电公司	58.3	50

A4 相关事项说明

A4.1 近期数据不完整说明

2019 年以后的专利申请数据存在不完整的情况，本报告统计的专利申请总量较实际的专利申请总量少。这是由于部分专利申请在检索截止日之前尚未公开。例如，PCT 专利申请可能自申请日起 30 个月甚至更长时间之后才进入国家阶段，从而导致与之相对应的国家公布时间更晚。发明专利申请通常自申请日（有优先权的，自优先权日）起 18 个月（要求提前公布的申请除外）才能被公布。以及实用新型专利申请在授权后才能获得公布，其公布日的滞后程度取决于审查周期的长短等。

A4.2 申请人合并

表 A4-1 申请人合并

合并后	合并前
国家电网有限公司	国家电网公司
	国家电网有限公司
国网江苏省电力有限公司	江苏省电力公司
	国网江苏省电力公司
	国网江苏省电力有限公司
国网上海市电力公司	上海市电力公司
	国网上海市电力公司
云南电网有限责任公司电力科学研究院	云南电网电力科学研究院
	云南电网有限责任公司电力科学研究院
中国电力科学研究院有限公司	中国电力科学研究院
	中国电力科学研究院有限公司
华北电力大学	华北电力大学
	华北电力大学（保定）
	华北电力大学（北京）
ABB 技术公司	ABB 瑞士股份有限公司
	ABB 研究有限公司
	TOKYO ELECTRIC POWER CO
	ABB RESEARCH LTD
	ABB 服务有限公司
	ABB SCHWEIZ AG

续表

合　并　后	合　并　前
NEC 公司	NEC CORP
	NEC CORPORATION
罗伯特・博世有限公司	BOSCH GMBH ROBERT
	ROBERT BOSCH GMBH
	罗伯特・博世有限公司
东京芝浦电气公司	东京芝浦电气公司
	OKYO SHIBAURA ELECTRIC CO
	TOKYO ELECTRIC POWER CO
富士通公司	FUJI ELECTRIC CO LTD
	FUJITSU GENERAL LTD
	FUJITSU LIMITED
	FUJITSU LTD
	FUJITSU TEN LTD
	富士通株式会社
佳能公司	CANON KABUSHIKI KAISHA
	CANON KK
日本电气公司	NIPPON DENSO CO
	NIPPON ELECTRIC CO
	NIPPON ELECTRIC ENG
	NIPPON SIGNAL CO LTD
	NIPPON SOKEN
	NIPPON STEEL CORP
	NIPPON TELEGRAPH & TELEPHONE
	日本電気株式会社
	日本電信電話株式会社
日本电装株式会社	DENSO CORP
	DENSO CORPORATION
	NIPPON DENSO CO
东芝公司	KABUSHIKI KAISHA TOSHIBA
	TOSHIBA CORP
	TOSHIBA KK
	株式会社東芝

续表

合并后	合并前
日立公司	HITACHI CABLE
	HITACHI ELECTRONICS
	HITACHI INT ELECTRIC INC
	HITACHI LTD
	HITACHI，LTD.
	HITACHI MEDICAL CORP
	株式会社日立製作所
三菱电机株式会社	MITSUBISHI DENKI KABUSHIKI KAISHA
	MITSUBISHI ELECTRIC CORP
	MITSUBISHI HEAVY IND LTD
	MITSUBISHI MOTORS CORP
	三菱電機株式会社
松下电器	MATSUSHITA ELECTRIC WORKS LT
	MATSUSHITA ELECTRIC WORKS LTD
西门子公司	SIEMENS AG
	Siemens Aktiengesellschaft
	SIEMENS AKTIENGESELLSCHAFT
	西门子公司
住友集团	住友电气工业株式会社
	SUMITOMO ELECTRIC INDUSTRIES
富士电气公司	FUJI ELECTRIC CO LTD
	FUJI XEROX CO LTD
	FUJITSU LTD
	FUJIKURA LTD
	FUJI PHOTO FILM CO LTD
	富士電機株式会社
英特尔公司	INTEL CORPORATION
	INTEL CORP
	INTEL IP CORP
	Intel IP Corporation
微软公司	MICROSOFT TECHNOLOGY LICENSING LLC
	MICROSOFT CORPORATION

续表

合　并　后	合　并　前
EDSA 微型公司	EDSA MICRO CORP
	EDSA MICRO CORPORATION
通用电气公司	GEN ELECTRIC
	GENERAL ELECTRIC COMPANY
	ゼネラル？エレクトリック？カンパニイ
	通用电气公司
	通用电器技术有限公司

A4.3　其他约定

有权专利：指已经获得授权，并截止到检索日期为止，并未放弃、保护期届满、或因未缴年费终止，依然保持专利权有效的专利。

无权专利：①授权终止专利，即指已经获得授权，并截止到检索日期为止，因放弃、保护期届满或因未缴年费终止等情况，而致使专利权终止的过期专利，这些过期专利成为公知技术。②申请终止专利，即指已经公开，并在审查过程中，主动撤回、视为撤回或被驳回生效的专利申请，这些申请后续不再具有授权的可能，并成为公知技术。

在审专利：指已经公开，进入或未进入实质审查，截止到检索日期为止，尚未获得授权，也未主动撤回、视为撤回或被驳回生效的专利申请，一般为发明专利申请，这些申请后续可能获得授权。

企业技术创新力排名主体：以专利的主申请人为计数单位，对于国家电网有限公司为主申请人的专利以该专利的第二申请人作为计数单位。

A4.4　边界说明

为了确保本报告后续涉及的分析维度的边界清晰、标准统一等，对本报告涉及的数据边界、不同属性的专利申请主体（专利申请人）的定义作出如下约定。

1. *数据边界*

地域边界：七国两组织（中国、美国、日本、德国、法国、瑞士、英国、WO[1] 和 EP[2]）。

时间边界：近 20 年。

---

[1] WO：世界知识产权组织（World Intellectual Property Organization 简称 WIPO）成立于 1970 年，是联合国组织系统下的专门机构之一，总部设在日内瓦。它是一个致力于帮助确保知识产权创造者和持有人的权利在全世界范围内受到保护，从而使发明人和作家的创造力得到承认和奖赏的国际间政府组织。

[2] EP：欧洲专利局（EPO）是根据欧洲专利公约，于 1977 年 10 月 7 日正式成立的一个政府间组织。其主要职能是负责欧洲地区的专利审批工作。

2. 不同属性的申请人

全球申请人：全球范围内的申请人，不限定在某一国家或地区所有申请人。

国外申请人：排除所属国为中国的申请人，限定在除中国外的其他国家或地区的申请人。需要解释说明的是，由于中国申请人在全球范围内（包括中国）所申请的专利总量相对于国外申请人在全球范围内所申请的专利总量较多，为了凸显出在专利申请数量方面表现突出的国外申请人，因此作如上界定。

供电企业：包括国家电网有限公司和中国南方电网有限责任公司，以及隶属国家电网有限公司和中国南方电网有限责任公司的国有独资公司包括供电局、电力公司、电网公司等。

非供电企业：从事投资、建设、运营供电企业等业务或者生产、研发供电企业产品/设备等的私有公司。需要进一步解释说明的是，由于供电企业在全球范围内（包括中国）所申请的专利总量相对于非供电企业在全球范围内所申请的专利总量较多，为了凸显出在专利申请数量方面表现突出的非供电企业，因此作如上界定。

电力科研院：隶属国家电网有限公司或中国南方电网有限责任公司的科研机构。

附录 B
缩略语

3GPP	Third Generation Partnership Project，第三代合作伙伴计划
5G	Fifth - Generation，第五代移动通信技术
5G NR	5G New Radio，5G 新空口技术
5GC	5G Core Network，5G 核心网
5GPPP	5G Public - Private Partnership，5G 公私合作伙伴关系
AAA	Authentication、Authorization、Accounting，验证、授权和记账
AAU	Active Antenna Unit，有源天线单元
ABPL	Access Broadband PowerLine，接入电力线宽带
AC	Alternating Current，交流电
ACE	Area Control Error，区域控制误差
ADO	Advanced Distribution Operations，高级配电运行
ADR	Automated Demand Response，自动需求响应
AES	Advanced Encryption Standard，高级加密标准
AF	Application function，应用功能
AG	Auxiliary Generator，辅助发电机
AGC	Automatic Generation Control，自动发电控制
Ah	Ampere hour，安时
AI	Artificial Intelligence，人工智能
AIS	Automatic Identification System，船舶自动识别系统
AKA	Authentication and Key Agreement，认证与密钥协商协议
AMF	Access and Mobility Management Function，接入及移动性管理功能
AMI	Advanced Metering Infrastructure，高级量测体系
AMR	Automated Meter Reading，自动抄表
AN	Access Network，接入网
AP	Active Power，有功功率
API	Application Programming Interface，应用程序编程接口
APN	Access Point Name，接入点
AR	Augmented Reality，增强现实技术
AREM	Alliance for Retail Energy Markets，电力零售市场联盟

ARIB	Association of Radio Industries and Business，日本无线工业及商贸联合会
ATIS	Alliance for Telecommunications Industry Solutions，世界无线通信解决方案联盟
ATO	Advanced Transmission Operations，高级输电运行
AUSF	Authentication Server Function，认证服务器功能
AVC	Automatic Voltage Control，电压控制
B2B	Business - to - Business，是指企业与企业之间通过专用网络或 Internet，进行数据信息的交换、传递，开展交易活动的商业模式
B2B2B	Business To Business To Business，是企业和企业通过电商企业的衔接进行贸易往来的电子商务模式
B2B2C	Business to Business to Customer，第一个 B 指广义的卖方（即成品、半成品、材料提供商等），第二个 B 指交易平台，即提供卖方与买方的联系平台，同时提供优质的附加服务，C 即指买方
B2C	Business - to - Consumer，直接面向消费者销售产品和服务商业零售模式。
BBU	Building Base band Unit，基带处理单元
BC	Baseload capacity，基荷容量
BEMS	Building Energy Management System，楼宇能源管理系统
BEV	Battery Electric Vehicle，电池电动车
BG	Backup Generator，备用发电机组
BP	Baseload plant，基荷电厂
BPL	Broadband over Power Line，电力线宽带
BSS	Business Support System，业务支撑系统
BUGS	Backup Generation Sources，应急备用电源
C&I	Commercial and Industrial，商业和工业用户
CA	Control Area，控制区
CAGR	Compound Annual Growth Rate，年复合增长率
CBM	Condition Based Maintenance，状态检修
CCTV	Closed Circuit Television，近岸视频监视系统
CDES	Continuous Delivery Energy Sources 不间断输送能源
CDMA	Code Division Multiple Access，码分多址
CDN	Content Delivery Network，内容分发网络
CE	Conversion Efficiency 转换效率
CEMS	Community Energy Management System，区域能源管理系统
CERTS	Consortium for Electric Reliability Technology Solutions，电力可靠性技术解决方案联盟
CET	Clean Energy Technology，清洁能源技术

CHP	Combined Hydroelectric Plant，联合水力发电厂
CIF	Common Intermediate Format，通用影像传输视频会议中常使用的影像传输格式
CN	Core Network，核心网
COSEM	Companion Specification for Energy Metering 电能计量配套规范
CPE	Customer Premise Equipment，客户前置设备
CPP	Critical Peak Pricing，关键峰荷电价
CPU	Central Processing Unit，中央处理器
CPV	Concentrated PhotoVoltaics，聚焦光伏
CR	Contingency Reserve，应急储备
C-RAN	Cloud-Radio Access Network，基于云计算的无线接入网构架
CREZ	Competitive Renewable Energy Zone，有竞争力的可再生能源区域
CRS	Cell Reference Signal，小区参考信号
CS	Cost of Service 服务成本计价
CSI-RS	Channel State Information Resource Set，信道状态信息资源集合
CSMF	Communication Service Management Function，通信服务管理功能
CSP	Concentrating Solar Power，聚焦型太阳能发电
CU	Centralized Unit，集中单元
CUPS	Control and User Plane Separation，控制与用户面分离
CVR	Conservation Voltage Reduction，保护性降压
DA	Distribution Automation，配电自动化
DAS	Distribution Automation System，分布式自动化系统
DC	Direct Current，直流电
DC	Data Center，数据中心
DDoS	Distributed Denial of Service，分布式拒绝服务
DDR	Dispatchable Demand Response，可调度需求响应
DE	Decentralized Energy，分散式能源
DER	Distributed Energy Resources，分布式能源
DESS	Distributed Energy Storage System，分布式能源存储系统
DG	Distributed Generation，分布式发电
DLC	Direct Load Control，直接负荷控制
DMRS	Demodulation Reference Signal，解调参考信号
DN	Distribution Network，配电网络
DOE	United States Department of Energy，美国能源部
DoS	Denial of Service，拒绝服务
DOU	Dataflow of usage，平均每户每月上网流量
DPEU	Direct Process End Use，直接生产用电
DR	Demand Response，需求响应

DRPC	Dynamic Real Power Compensation，动态实时功率补偿
DRS	Demand Response System，需求响应系统
DS	Dynamic Stability，动态稳定
DSL	Digital Subscriber Line，数字用户线路
DSMC	Demand Side Management Costs 需求侧管理成本
DTU	Distribution Terminal Unit，配电终端单元
DU	Distribution Unit，分布单元
E2E	End - to - End，终端到终端
EAP	Extensible Authentication Protocol，可扩展认证协议
EC	Energy Charge，电量电费
ECI	Electric Generation Industry，发电行业
eCPRI	Enhanced Common Public Radio Interface，增强型通用公共无线电接口
EDMS	Energy Data Management System，能源数据管理系统
EM	Electric Meter，电表
eMBB	Enhanced Mobile Broadband，增强型移动宽带
EMCS	Energy Management and Control System，能源管理与控制系统
EMF	Electromagnetic Fields，电磁场
EMS	Energy Management System，能源管理系统
eMTC	Enhanced Machine Type of Communication，增强型机器类通信
EOE	Electric Operation Expenses，电力运营费用
EP	Electric or Electrical Power，电功率
EPC	Evolved Packet Core，分组核心演进
ePDG	Evolevd Packet Data Gateway，演进型分组数据网关
EPG	Electric Power Grid，电网
EPP	Electric Power Plant，电厂
EPRI	Electric Power Research Institute，美国电力科学院
EPS	Electric Power System，电力系统
ER	Electric Rate，电价
ERO	Electricity Reliability Organization，电力可靠性组织
ERS	Electric Rate Schedule，电价表
ES	Energy Sustainability，能源可持续性
ESC	Electricity Supply Chain，电力供应链
eSIM	Embedded Subscriber Identity Module，嵌入式用户识别卡
ESL	Electric System Loss，电力系统损失
ESMS	Electrical Storage Management System，电储能管理系统
ESR	Electric System Reliability，电力系统可靠性
ETS	Electrical Transmission System，输电系统
ETSI	European Telecommunications Standards Institute，欧洲电信标准化协会

EU	Electric Utility，供电公司
EV	Electric Vehicle，电动汽车
EVSE	Electric Vehicle Supply Equipment，电动汽车供电设备
FA	Feeder Automation，馈线自动化
FACTS	Flexible AC transmission Systems，柔性交流输电系统
FAST	Feeder Automatic System Technologies，馈线自动化系统技术
FDD	Frequency Division Duplexing，频分双工
FDD-LTE	Frequency Division Duplexing Long Term Evolution，频分双工长期演进
FDIR	Fault Detection，Isolation and Repair，故障检测、隔离和修复
FERC	Federal Energy Regulatory Commission，美国联邦能源管理委员会
FlexE	Flexible Ethernet，灵活以太网
FP	Firm Power，可靠电力
FTU	Feeder Terminal Unit，馈线开关监控终端
GIS	Geographic Information System，地理信息系统
GS	Generation Station，发电站
GSM	Global System For Mobile Communications，全球移动通信系统
GU	Generating Unit，发电机组
HEMS	Home Energy Management System，家庭能源管理系统
HSGW	High Rate Packet Data Serving Gateway，高速分组数据服务网关
HSS	Home Subscriber Server，归属签约用户服务器
HVDC	High Voltage Direct Current，高压直流输电
ICAP	Installed Capacity，装机容量
IDS	Intrusion Detection Systems，入侵检测系统
IE	Interchange Energy，电能量交换
IECSA	Integrated Energy and Communication System Architecture，综合能源及通信系统体系结构
IEEE	Institute of Electrical and Electronics Engineers，美国电气与电子工程师学会
IETF	The Internet Engineering Task Force，国际互联网工程任务组
IFAS	Intelligent Feeder Automation System，智能馈线自动化系统
IL	Interruptible Load，可中断负荷
IM	Interval Metering，分时计量
IMSI	International Mobile Subscriber Identification Number，国际移动用户识别码
IN	Interconnected Network，互连电力网络
INAs	Intelligent Network Agents，智能网络代理
IoT	Internet of Things，物联网
IP	Internet Protocol Address，互联网协议地址

IPS	Intrusion Prevention System，入侵防御系统
IPSec	Internet Protocol Security，加密网络协议
ITU	International Telecommunication Union，国际电信联盟
KPI	Key Performance Indicator，关键技术指标
LADN	Local Area Data Network，本地数据网络
LBS	Location Based Services，移动位置服务
LBS	Location Based Services，移动位置服务
LC	Load Curve，负荷曲线
LDPC	Low Density Parity Check Code，低密度奇偶校验码
LiDAR	Light Detection And Ranging，激光探测与测量
LL	Load Leveling，负荷均衡
LPWAN	Low - Power Wide - Area Network，低功率广域网络
LTE - U	LTE - Unlicensed，LTE 未授权
MANO	Management and Orchestration，管理和编排
MDT	Minimization of Drive - tests，最小化路测技术
MEC	Mobile Edge Computing，移动边缘计算
MIMO	Multiple - Input Multiple - Output，多入多出技术
MME	Mobility Management Entity，移动管理实体
mMTC	Massive Machine Type Communication，海量物联网通信
MP	Monthly Peak，月平均峰值
MPLS	Multi - Protocol Label Switching，多协议标签交换
MSTP	Multi - Service Transfer Platform，多业务传送平台
MTBF	Mean Time Between Failure，平均故障间隔时间
MTTR	Mean Time To Repair，平均恢复时间
NB - IoT	Narrow Band Internet of Things，窄带物联网
NEF	Network Exposure Function，能力开放功能
NF	Network Function，网络功能
NFV	Network Function Virtualization，网络功能虚拟化
NFVI	Network Functions Virtualization Infrastructure，网络功能虚拟化基础设施
NG	National Grid，国家电网
NGC	Next Generation Core，下一代核心
NGMN	Next Generation Mobile Networks，下一代移动通信网
NIST	National Institute of Standards and Technology，国家标准和技术学会
NRF	NF Repository Function，网络储存功能
NSA	Non - stand Alone，非独立组网
NSMF	Network Slice Management Function，网络切片管理功能
NSSF	Network Slice Selection Function，网络切片选择功能

NSSMF	Network Slice Subnet Management Function，网络切片子网管理功能
OS2	Regional Operation Smart System，一体化电网运行智能系统
OSS	Operation support system，运营支撑系统
OTN	Optical Transport Network，光传送网
P2P	Peer to Peer，点对点传输方式
PC	Peaking Capacity，调峰能力
PCF	Policy Control Function，策略控制功能
PD	Peak Demand，峰值需求
PDCP	Packet Data Convergence Protocol，分组数据汇聚协议
PDU	Packet Data Unit，分组数据单元
PE	Power Electronics，电力电子技术
PG	Pseudo Generation，虚拟发电
PLC	Power Line Communication，电力线通信
PLMN	Public Land Mobile Network，公共陆地移动网络
PMIC	Power Management Integrated Circuit，电源管理集成电路
PMU	Phasor Measurement Unit，同步相量测量单元
PON	Passive Optical Network，无源光纤网络
PPS	Pulse Per Second，每秒脉冲数
PQM	Power Quality Monitoring，电能质量监测
PSK	Pre-shared Kay，预共享密钥
PT	Power Tower，发电塔
PTN	Packet Transport Network，分组传送网
PV	Phase Voltage，相电压
QoS	Quality-of-Service，业务质量
QUIC	Quick UDP Internet Connection，快速 UDP 互联网连接
RAN	Radio Access Network，无线接入网
RDSI	Renewable and Distributed Systems Integration，可再生和分布式系统集成
RE	Regional Entity，区域实体
RG	Regional Grid，区域电网
RP	Reactive Power，无功功率
RPC	Reactive Power Compensation，无功补偿
RRC	Radio Resource Control，无线资源控制
RRU	Radio Remote Unit，射频拉远单元
RTU	Remote Terminal Unit，远程终端单元
SA	Stand Alone，独立组网
SBA	Service-based Architecture，服务化构架
SC	Smart Charging，智能充电

SCADA	Supervisory Control And Data Acquisition，数据采集与监视控制系统
SDAP	Service Data Adapt Protocol，业务数据适配协议
SDH	Synchronous Digital Hierarchy，同步数字体系
SDL	Supplementary Downlink，辅助下行
SDN	Software Defined Network，软件定义网络
SE	Slicing Ethernet，切片以太网
SED	Smart Energy Device，智能能源设备
SG	Smart Grid，智能电网
SGA	Smart Grid Architecture Committee，智能电网架构
SHG	Self Healing Grid，自愈电网
SI	Smart Inverter，智能逆变器
SIM	Subscriber Identification Module，用户身份识别卡
SLA	Service - Level Agreement，服务等级协议
SM	Smart Meter，智能电表
SMF	Session Management Function，会话管理功能
SP	Summer Peak，夏季峰荷
SPN	Slicing Packet Network，切片分组网
SPV	Solar Photo Voltaic，太阳能光伏电池
SR - BE	Segment Routing - Best Effort，分段路由最优标签转发路径
SRS	Sounding Reference Signal，信道探测参考信号
SR - TE	Segment Routing - Traffic Engineering，分段路由流量工程
SR - TP	Segment Routing Transport Profile，分段路由传送应用
ST	Smart Transformer，智能变压器
STATCOM	Static Synchronous Compensator，静止同步补偿器
SUL	Supplementary Uplink，辅助上行
TCO	Total Cost of Ownership，总拥有成本
TCP	Transmission Control Protocol，传输控制协议
TDD	Time Division Duplexing，时分双工
TD - LTE	Time Division Long Term Evolution，时分长期演进
TDM	Time Division Multiplexing，时分复用
TDMS	Transportation Data Management System，交通数据管理系统
TDOA	Time Difference of Arrival，到达时间差
TD - SCDMA	Time Division - Synchronous Code Division Multiple Access，时分-同步码分多址
TLS	Transport Layer Security，安全传输层协议
TMSI	Temporary Mobile Subscriber Identity，临时移动用户识别码
TN	Transmission Network，传输网
TOA	Time of Arrival，到达时刻

TS	Transient Stability，暂态稳定性
TSDSI	Telecommunications Standards Development Society，India，印度电信标准开发协会
TTA	Telecommunications Technology Committee，韩国电信技术委员会
TTC	Telecommunications Technology Association，日本电信技术协会
TTU	Transformer Terminal Unit，配变监测终端
UDM	Unified Data Management，统一数据管理
UDP	User Datagram Protocol，用户数据报协议
UDR	Unified Data Repository，统一数据仓储
UE	User Equipment，用户设备
UPC	Ultra Packet Core，超级分组核心网
UPF	User Plane Function，用户面功能
UPS	Uninterruptible Power Supply，不间断电源
URLLC	Ultra Reliable and Low Latency Communication，超可靠低时延通信
USIM	Universal Subscriber Identity Module，全球用户识别卡
V2G	Vehicle to Grid，车辆到电网
V2V	Vehicle - to - Vehicle，机动车辆间基于无线的数据传输技术
VCN	Virtualized Core Network，全虚拟化核心网
VIM	Virtualized Infrastructure Manager，虚拟化基础设施管理器
VLAN	Virtual Local Area Network，虚拟局域网
VNFM	Virtualized Network Function Manager，虚拟化网络功能管理器
VO	Voltage Optimization，电压优化
VoLTE	Voice over Long - Term Evolution，长期演进语音承载
VP	Virtual Plant，虚拟电厂
VR	Virtual Reality，虚拟现实
VS	Voltage Stability，电压稳定性
VTS	Vessel Traffic Service，船舶交通服务系统
WAMS	Wide Area Measurement System，广域监测系统
WAP	Wireless Application Protocol，无线应用协议
WCDMA	Wideband Code Division Multiple Access，宽带码分多址
WiFi	Wireless Fidelity，无线保真技术
WTTx	Wireless To The x，固定无线接入